全国科学技术名词审定委员会

海峡两岸心理学名词

海峡两岸心理学名词工作委员会

国家自然科学基金资助项目

科学出版社

北京

内 容 简 介

本书是由海峡两岸心理学专家会审的海峡两岸心理学名词对照本，是在已审定公布的《心理学名词》的基础上加以增补修订而成。内容包括：总论、认知与实验心理学、心理统计与测量、理论心理学与心理学史、生理心理学、发展心理学、社会心理学、人格心理学、教育心理学、医学心理学、消费心理学、运动心理学、咨询心理学、工程心理学、管理心理学、法律心理学和军事心理学等，共收词约5000条。本书可供海峡两岸心理学界和相关领域的人士使用。

图书在版编目(CIP)数据

海峡两岸心理学名词/海峡两岸心理学名词工作委员会编. —北京：科学出版社，2016.6

ISBN 978-7-03-048862-6

Ⅰ.海… Ⅱ.海… Ⅲ.①心理学-名词术语 Ⅳ.①B84-61

中国版本图书馆CIP数据核字(2016)第129363号

责任编辑：高素婷 顾英利／责任校对：何艳萍

责任印制：肖 兴／封面设计：槐寿明

科学出版社 出版

北京东黄城根北街16号

邮政编码：100717

http://www.sciencep.com

中国科学院印刷厂 印刷

科学出版社发行 各地新华书店经销

*

2016年6月第 一 版 开本：787×1 092 1/16

2016年6月第一次印刷 印张：21 1/4

字数：505 000

定价：180.00 元

（如有印装质量问题，我社负责调换）

海峡两岸心理学名词工作委员会委员名单

大 陆 主 任:张　侃

大陆副主任:傅小兰

大 陆 委 员(以姓氏笔画为序):

丁锦红　　王玮文　　叶浩生　　刘　勋　　孙健敏

李　纾　　张厚粲　　金盛华　　钱铭怡　　高素婷

黄　端　　隋　南　　韩布新

台 灣 主 任:陳皎眉

台灣副主任:孫蒨如

台 灣 委 員(以姓氏筆畫爲序):

田秀蘭　　吳宗祐　　邱皓政　　林淑萍　　姜忠信

陳修元　　張本聖　　黃淑麗　　游森期　　雷庚玲

廖瑞銘　　賴文崧　　賴姿伶　　顏乃欣

序

科学技术名词作为科技交流和知识传播的载体,在科技发展和社会进步中起着重要作用。规范和统一科技名词,对于一个国家的科技发展和文化传承是一项重要的基础性工作和长期性任务,是实现科技现代化的一项支撑性系统工程。没有这样一个系统的规范化的基础条件,不仅现代科技的协调发展将遇到困难,而且,在科技广泛渗入人们生活各个方面、各个环节的今天,还将会给教育、传播、交流等方面带来困难。

科技名词浩如烟海,门类繁多,规范和统一科技名词是一项十分繁复和困难的工作,而海峡两岸的科技名词要想取得一致更需两岸同仁作出坚韧不拔的努力。由于历史的原因,海峡两岸分隔逾50年。这期间正是现代科技大发展时期,两岸对于科技新名词各自按照自己的理解和方式定名,因此,科技名词,尤其是新兴学科的名词,海峡两岸存在着比较严重的不一致。同文同种,却一国两词,一物多名。这里称"软件",那里叫"软体";这里称"导弹",那里叫"飞弹";这里写"空间",那里写"太空";如果这些还可以沟通的话,这里称"等离子体",那里称"电浆";这里称"信息",那里称"资讯",相互间就不知所云而难以交流了。"一国两词"较之"一国两字"造成的后果更为严峻。"一国两字"无非是两岸有用简体字的,有用繁体字的,但读音是一样的,看不懂,还可以听懂。而"一国两词""一物多名"就使对方既看不明白,也听不懂了。台湾清华大学的一位教授前几年曾给时任中国科学院院长周光召院士写过一封信,信中说:"1993年底两岸电子显微学专家在台北举办两岸电子显微学研讨会,会上两岸专家是以台湾国语、大陆普通话和英语三种语言进行的。"这说明两岸在汉语科技名词上存在着差异和障碍,不得不借助英语来判断对方所说的概念。这种状况已经影响两岸科技、经贸、文教方面的交流和发展。

海峡两岸各界对两岸名词不一致所造成的语言障碍有着深刻的认识和感受。具有历史意义的"汪辜会谈"把探讨海峡两岸科技名词的统一列入了共同协议之中,此举顺应两岸民意,尤其反映了科技界的愿望。两岸科技名词要取得统一,首先是需要了解对方。而了解对方的一种好的方式就是编订名词对照本,在编订过程中以及编订后,经过多次的研讨,逐步取得一致。

全国科学技术名词审定委员会(简称全国科技名词委)根据自己的宗旨和任务,始终把海峡两岸科技名词的对照统一工作作为责无旁贷的历史性任务。近些年一直本着积极推进,增进了解;择优选用,统一为上;求同存异,逐步一致的精神来开展这项工作。先后接待和安排了许多台湾同仁来访,也组织了多批专家赴台参加有关学科的名词对照研讨会。工作中,按照先急后缓、先易后难的精神来安排。对于那些与"三通"

有关的学科,以及名词混乱现象严重的学科和条件成熟、容易开展的学科先行开展名词对照。

在两岸科技名词对照统一工作中,全国科技名词委采取了“老词老办法,新词新办法”,即对于两岸已各自公布、约定俗成的科技名词以对照为主,逐步取得统一,编订两岸名词对照本即属此列。而对于新产生的名词,则争取及早在协商的基础上共同定名,避免以后再行对照。例如 101～109 号元素,从 9 个元素的定名到 9 个汉字的创造,都是在两岸专家的及时沟通、协商的基础上达成共识和一致,两岸同时分别公布的。这是两岸科技名词统一工作的一个很好的范例。

海峡两岸科技名词对照统一是一项长期的工作,只要我们坚持不懈地开展下去,两岸的科技名词必将能够逐步取得一致。这项工作对两岸的科技、经贸、文教的交流与发展,对中华民族的团结和兴旺,对祖国的和平统一与繁荣富强有着不可替代的价值和意义。这里,我代表全国科技名词委,向所有参与这项工作的专家们致以崇高的敬意和衷心的感谢!

值此两岸科技名词对照本问世之际,写了以上这些,权当作序。

2002 年 3 月 6 日

前　言

科学昌明，带来汉语发展新高峰，新词术语层出不穷。心理学亦如是。自 20 世纪心理学由西方传入中国，迄今新词成千上万。词通笔意，言为心声。共同的概念、理论是学术交流、书面材料有效沟通的关键。

惜两岸几十年沟通隔阂，由文字繁简之异至词语表达之内涵与外延不同，似有愈演愈烈之势，影响甚至阻碍各学科同行沟通、交流。心理学也不例外。两岸由隔阂、开禁至实现“三通”，教育、科技、商业贸易互通愈来愈频繁。大至政治会商文件，中至学位教材，小至学术会议论文集，常因表达词汇用字差异给两岸读者带来困扰。故此，在全国科学技术名词审定委员会（以下简称“全国科技名词委”）和台湾教育研究院的组织和推动下，分别邀请两岸心理学专家组成“海峡两岸心理学名词工作委员会”。大陆方面由心理学名词审定委员会主任委员张侃研究员任召集人，台湾方面由政治大学陈皎眉教授为召集人，并商定以全国科技名词委已审定公布的《心理学名词》为基础展开对照工作。

首先，两岸心理学家分别整理出备选词库。大陆方面基于全国科学技术名词审定委员会于 1999 年和 2014 年公布的第一版《心理学名词》和第二版《心理学名词》，经全国科技名词委和中国心理学会组成的“海峡两岸心理学名词工作委员会”16 位专家研讨，确定 5353 条供研讨的词条数据库；台湾方面则以教育研究院的心理学名词审议委员会在 2010 年所审译完成的词条为基础，由 16 位专家选取适用于高校心理学系本科学生的 9109 条《心理学名词》纳入对照词条数据库。2012 年 1 月 9 日，由全国科技名词委主办的“第一届海峡两岸心理学名词对照研讨会”在北京召开。与会大陆专家有张侃、傅小兰、张厚粲、李纾、韩布新、钱铭怡、丁锦红、金盛华、叶浩生、孙健敏、刘勋、隋南、王玮文、黄端、高素婷；台湾专家有孙蒨如、赖姿伶、林淑萍、田秀兰、邱皓政、张本圣、丁彦平。在该次会议上，两岸专家共同讨论了《海峡两岸心理学名词》选词原则及两岸定名不一致名词处理原则，并达成共识。两岸专家协商《海峡两岸心理学名词》对照本大约选收 5000 条名词进行对照。

2013 年 4 月 10 ~ 15 日，由台湾教育研究院主办的“第二届海峡两岸心理学名词对照研讨会”在台北市召开。出席会议的大陆专家有中国心理学会前理事长张侃、中国科学院心理研究所韩布新、全国科技名词委高素婷；台湾方面则有政治大学陈皎眉、孙蒨如，东吴大学张本圣，台湾师范大学田秀兰、邱皓政，铭传大学赖姿伶，淡江大学林淑萍，台湾教育研究院丁彦平等专家学者与会。两岸专家经协商、研讨，整理出双方共同收录的 3201 个名词作为研讨重点，特别逐词讨论了在概念树中具有根词特征的 36 个名词（如 assessment/association/client 等），解决了心理学各分支学科具有代表性的关键词汇群两岸对照问题；并商定了兼顾两岸习惯用法、求同存异、对照并列的研讨原则，确定了后续工作计划。其后，台湾专家经 17 次讨论会，完成 11 064 条涵盖研究所程度的心理学名词继续纳入词条数据库。大陆专家经 3 次小范围研讨，逐词审定，于 2015 年 5 月形成《海峡两岸心理学名词》对照定稿，发给海峡两岸心理学名词工作委员会所有专家进行审阅。2015 年 8 月台湾专家将他们逐条审阅的意见反馈给全国科技名词委。2015 年 9 月底根据两岸专家们的反馈意见再次召开部分大陆专家讨论会形成了《海峡两岸心理学名词》最终稿。这是两岸心理学界学术交流中的一个重要的里程碑。

付梓之际，我们衷心感谢海峡两岸心理学名词审定专家们的不懈努力和支持，感谢全国科学技术名词审定委员会和台湾教育研究院的积极组织与大力推动。鉴于心理学发展迅速且与众多学科的交叉、交融产生了大量新名词，我们期盼两岸心理学同行与读者在使用过程中提出宝贵的意见和建议，以便我们今后不断地修改补充，使之更加完善、更趋实用。

海峡两岸心理学名词工作委员会
2015 年 12 月 15 日

编排说明

一、本书是海峡两岸心理学名词对照本。

二、本书分正篇和副篇两部分。正篇按汉语拼音顺序编排；副篇按英文的字母顺序编排，英文复合词看作一个词顺排。

三、本书[ ]中的字使用时可以省略。

正篇

四、本书中祖国大陆和台湾地区使用的科学技术名词以“大陆名”和“台湾名”分栏列出。

五、本书中大陆名正名和异名分别排序，并在异名处用(=)注明正名。

六、本书收录的汉文名对应英文名(包括缩写词)为多个时用“,”分隔。

副篇

七、英文名对应同一概念的多个不同汉文名用“,”分隔，推荐使用的名词放在最前面；不同概念的汉文名用“;”分隔。

八、英文名的同义词用(=)注明。

九、英文缩写词排在全称后的( )内。英文缩写词对应不同英文全称时用“;”分隔。

目　　录

正　篇

A

大　陆　名	台　湾　名	英　文　名
阿德勒心理学	阿德勒心理學	Adlerian psychology
阿德勒心理治疗	阿德勒心理治療[法]	Adlerian psychotherapy
阿德勒学派[的]	阿德勒學派[的]	Adlerian
阿尔茨海默病	阿茲海默症	Alzheimer's disease, AD
阿尼玛	阿尼瑪	Anima
阿尼姆斯	阿尼瑪斯	Animus
阿普加量表	亞培格量表	Apgar scale
阿瑟作业量表	亞瑟作業量表	Arthur Performance Scale
埃姆斯房间	艾米斯室	Ames room
艾宾豪斯错觉	艾賓豪斯錯覺	Ebbinghaus illusion
艾宾豪斯记忆保持曲线	艾賓豪斯記憶保留曲線	Ebbinghaus curve of retention
艾迪生病	艾迪生氏症	Addison's disease
艾森克人格问卷	艾森克人格問卷	Eysenck Personality Questionnaire, EPQ
艾滋病(=获得性免疫缺陷综合征)		
爱德华兹个人爱好量表	艾德華個人偏好量表	Edwards Personal Preference Schedule, EPPS
爱情三角理论	愛情三角理論	triangular theory of love
安德森智力与认知发展理论	安德森智力論與認知發展	Anderson's theory of intelligence and cognitive development
安全标准	安全標準	safety criterion
安全分析	安全分析	safety analysis
安全工程	安全工程	safety engineering
安全评价	安全評估	safety evaluation
安全型依恋	安全型依戀,安全型依附	secure attachment
安全训练	安全訓練	safety training
安慰剂	安慰劑	placebo

大　陆　名	台　湾　名	英　文　名
安慰剂效应	安慰劑效應,偽藥效應	placebo effect
γ-氨基丁酸	γ-氨基丁酸	γ-aminobutyric acid, GABA
氨基酸	胺基酸	amino acid
暗示	建議,暗示	suggestion
暗视觉	暗視覺	scotopic vision
暗视觉光敏感度曲线	暗視覺的光敏感度曲線	scotopic spectral sensitivity curve
暗视觉系统	暗視覺系統	scotopic system
暗适应	暗適應	dark adaptation
奥地利学派	奥地利學派	Austrian school

B

大　陆　名	台　湾　名	英　文　名
巴宾斯基反射	巴賓斯基反射	Babinski reflex
巴甫洛夫条件反射	巴夫洛夫制約,巴卜洛夫式條件化學習	Pavlovian conditioning
靶细胞	標靶細胞,目標細胞	target cell
白板	空白的心靈狀態,空白石蠟板	tabula rasa
白噪声	背景[雜]音,白噪音	white noise
白质	白質	white matter
百分等级	百分等級	percentile rank, PR
半规管	半規管	semicircular canal
扮演	重演;行動	enactment
饱和度	飽和度	saturation
饱[食]中枢	飽食中樞	satiety center
保持	保持,保留	retention
保持曲线	[記憶]保留曲線,[記憶]保持曲線	retention curve
保持性复述	維持性複誦	maintenance rehearsal
保存-退缩反应	保守-退縮反應	conservation-withdrawal response
保密	保密	confidentiality
保守性聚焦	保守集中	conservative focusing
报复攻击	報復攻擊	retaliatory aggression
抱负水平	抱負水準	aspiration level, level of aspiration
暴力	暴力	violence
暴露疗法	暴露治療[法]	exposure therapy
暴食	暴食	binge eating

大　陆　名	台　湾　名	英　文　名
暴食症	暴食症,暴食疾患	binge-eating disorder, BED, bulimia
暴饮	暴飲	binge drinking
悲观	悲觀	pessimism
悲伤疗法	哀傷治療[法]	grief therapy
贝克忧郁量表	貝克憂鬱量表	Beck Depression Inventory, BDI
贝利婴儿发展量表	貝里嬰兒發展量表	Bayley Scales of Infant Development, BSID
贝利婴儿神经发育筛查测验	貝里嬰兒神經發展篩選測驗	Bayley Infant Neurodevelopmental Screener, BINS
贝姆性别角色调查表	贝姆性别角色调查表	Bem Sex Role Inventory
备择假设	對立假設,備擇假設	alternative hypothesis
备择假设分布	對立假設分配	alternative hypothesis distribution
背侧通路	[視覺]背側路徑	dorsal pathway
背根	背根	dorsal root
背景效应(=上下文效应)		
倍音	倍頻音,倍音	overtone
被动攻击性人格障碍	被動攻擊性人格疾患,被動攻擊性人格違常	passive-aggressive personality disorder
被动学习	被動學習	passive learning
被害妄想	迫害妄想	delusion of persecution, persecutory delusion
被忽略儿童	被[同儕]忽略的孩子,被[父母]疏忽的孩子	neglected child
被试	受試者;主體	subject
被试变量	受試者變項	subject variable
被试间设计	受試者間設計	between-subjects design
被试内设计	受試者內設計	within-subjects design
本德视觉动作格式塔测验,本德视觉动作完形测验	班達[視覺動作]完形測驗	Bender Visual-Motor Gestalt Test
本德视觉动作完形测验(=本德视觉动作格式塔测验)		
本内特机械理解测验	班奈特機械理解測驗	Bennett Mechanical Comprehension Test
本能	本能	instinct
本能说	本能論	instinct theory

大 陆 名	台 湾 名	英 文 名
本能行为	本能行為	instinctive behavior
本能性焦虑	本能性焦慮	instinctual anxiety
本体感受	體感覺	proprioception
本体感受系统	本體感覺系統	proprioceptive system
本土心理学	本土心理學	indigenous psychology
本我,伊底	本我,原我	id
本性	性格,先天特質	disposition
本性归因,素质归因	個人特質歸因	dispositional attribution
本征值(=特征值)		
本质	本質,天生,天性;自然	nature
苯丙胺	安非他命	amphetamine
比较刺激	比較刺激	comparison stimulus
比较分析	比較性分析	comparative analysis
比较水平	比較水準	comparison level, CL
比较误差率	比較錯誤率	comparison-wise error rate
比较心理学	比較心理學	comparative psychology
比较研究法	相對比較法	comparative approach
比率量表	比率量尺,比率量表	ratio scale
比率智商	比率智商	ratio intelligence quotient
比奈-西蒙智力量表	比西[智力]量表	Binet-Simon Scale of Intelligence
比喻分析	隱喻分析	metaphor analysis
比值比(=相对危险度)		
毕生发展	生命全期發展	life-span development
毕生发展观	生命全期發展	life-span perspective
毕生发展取向	生命全期取向,全人生發展取向	life-span oriented
闭合律	閉合律	law of closure
闭经	停經,無經	amenorrhea
边缘分布	邊際分配,邊緣分配	marginal distribution
边缘特征	邊緣特徵	peripheral characteristic
边缘特质	邊緣特質	peripheral trait
边缘系统	邊緣系統	limbic system
边缘型人格障碍	邊緣性人格疾患,邊緣性人格違常	borderline personality disorder
编码	編碼,入碼	coding, encoding
编码策略	編碼策略	coding strategy, encoding strategy
编码特异性	編碼特定性	encoding specificity
扁平式组织	扁平式組織	flat organization

大　陆　名	台　湾　名	英　文　名
变革推动者	變革推動者	change agent
变革型领导	轉換型領導,轉化型領導	transformational leadership
变化盲	改變視盲	change blindness
变量	變項,變數;可變的,變動的	variable
变色龙效应	變色龍效應	chameleon effect
变通性,灵活性	變通性,靈活性	flexibility
变异量数	變異量數	measure of variation
变异数(=方差)		
变异系数	變異係數	coefficient of variation, CV, variability coefficient
变异性	變異性	variability
辨别刺激,分辨刺激	區辨刺激	discrimination stimulus
辨别反应时,C 反应时	區辨反應時間	discriminative reaction time
辨别学习	區辨學習,辨別學習	discrimination learning
辩证法	辯證法	dialectic method, dialectics
辩证行为疗法	辯證式行為治療	dialectical behavior therapy, DBT
标准变量(=效标变量)		
标准差	標準差	standard deviation
标准刺激	標準刺激	standard stimulus
标准分数,Z 分数	標準分數,Z 分數	standard score, Z score
标准化	標準化	standardization
标准化测验	標準化測驗	standardized test
标准化成就测验	標準化成就測驗	standardized achievement test
标准化样本	標準化樣本	standardization sample
标准九分	標準九	stanine
标准误[差]	標準誤	standard error
标准正态分布	標準常態分配	standard normal distribution
表层结构	表層結構	surface structure
表达能力	表達能力,表達程度	expressiveness
表达性失语症	表達性失語症	expressive aphasia
表达性语言障碍	語言表達疾患,語言表達障礙	expressive language disorder
表面色	表面色	surface color
表面特质	表面特質	surface trait
表面效度	表面效度	face validity
表情	情緒表達	emotional expression

大 陆 名	台 湾 名	英 文 名
表现特质	表達型特質	expressive trait
表象	心像	mental image
表象调节	心像介入	imagery intervention
表象训练	意象訓練,心像訓練	imagery training
表演型人格障碍	做作型人格疾患,做作型人格違常	histrionic personality disorder
表征	表徵	representation
表征思维	表徵性思想	representational thought
丙氨酸	丙胺酸,丙氨酸	alanine, Ala
饼形图	圓餅圖,圓形圖	pie chart
并行分布加工模型,PDP 模型	平行分散處理模式	parallel distributed processing model, PDP model
并行加工	平行處理	parallel processing
并行搜索	並行搜尋	parallel search
病感失认[症],病觉缺失	病覺缺失症,病覺失能症	anosognosia
病觉缺失(=病感失认[症])		
病态人格	病態人格	psychopathic personality
病态性赌博	病態性賭博	pathological gambling
病因学	病因學,病源學	etiology
α 波	α 波,阿法波	alpha wave, α wave
β 波	β 波,貝他波	beta wave, β wave
δ 波	δ 波,德爾塔波	delta wave, δ wave
θ 波	θ 波,西塔波	theta wave, θ wave
α 波活动	α 波活動	alpha activity
β 波活动	β 波活動	beta activity
δ 波活动	δ 波活動	delta activity
θ 波活动	θ 波活動	theta activity
玻璃天花板效应	玻璃天花板效應	glass ceiling effect
剥夺	剝奪	deprivation
剥夺研究	剝奪研究	deprivation study
博弈论,对策论	博奕理論,賽局理論	game theory
博弈性聚焦	集中賭博	focus gambling
补偿(=代偿)		
补偿追踪	補償追蹤	compensatory tracking
补充强化单元	補強單元	booster session
补色理论(=拮抗色觉		

大 陆 名	台 湾 名	英 文 名
说）		
补色律	色彩互補律	law of complementary color
不安全型依恋	不安全型依戀,不安全型依附	insecure attachment
不成熟人格	不成熟人格	immature personality
不充分理由,理由不足	不充分的辯證	insufficient justification
不可能图形	不可能圖形	impossible figure
不渴症,渴感失能症	不渴症,渴感失能症	adipsia
不连续性(=间断性)		
不良发展	不良的發展	maldevelopment
不良适应信念	不良適應信念	maladaptive belief
不随意注意(=无意注意)		
不完全-回避型依恋	不完全-迴避型依戀	insecure-avoidant attachment
不完全-矛盾型依恋	不完全-矛盾型依戀	insecure-ambivalent attachment
不相容反应	不相容反應	incompatible response
不相容反应技术	[暴力]不相容反應[增強]技術	incompatible-response technique
不自主眼动	不自主眼動	involuntary eye movement
布罗卡[皮质]区	布洛卡皮質區	Broca's area
布罗卡失语症	布洛卡失語症	Broca's aphasia
部分报告法	部分報告程序	partial-report procedure
部分强化效应	部分增強效應,部分強化效應	partial reinforcement effect, PRE
部分色盲	部分色盲	dichromats
部分学习法	部分學習法	part method of learning
部分-整体关系	部分-整體關係	part-whole relationship
部分-整体学习法	部分-整體學習法	part-whole method of learning

C

大 陆 名	台 湾 名	英 文 名
才能	天賦,才能	talent
采用者类别	採用者類別	adopter categories
彩色	有彩顏色	chromatic color
彩色图形推理测验	彩色圖形推理測驗	Colored Progressive Matrices, CPM
蔡加尼克效应	蔡氏現象	Zeigarnik effect
参数	參數,母數	parameter

大陆名	台湾名	英文名
参数估计	參數估計	parameter estimation
参数检验	母數檢定,參數考驗	parametric test
参与管理	參與式管理	participative management
参与性观察[法]	參與[式]觀察	participant observation
参与者间设计	參與者間設計	between-participants design
参照框架	參考架構	frame of reference
参照群体	參照團體	reference group
残差	殘差	residual
残差分析	殘差分析	residual analysis
藏图测验(=镶嵌图形测验)		
操作	運作	operation
操作测验	實作測驗	performance test
操作反应	操作反應	operant response
操作性定义	操作型定義	operational definition
操作性行为	操作行為	operant behavior
操作性条件反射	操作制約,操作條件化學習	operant conditioning
侧脑室	側腦室	lateral ventricle
侧抑制	側[邊]抑制	lateral inhibition
测谎	測謊,謊言偵測,謊言偵察	lie detection
测谎测验	測謊測驗	polygraph test
测谎量表	測謊量表	lie scale
测谎仪	測謊儀,測謊器	lie detector
测量	測量	measurement
测量标准误[差]	測量標準誤	standard error of measurement
测量误差	測量誤差	measurement error
测验标准化	測驗標準化	test standardization
测验分数	測驗分數	test score
测验焦虑(=考试焦虑)		
测验偏差(=测验偏倚)		
测验偏倚,测验偏差	測驗偏差	test bias
测验手册	測驗手冊	test manual
测验特征函数	測驗特徵函數	test characteristic function
测验项目	測驗題目,測驗項目	test item
策尔纳错觉	左氏錯覺	Zöllner illusion
策略家庭疗法	策略家庭治療,策略家	strategic family therapy

大　陆　名	台　湾　名	英　文　名
	族治療	
层次	階層,層次	hierarchy
层次网络模型	階層網路模式	hierarchical network model
差别阈限	差異閾	differential limen, DL, differential threshold
差异显著性检验	差異顯著性檢定	test of the significance of difference
差异心理学	差異心理學	differential psychology
禅定	禪定	samadhi
禅疗法	禪治療	Zen therapy
产后抑郁	產後憂鬱	baby blue
产生式思维(=创造[性]思维)		
产生式系统	產出系統	production system
长程心理治疗	長期心理治療	long-term psychotherapy
长时程增强	長效增益	long-term potentiation, LTP
长时记忆	長期記憶	long-term memory, LTM
尝试/不尝试联想测验	嘗試/不嘗試聯想測驗	Go/No-Go Association Test, GNAT
尝试错误,试错	嘗試錯誤	trial and error
常模	常模	norm
常模参照测验	常模參照測驗	norm-referenced test
常数	常數	constant
场独立性	場地獨立[性],場獨立性	field independence
场论	場地論	field theory
场依存性	場地依賴[性],場依存性	field dependence
超常儿童,天才儿童	資賦優異兒童	talented child, gifted child
超复杂细胞	超複雜細胞	hypercomplex cell
超极化	過極化	hyperpolarization
超我	超我	superego
超心理学(=心灵学)		
超越	超越	transcendence
超越需求	超越需求	transcendence need
沉默	沉默	silence
陈述[性]记忆	陳述性記憶	declarative memory
陈述性知识,描述性知识	事實知識,陳述性知識	declarative knowledge
称名量表	名義量尺,名義量表	nominal scale

大 陆 名	台 湾 名	英 文 名
成分识别理论	成分辨識理論	recognition-by-components theory, RBC theory
成分智力	成分智力	componential intelligence
成功恐惧	成功恐懼	fear of success
成就	成就	achievement
成就测验	成就測驗	achievement test
成就动机	成就動機	achievement motivation
成就动机理论	成就動機理論	achievement motivation theory
成就归因理论	成就歸因理論	achievement attributional theory
成就商数	成就商數	achievement quotient
成就水平	成就水準	level of achievement
成就需求(=成就需要)		
成就需要,成就需求	成就需求	need for achievement, achievement need
成就者	成就者	achiever
成就诊断测验	成就診斷測驗,診斷性成就測驗	Diagnostic Achievement Test
成年期	成年期	adulthood
成年心理学	成人心理學	adult psychology
成人依恋访谈	成人依戀訪談	adult attachment interview, AAI
成瘾	成癮	addiction
成瘾人格	成癮人格	addictive personality
成瘾心理学	成癮心理學	addiction psychology
成瘾行为	成癮行為	addiction behavior
成瘾性消费行为	成癮性消費行為	addictive consumer behavior
成长动机	成長動機	growth motivation
成长陡增(=发育陡增)		
成长驱力	成長驅力	growth force
成长需要	成長需求	growth need
成长中心	成長中心	growth center
诚信测验	誠信測驗,誠實測驗	integrity test
程序公平	程序正義,程序公平	procedural justice
程序教学	編序教學[法]	programmed instruction
程序性记忆	程序性記憶	procedural memory
程序性知识	程序性知識	procedural knowledge
惩罚	懲罰,處罰	punishment
澄清	澄清	clarification
痴呆	失智[症],智能衰退	dementia
迟发性运动障碍	遲發性運動障礙	tardive dyskinesia, TD

大　陆　名	台　湾　名	英　文　名
持续反馈	持續回饋	continuous feedback
持续性偏倚	持續性偏誤	durability bias
齿状回	齒狀迴	dentate gyrus
冲动	衝動;神經衝動	impulse
冲动控制	衝動控制	impulse control
冲动控制障碍	衝動控制疾患	impulse control disorder
冲动性	衝動性	impulsiveness, impulsivity
冲动性购买	衝動性購買	impulsive buying
冲击疗法	洪水法	flooding
冲击期	衝擊期	impact phase
冲突	衝突	conflict
冲突管理	衝突管理	conflict management
冲突模式	衝突模式	conflict model
重测法(=再测法)		
重测信度(=再测信度)		
重复测量设计	重複量數設計	repeated measure design
重构	重新框架	reframing
重建法	重建法	reconstruction method
重建记忆	重建的記憶	reconstructive memory
抽动	抽動	tic
抽象	抽象[歷程]	abstraction
抽象概念	抽象概念	abstract concept
抽象思维	抽象思考	abstract thinking
抽样	抽樣,取樣	sampling
抽样标准误[差]	抽樣標準誤	standard error of sampling
抽样分布	抽樣分配	sampling distribution
抽样偏误(=抽样偏倚)		
抽样偏倚,抽样偏误	抽樣偏誤,取樣偏誤	sampling bias
抽样效度	抽樣效度,取樣效度	sampling validity
出生顺序	出生序	birth order
出声思维	出聲思考法	thinking aloud
初级感觉皮质	初級感覺皮質	primary sensory cortex
初级记忆	初級記憶	primary memory
初级强化物	初級增強物	primary reinforcer
初级视觉皮质	初級視覺皮質	primary visual cortex, V1
初级体觉皮质	初級體覺皮質	primary somatosensory cortex, S1
初级运动皮质	初級運動皮質	primary motor cortex, M1
初始律	初始法則	law of primacy

大 陆 名	台 湾 名	英 文 名
触棒迷津	觸棒迷津	stylus maze
触点	觸點,接觸點	touch spot
触发事件	觸發事件	activating event
触觉	觸覺	touch sensation
触觉定位	觸覺定位	tactual localization
触觉计	觸覺計	aesthesiometer
触觉认知测验	觸覺表現測試	Tactual Performance Test, TPT
触觉适应	觸覺適應	tactile adaptation
触觉显示	觸覺顯示	tactual display
触敏度	觸覺敏銳度	tactile acuity
触知觉	觸知覺	tactile perception, haptic perception
穿梭箱	穿梭箱	shuttle box
传播心理学	傳播心理學,溝通心理學	communication psychology
传出神经元	傳出神經元	efferent neuron
传导	傳導	conduction
传导速度	傳導速度	conduction velocity
传导性失聪	傳導性失聰	conduction deafness
传导性失语症	傳導性失語症	conduction aphasia
传入神经纤维	傳入神經纖維	afferent nerve fiber
传入轴突	傳入軸突	afferent axon
创伤	創傷	trauma
创伤后应激反应	創傷後壓力反應	post-traumatic stress reaction, PTSR
创伤后应激障碍	創傷後壓力疾患	post-traumatic stress disorder, PTSD
创伤后应激综合征	創傷後壓力症候群	post-traumatic stress syndrome
创伤及应激相关障碍	創傷及壓力相關疾患	trauma and stressor related disorder
创伤心理学	創傷心理學	trauma psychology
创造力	創造力	creativity
创造力测验	創造力測驗	creativity test
创造设计系统	創造設計系統	creative design system
创造心理学	創造心理學	creative psychology, psychology of creative
创造性人格	創造[性]人格	creative personality
创造[性]思维,产生式思维	創意思考,創意思維,創作性思考	creative thinking, productive thinking
创造[性]思维测验	創意思考測驗	creative thinking test
创造性想象	創造性想像	creative imagination
创造性自我	創造性自我	creative self
垂直迁移(=纵向迁移)		

大　陆　名	台　湾　名	英　文　名
纯音	純音	pure tone
醇脱氢酶	酒精脫氫酵素,酒精去氫酶	alcohol dehydrogenase, ADH
词汇	詞彙	vocabulary
词汇判断任务	詞彙判斷作業	lexical decision task
词汇歧义	詞彙歧義	lexical ambiguity
词汇通达	詞彙觸接	lexical access
词汇学	字意學,詞彙學	lexicology
词劣效应	詞劣效果,字劣效果	word inferiority effect
词盲	詞盲	word blindness
词优势效应	詞優效果,詞優效應	word superiority effect
磁共振成像	核磁共振造影	magnetic resonance imaging, MRI
雌激素	動情激素,雌性激素	estrogen
次级感觉皮质	次級感覺皮質	secondary sensory cortex
次级记忆	次級記憶	secondary memory
次级控制	次級控制	secondary control
次级强化(=二级强化)		
次级条件作用	次級制約	second-order conditioning
次要特质	次要特質	secondary trait, secondary disposition
刺激	刺激	stimulus
刺激变量	刺激變項	stimulus variable
刺激-反应兼容性	刺激反應相容性	stimulus-response compatibility
刺激-反应理论,S-R 理论	刺激-反應理論,S-R 理論	stimulus-response theory, S-R theory
刺激泛化	刺激類化	stimulus generalization
刺激间距	刺激間距	interstimulus interval, ISI
刺激控制	刺激控制	stimulus control
刺激强度	刺激強度	stimulus intensity
刺激维度	刺激向度,刺激維度	stimulus dimension
刺激阈限	刺激閾限	stimulus threshold
刺激作用	刺激,興奮作用	stimulation
从属建构	從屬建構	subordinate construct
从众	從眾行為,從眾,從眾性	conformity
从众效应,跟风效应	浪潮效應	bandwagon effect
促甲状腺[激]素	促甲狀腺激素	thyroid-stimulating hormone, TSH
促肾上腺皮质[激]素	腎上腺皮質刺激素,促腎上腺皮質激素	adrenocorticotropic hormone, ACTH
促肾上腺皮质[激]素	腦下垂體釋放激素	corticotropin-releasing hormone, CRH

大　陆　名	台　湾　名	英　文　名
释放[激]素		
促肾上腺皮质[激]素释放因子	促腎上腺素釋放因子	corticotropin-releasing factor, CRF
促胃液素,胃泌素	胃泌素	gastrin
促性腺[激]素	性腺刺激素,促性腺激素	gonadotropin, gonadotrophic hormone, GTH
促性腺[激]素释放[激]素	性腺刺激素釋放因子,促性腺釋放激素	gonadotropin-releasing hormone, GRH
促性腺[激]素释放因子	性腺刺激素釋放因子,促性腺釋放激素	gonadotropin-releasing factor, GRF
促生长素(=生长激素)		
催眠	催眠	hypnosis
催眠疗法	催眠療法	hypnotherapy
催眠术	催眠術	hypnotism, mesmerism
催乳素	泌乳[激]素	prolactin
存储	儲存	storage
存在	存在,當下	being
存在的爱	存在的愛	being-love, B-love
存在动机	存在動機	being motivation
存在取向	存在取向	being orientation
存在心理学	存在[主義]心理學	existential psychology
存在性焦虑	存在性焦慮	existential anxiety
存在性需要	存在需求	being need, B-need
存在虚无	存在的虛無	existential vacuum
存在主义	存在主義	existentialism
存在主义疗法	存在主義治療[法]	existential therapy
存在主义研究	存在主義研究	existential study
挫折	挫折	frustration
挫折-攻击假说,挫折-侵犯假说	挫折-攻擊假說	frustration-aggression hypothesis
挫折-侵犯假说(=挫折-攻击假说)		
挫折忍耐力(=挫折容忍力)		
挫折容忍力,挫折忍耐力	挫折容忍力	frustration tolerance
错觉	錯覺	illusion
错觉结合	錯覺聯結,錯覺組合	illusory conjunction

大陆名	台湾名	英文名
错误否定	錯誤拒絕,錯誤否定	false negative
错误概念,迷思概念	誤解,錯誤概念	misconception
错误肯定	錯誤接受,錯誤肯定	false positive
错误相关(=谬误相关)		
错语症	亂語症	paraphasia

D

大陆名	台湾名	英文名
搭便车效应	搭便車效應	free rider effect
达尔文进化论	達爾文演化論	Darwin's theory of evolution
打折扣原理(=打折扣原则)		
打折扣原则,打折扣原理	折扣原則	discounting principle
大脑半球	大腦半球	cerebral hemisphere
[大脑]功能定位	[大腦]功能定位	functional localization
大脑功能偏侧化	腦側化	lateralization of the brain
大脑皮质	大腦皮質	cerebral cortex
大脑皮质联合区	大腦皮質聯合區	association area of cerebral cortex
[大脑]右半球	[大腦]右半球	right hemisphere
大气透视	大氣透視	atmospheric perspective
大数定律	大數法則	law of large number
大五人格分类	五大人格分類	Big Five personality taxonomy
大小错觉	大小錯覺	size illusion
大小恒常性	大小恆常性	size constancy, magnitude constancy
大小知觉	大小知覺	size perception
大样本	大樣本	large sample
大众心理学	大眾心理學	mass psychology
呆小病,克汀病	呆小症	cretinism, congenital hypothyroidism
代币法	代幣酬賞制,代幣制度	token economy
代表性	[樣本]代表性	representativeness
代表性启发法	代表性捷思[法]	representativeness heuristics
代表性样本	代表性樣本	representative sample
代偿,补偿	補償[作用];薪酬,報償	compensation
代际传递	代間傳遞	intergeneration transmission
代理人状态	代理人心態	agentic state

大　陆　名	台　湾　名	英　文　名
代替律	替代法則,替代律	law of substitution
代谢综合征	[新陳]代謝症候群	metabolic syndrome
代言技术	分身技術	double technique
丹佛儿童发展筛选测验	丹佛發展篩選測驗	Denver Developmental Screening Test, DDST
单氨类激素	單胺類荷爾蒙	monoamine hormone
单氨氧化酶	單胺氧化酶	monoamine oxidase, MAO
单氨氧化酶抑制剂	單胺氧化酶抑制劑	monoamine oxidase inhibitor, MAOI
单被试实验设计	單一受試者實驗設計	single-subject experimental design
单侧忽略	單側忽略	unilateral neglect
单词句	單詞句	single-word sentence
单耳听觉	單耳聽覺	monaural hearing
单耳线索	單耳線索	monaural cue
单峰分布	單峰分配	unimodal distribution
单极神经元	單極神經元	unipolar neuron
单卵双生[子],同卵双生[子],单卵双胎	同卵雙生[子],同卵雙胞胎	monozygotic twins, identical twins
单卵双胎(=单卵双生[子])		
单盲实验	單盲實驗	single blind experiment
单亲家庭	單親家庭	single-parent family
单色仪	單色儀	monochromator
单尾概率	單尾機率	one-tailed probability
单尾检验	單尾考驗,單側考驗	one-tailed test
单细胞记录	單一細胞電生理記錄	single-cell recording
单相心境障碍	單極性情感疾患	unipolar mood disorder
单眼深度线索	單眼深度線索	monocular depth cue
单眼线索	單眼線索	monocular cue
单样本检验	單樣本檢定	one-sample test
单字期	單詞語句期	holophrastic stage
胆固醇	膽固醇	cholesterol
胆碱能受体	乙醯膽鹼受體	cholinergic receptor
胆碱乙酰转移酶	乙醯膽鹼轉化酶	choline acetyltransferase, ChAT
弹震症(=炮弹休克)		
G 蛋白	G 蛋白	G-protein
当事人,求咨者,咨客,来访者	當事人	client
当事人权利,咨客权利	當事人權益,案主權益	client right

大 陆 名	台 湾 名	英 文 名
当事人权益,咨客权益	當事人福祉,案主福祉	client welfare
当事人中心疗法,来访者中心疗法,咨客中心疗法	當事人中心治療法,案主中心治療法,個人中心治療	client-centered therapy, person-centered psychotherapy
档案评价,卷宗评价	檔案評量,卷宗評量	portfolio assessment
档案研究	檔案研究,文獻研究	archival study, archival research
导出分数	衍生分數,導出分數	derived score
导水管周围灰质	導水管周邊灰質	periaqueductal gray matter, PAG
导向幻想	引導式幻想	guided fantasy
导向思维	引導性思考	directive thinking
倒摄干扰	逆向干擾	retroactive interference
倒摄抑制	逆向抑制	retroactive inhibition
道德	道德,倫理	morality
道德发展	道德發展	moral development
道德焦虑	道德焦慮	moral anxiety
道德解离	道德解離	moral disengagement
道德两难	道德兩難	moral dilemma
道德判断	道德判斷	moral judgement
道德推理	道德推理	moral reasoning
得寸进尺技术(=登门槛策略)		
登门槛策略,得寸进尺技术	腳在門檻內策略,得寸進尺策略	foot-in-the-door technique
等级[排列]法	評等法,排序法,等級法	ranking method
等距变量	等距變項	interval variable
等距抽样	等距取樣	interval sampling
等距分类	等距分類	equal-interval classification
等距量表	等距量尺,等距量表	interval scale
等亮度	等亮度	isoluminant
等势学说,脑等位论	[大腦半球]功能相等假說	equipotentiality hypothesis
等势原理	等勢原理,等位原理	principle of equipotentiality
等位基因	對偶基因	allele
等响曲线	等響曲線	equal-loudness contour, equal-loudness curve
等值测验	等值測驗	equivalent test
等值复本	複本	equivalent forms
等值复本信度	複本信度	equivalent-form reliability

大 陆 名	台 湾 名	英 文 名
低阶迁移	低徑遷移	low-road transfer
低俗化	世俗化	desacralization
敌对	敵意	hostility
敌意归因偏倚	敵意歸因偏誤	hostile attributional bias
地板效应	地板效應	floor effect
地位	地位	status
递归模型	遞迴模型	recursive model
递增系列	上升系列,遞增系列	ascending series
第二信号系统	第二信號系統,次級信號系統	second signal system
第二信使	次級傳訊者	second messenger
第二性征	第二性徵	secondary sex characteristics
第二需要(=派生需要)		
第二语言	第二語言	second language
第三色盲(=蓝黄色盲)		
第三势力	第三勢力	third force
第一信号系统	第一信號系統,初級信號系統	first signal system
第一需要(=原生需要)		
第一印象	第一印象	first impression
巅峰体验(=顶峰体验)		
癫痫	癲癇[症]	epilepsy
癫痫大发作	癲癇大發作	major epilepsy
典范相关,典型相关	典型相關	canonical correlation
典型相关(=典范相关)		
典型性效应	典型性效果	typicality effect
点二列相关	點二系列相關	point-biserial correlation
点估计	點估計	point estimate
点燃现象	點燃現象	kindling phenomenon
电报式言语	電報式語言	telegraphic speech
电刺激	電刺激	electrical stimulus, electrical stimulation
电击实验	電擊實驗	electric shock experiment
电极	電極	electrode
电解损伤(=电损毁)		
电觉	電覺,電感應覺	electroreception
电疗法	電療法	electrotherapy
电损毁,电解损伤	電損毀,電解損傷	electrolytic lesion
电突触	電性突觸	electrical synapse

大　陆　名	台　湾　名	英　文　名
电位	電位	electrical potential
电休克疗法	電擊痙攣休克治療法	electroconvulsive therapy, ECT, electroshock therapy
淀粉样蛋白	澱粉樣蛋白	amyloid protein
调查表(=问卷)		
调查法	調查法	survey method
顶峰体验,巅峰体验	高峰經驗	peak experience
顶叶	頂葉	parietal lobe
定程式思维(=算法性思维)		
定量研究	量化研究	quantitative research
定势理论模型	集合理論模式	set-theoretical model
定位	定位,區位	localization
定位觉失能症	定位覺失能症	autotopagnosia
定向	導向,定向;取向	orientation
定向反应	定向反應	orienting response
定向时期	定向時期	orientation phase
定向障碍	定向力障礙	disorientation
定性变量	質性變項	qualitative variable
定性研究	質性研究	qualitative research
定言三段论,直言三段论	定言三段論,直言三段論	categorical syllogism
动机	動機,激勵	motivation, motive
动机层次	動機階層,需求階層	hierarchy of motivation
动机过程	動機過程	motivational process
动机缺乏综合征(=无动机综合征)		
动机性遗忘	動機性遺忘	motivated forgetting
动机研究	動機研究	motivational research
动机因素	動機因素	motivational factor
动觉	運動[感]覺	kinesthesis, kinesthesia
动觉反馈	動覺回饋	kinesthetic feedback
动觉后效	動覺後效	kinesthetic after-effect
动觉计	動覺計	kinesthesiometer
动景器	閃頻儀	stroboscope
动力定型	刻板化行為反應[生理]動能	dynamic stereotype
动态特质	動力特質	dynamic trait

大陆名	台湾名	英文名
动物本能	動物本能	animal instinct
动物恐惧症	動物畏懼症	animal phobia
动物社会行为	動物社會行為	animal social behavior
动物心理学	動物心理學	animal psychology
动物信息沟通	動物訊息溝通	animal communication
动物研究	動物研究	animal study
动物智力	動物智能	animal intelligence
动眼神经	動眼神經	oculomotor nerve
动作	動作	action
动作电位	動[作]電位	action potential
动作定向	行動導向	action orientation
动作发展	動作發展	motor development
动作建模	動作示範,動作仿效,動作模仿	action modeling
动作量表	動作量表	motor scale
动作模仿	動作模仿	action imitation
动作速度	動作速度	speed of action
动作稳定性	動作穩定性	action stability
动作与时间研究	動作與時間研究	motion and time study
豆状核	豆狀核	lentiform nucleus
督导	督導	supervision
独创性	獨創性	originality
独立性检验	獨立性檢定	test of independence
独立样本设计	獨立樣本設計	independent sample design
独立自我	獨立我	independent self
独立自我概念	獨立自我概念	independent self-concept
独立自我建构	獨立自我建構	independent construal of self
独自型游戏	獨自型遊戲	solitary play
赌徒谬误	賭徒謬誤	gambler's fallacy
妒忌	妒忌	jealousy
360 度反馈	360 度回饋	360-degree feedback
360 度绩效评估	360 度績效評估	360-degree performance appraisal
端脑	端腦	telencephalon
短程心理治疗,短期心理治疗	短期心理治療	short-term psychotherapy, brief psychotherapy
短期存储	短期儲存	short-term storage
短期精神分析疗法,简短心理分析疗法	短期精神分析治療,短期心理分析治療	brief psychoanalytic treatment

大　陆　名	台　湾　名	英　文　名
短期精神障碍	短期精神病性疾患	brief psychotic disorder
短期心理动力疗法	短期心理動力治療	brief psychodynamic therapy
短期心理治疗(=短程心理治疗)		
短时记忆	短期記憶	short-term memory, STM
短时记忆广度	短期記憶廣度	short-term memory span
短文式测验	申論測驗	essay test
短语结构语法	片語結構文法	phrase-structure grammar
锻炼成瘾,运动成瘾	運動成癮	exercise addiction
锻炼坚持性	運動堅持性,運動持續性	exercise adherence
对比	對比	contrast
对比联想	對比聯想	association by contrast
对比律	對比法則,對比律	law of contrast
对比效应	對比效應,對比效果	contrast effect
对比阈限	對比閾值,對比閾限	contrast threshold
对策论(=博弈论)		
对称分布	對稱分配	symmetrical distribution
对称性启发法	對稱性捷思法	symmetry heuristics
对抗过程假说	相對歷程假說	opponent-process hypothesis
对抗性条件作用	反制約作用	counterconditioning
对立违抗性障碍	對立性反抗疾患,對立性反抗症	oppositional defiant disorder, ODD
对偶比较法	配對比較法	paired comparison method
对事情归因	對事情的歸因	attribution towards things
对数线性建模	對數線性模式	log linear modeling
对数转换	對數轉換	logarithmic transformation
对他人归因	對他人的歸因	attribution towards others
对应推论	對應推論	correspondent inference
对应推论理论	對應推論理論	correspondent inference theory
对应问题	對應問題	correspondence problem
钝痛(=慢痛)		
顿悟,领悟	領悟,頓悟,洞察	insight
顿悟经验	[啊哈]頓悟經驗	"Aha" experience
顿悟疗法,领悟疗法	頓悟治療法,領悟治療法,洞察治療法	insight therapy
顿悟问题	頓悟問題	insight problem
顿悟学习	頓悟學習	insight learning

大 陆 名	台 湾 名	英 文 名
多巴胺	多巴胺	dopamine, DA
多巴胺假说	多巴胺假說	dopamine hypothesis
多巴胺理论	多巴胺理論	dopamine theory
多巴胺受体	多巴胺受體	dopamine receptor
多巴胺系统	多巴胺系統	dopaminergic system
多变量统计	多變量統計	multivariate statistics
多层线性模型	階層線性模式	hierarchical linear model, HLM
多重比较	多重比較	multiple comparison
多重人格	多重人格	multiple personality
多重人格障碍	多重人格疾患	multiple personality disorder, MPD
多重相关	複相關,多元相關	multiple correlation
多重项目,多级记分项目	多元計分試題,多元計分項目,多分題	polytomous items
多重自我	多重自我	multiple self
多导[生理]记录仪	多頻道生理記錄儀 ,測謊儀	polygraph
多导睡眠记录	多頻道睡眠記錄	polysomnography, PSG
多级记分项目(=多重项目)		
多米诺理论	骨牌理論	domino theory
多数无知现象	多數人的無知	pluralistic ignorance
多项选择题	選擇題	multiple choice item
多血质	多血質	sanguine temperament
多样性	多樣性	diversity
多因素方差分析	多因子變異數分析	factorial ANOVA
多元方差分析	多變量變異數分析	multivariate analysis of variance, MANOVA
多元分析	多變量分析	multivariate analysis
多元回归	複迴歸,多元迴歸	multiple regression
多元论	多元論	pluralism
多元文化论	多元文化論,多元文化主義	multiculturalism
多元性向测验	多元性向測驗	multiple aptitude test
多元智力	多元智力	multiple intelligences
多元智力理论	多元智力論	multiple intelligences theory

E

大　陆　名	台　湾　名	英　文　名
俄狄浦斯冲突(=恋母冲突)		
俄狄浦斯情结(=恋母情结)		
额外变量	外衍變項	extraneous variable
额叶	額葉	frontal lobe
额叶岛盖	額葉島蓋	frontal operculum
额叶功能低下	額葉功能低下	hypofrontality
厄洛斯	生之本能,慾望之愛	Eros
恶魔论,魔鬼论	惡魔論,魔鬼論	demonology
儿茶酚胺	兒茶酚胺	catecholamine
儿科心理学	兒科心理學	pediatric psychology
儿童崩解症,儿童期整合障碍症	兒童期崩解症,兒童期崩解疾患	childhood disintegrative disorder, CDD
儿童虐待	兒童虐待	child abuse
儿童期,童年期	兒童期	childhood
儿童期整合障碍症(=儿童崩解症)		
儿童统觉测验	兒童統覺測驗	Children's Apperception Test, CAT
儿童心理学	兒童心理學	child psychology
儿童行为检核表	兒童行為檢核表	Child Behavior Checklist, CBCL
儿童状态-特质焦虑量表	兒童狀態-特質焦慮量表	State-Trait Anxiety Inventory for Children, STAIC
耳道	耳道	auditory canal
耳膜(=鼓膜)		
耳蜗	耳蝸	cochlea
耳蜗神经	耳蝸神經	cochlear nerve
耳蜗神经核	耳蝸神經核	cochlear nucleus
二八定律(=二八法则)		
二八法则,二八定律	80/20 法則,80/20 定律	80/20 principle, 80/20 rule
二分变量	二分變項	dichotomous variable
二分法	二分法	dichotomy
二级强化,次级强化	次級增強	secondary reinforcement

大陆名	台湾名	英文名
二级强化物	次級增強物	secondary reinforcer
二级预防	次級預防	secondary prevention
二阶因素分析	二階因子分析,二階因素分析	second-order factor analysis
二阶最小二乘[法],二阶最小平方[法]	二階[段]最小平方[法]	two-stage least squares, 2SLS
二阶最小平方[法](=二阶最小二乘[法])		
二列相关	二系列相關	biserial correlation
二列相关系数	二系列相關係數	biserial correlation coefficient
二卵双生[子],异卵双生[子],双卵双胎	異卵雙生[子]	dizygotic twins, fraternal twins
二项分布	二項分配	binomial distribution
二元论	二元論	dualism

F

大陆名	台湾名	英文名
发散[型]思维	擴散性思考,發散性思考	divergent thinking
发散[型]学习方式	發散型學習風格	divergent learning style
发生率	發生率	incidence
发生认识论	發生知識論,發生認識論	genetic epistemology
发现式教学法	發現式教學法	discovery method of teaching
发育陡增,成长陡增	發育陡增,成長陡增	growth spurt
发育商	發展商數	developmental quotient, DQ
发展	發展	development
发展常模	發展常模	developmental norm
发展迟缓	發展遲緩	developmental delay
发展阶段	發展階段	developmental stage
发展阶段理论	發展階段理論	stage theory of development
发展可塑性	發展可塑性	developmental plasticity
发展认知神经科学	發展認知神經科學	developmental cognitive neuroscience
发展任务	發展任務	developmental task
发展危机	發展危機	developmental crisis
发展心理病理学	發展心理病理學	developmental psychopathology

大　陆　名	台　湾　名	英　文　名
发展心理学	發展心理學	developmental psychology
发展性阅读障碍	發展性[先天型]失讀症,發展性[先天型]閱讀障礙	developmental dyslexia
发展样本	發展樣本	development sample
发展因素	發展因素	developmental factor
发展障碍	發展疾患,發展障礙	developmental disorder
发作性睡病	猝睡症,嗜睡症	narcolepsy
法律心理学	法律心理學	psychology of law
法律意识	法律意識	legal consciousness
繁殖感对自我关注	生產相對於停滯	generativity versus stagnation
繁殖行为(=生殖行为)		
反从众	反從眾	anticonformity
反抗型依恋	抗拒型依戀,抗拒型依附	resistant attachment
反馈	回饋	feedback
反馈模型	回饋模式	feedback model
反馈系统	回饋系統	feedback system
反社会行为	反社會行為	antisocial behavior
反社会型人格障碍	反社會型人格障礙症,反社會人格疾患,反社會人格違常	antisocial personality disorder, APD
反社会性	反社會性	antisociality
反射	反射	reflection, reflex
反射弧	反射弧	reflex arc
反射系数	反射係數	reflection coefficient
反射学	反射學	reflexology
反事实思维	與事實相反的思考,違實思考,反事實思考	counterfactual thinking
反弹效应	回彈效應	boomerang effect
反向认同	負向認同	negative identity
反向心理学	反向心理學	reverse psychology
反向形成	反向作用	reaction formation
反向移情	反移情[作用]	countertransference
反应	反應	response
反应变量	反應變項	response variable
反应定势	反應心向	response set
反应方式	反應風格,反應類型	response style

大陆名	台湾名	英文名
反应类型	反應類型	reaction type
反应偏向(=反应偏倚)		
反应偏倚,反应偏向	反應偏誤,反應偏向	response bias
反应强度	反應強度	intensity of reaction
反应时	反應時間	reaction time, RT
A 反应时(=简单反应时)		
B 反应时(=选择反应时)		
C 反应时(=辨别反应时)		
反应时距	反應時距	interresponse time, IRT
反应性	反應性	reactivity
反应性攻击	回應性攻擊,反應性攻擊	reactive aggression
反应性精神病	反應性精神病	reactive psychosis
反应需要	反應需求	reactive need
反应学	反應學	reactology
反映	[情感]反映	reflection
反预期法	違反預期法	violation-of-expectation method
返回侧向抑制	回歸側向抑制	recurrent collateral inhibition
犯罪	犯罪	criminality
犯罪动机	犯罪動機	criminal motivation
犯罪心理画像	犯罪[心理]剖繪	criminal profiling
犯罪心理学	犯罪心理學	criminal psychology
犯罪性人格	犯罪性人格	criminal personality
犯罪学	犯罪學	criminology
泛灵论	擬人論,萬物有靈論,泛靈論	animism
范式	派典,典範	paradigm
方差,变异数	變異數	variance
方差分析	變異數分析	analysis of variance, ANOVA
方差齐性	變異數同質性	homogeneity of variance
方法论	方法論,方法學	methodology
方位知觉	定向知覺	orientation perception
方向错觉	方向錯覺	direction illusion
防御机制	防衛機制	defense mechanism
防御认同	防衛性認同	defensive identification

大 陆 名	台 湾 名	英 文 名
防御行为	防衛行為	defensive behavior
防御性归因	防衛性歸因	defensive attribution
访谈	晤談,面談,會談;面試	interview
访谈法	晤談法	interview method
访谈[检核]表	晤談檢核表	interview checklist
放任型教养方式	漠視型親職風格	uninvolved parenting style
放松反应	放鬆反應	relaxation response
放松技巧	放鬆技巧	relaxation skill
放松技术	放鬆技術	relaxation technique
放松疗法	放鬆治療[法]	relaxation therapy
放松训练	放鬆訓練	relaxation training
非彩色	無彩顏色,非彩色	achromatic color
非参数检验	無母數檢定,非參數考驗	non-parametric test
非参与性观察[法]	非參與[式]觀察	non-participant observation
非陈述性记忆	非陳述性記憶	nondeclarative memory
非陈述性知识	非陳述性知識	nondeclarative knowledge
A 非 B 错误	AB[位置]錯判	A-not-B error
非典型抗精神病药	非典型抗精神病藥物	atypical antipsychotics
非对称分布	非對稱分配,不對稱分配	asymmetrical distribution
非对称关系	非對稱關係	asymmetrical relationship
非结构式访谈	非結構式晤談,非結構式面談	unstructured interview
非理性信念	非理性信念	irrational belief
非联想性学习	非聯結學習	non-associative learning
非条件反射	非制約反射,無條件反射	unconditioned reflex
非我	非我	not me
非线性回归	非線性迴歸	nonlinear regression
非线性转换	非線性轉換	nonlinear transformation
非言语沟通	非語言溝通	nonverbal communication
非言语记忆	非語文記憶	nonverbal memory
非言语智力测验	非語文智力測驗	test of nonverbal intelligence
非正交比较	非正交比較	nonorthogonal comparison
非正式群体	非正式團體	informal group
非正态数据	非常態資料,非常態數據	nonnormal data

大 陆 名	台 湾 名	英 文 名
肥胖症	肥胖症,肥胖	obesity
费希尔得分	費雪計分,費雪評分	Fisher scoring
费希尔精确概率测验	費雪精確機率檢定,費雪精確機率考驗	Fisher's exact probability test
费希尔 Z 转换	費雪 Z 轉換	Fisher's Z transformation
分半法,折半法	折半法	split-half method
分半信度	折半信度	split-half reliability
分辨	區辨	discrimination
分辨法(=判别分析)		
分辨刺激(=辨别刺激)		
F 分布	F 分配	F-distribution
t 分布	t 分配	t-distribution
χ^2 分布(=卡方分布)		
分层抽样	分層抽樣	stratified sampling
分层随机抽样	分層隨機抽樣	stratified random sampling
分化	分化[性]	differentiation
分类	分類	classification, categorization
Q 分类	Q 分類[法]	Q sort
分类知觉	類別知覺	categorical perception
分离焦虑	分離焦慮	separation anxiety
分离焦虑障碍	分離焦慮疾患,分離焦慮障礙	separation anxiety disorder
分离性漫游症,解离性漫游症,游离性漫游[症]	解離型漫遊症	dissociative fugue
分离性恍惚症,解离性失神疾患	解離型失神疾患	dissociative trance disorder, DTD
分离性身份识别障碍	解離型認同疾患	dissociative identity disorder, DID
分离性遗忘症,解离性失忆症,游离性遗忘[症]	解離型失憶症	dissociative amnesia
分离性障碍,游离障碍	解離症,解離型疾患	dissociative disorder
[分]裂脑(=割裂脑)		
[分]裂脑研究(=割裂脑研究)		
分裂人格	人格裂解	split personality
分裂型人格障碍	分裂病性人格疾患,分裂病性人格違常	schizotypal personality disorder

大　陆　名	台　湾　名	英　文　名
分裂样人格障碍	類分裂性人格疾患,類分裂性人格違常	schizoid personality disorder
分配公平	分配正義	distributive justice
分配公平性	分配公平性	distributional fairness
分配练习	分散練習	distributed practice
分配性注意	分配性注意力	divided attention
分配学习	分散式學習	distributed learning
分散学习	分散學習	spaced learning
T 分数	*T* 分數	*T* score
Z 分数(=标准分数)		
分析	分析	analysis
分析单元	分析單位	unit of analysis
分析能力	分析能力	analytical ability
分析心理学	分析心理學	analytical psychology, analytic psychology
分析性心理治疗	分析[性]心理治療	analytical psychotherapy
分心	注意力分散,分心	distraction
分心-冲突模式	分心-衝突模式	distraction-conflict model
愤怒	憤怒,生氣	anger
愤怒优先效应	憤怒優先效應	anger superiority effect
封闭回路控制机制	封閉迴路控制機制	close-loop control mechanism
封闭式问卷	封閉式問卷	close-ended questionnaire
封闭系统	封閉系統	closed system
峰度	峰度	kurtosis
冯特错觉	馮特錯覺	Wundt illusion
否定妄想	否定妄想	delusion of negation
否认	否認[作用],否定[作用]	denial
肤觉	皮膚感覺,膚覺	cutaneous sensation
孵化期	孵化期	incubation period
弗拉纳根能力倾向分类测验	佛氏性向分類測驗	Flanagan Aptitude Classification Test
伏隔核	依核	nucleus accumbens
服从	服從	obedience
服从权威	對權威的服從	obedience to authority
符号	符號	symbol
符号表征	符號表徵	symbolic representation
符号表征阶段	符號表徵階段	symbolic representation stage
符号互动理论	符號互動理論	symbolic interactionism

大 陆 名	台 湾 名	英 文 名
符号化	符號化	symbolization
符号检验	符號檢定	sign test
符号学习	符號學習	sign learning
符号学习理论	符號學習理論	symbol learning theory, sign learning theory
辐合论(=集合论)		
辐辏作用(=集合[作用])		
辐合思维	聚斂性思考	convergent thinking
辅酶	輔酶	coenzyme
辅助沟通	輔助溝通	augmentative communication
辅助沟通策略	輔助溝通策略	augmentative communication strategy
父母管理训练	父母管教訓練	parental management training, PMT
父母教养	父母教養,親職教養	parenting
父母教养方式,父母教养风格	父母教養模式,親子風格	parenting style
父母教养风格(=父母教养方式)		
负反馈	負回饋	negative feedback
负后像	負後像	negative afterimage
负面情感	負面情感,負向情感	negative affect
负面情绪	負面情緒,負向情緒	negative emotion
负迁移	負向遷移	negative transfer
负强化	負增強	negative reinforcement
负强化物	負增強物	negative reinforcer
负相关	負相關	negative correlation
妇女心理学(=女性心理学)		
附加性双语现象	加成型雙語	additive bilingualism
复本信度	複本信度	alternate-forms reliability, alternative-form reliability
复发	再發	relapse
复合音	複合音	compound tone
复记(=记忆恢复)		
复述	複誦;排練	rehearsal
复述策略	複誦策略	rehearsal strategy
复演[说]	重演,復現	recapitulation
复原力	復原力	resilience

大　陆　名	台　湾　名	英　文　名
复杂细胞	複雜細胞	complex cell
复杂学习	複雜學習	complex learning
副交感神经系统	副交感神經系統	parasympathetic nervous system, PNS
副嗅球	副嗅球	accessory olfactory bulb, AOB
傅里叶分析	傅立葉分析	Fourier analysis
腹侧盖[膜]区	腹側蓋[膜]區	ventral tegmental area, VTA
腹侧通道,枕顶通道	[視覺]腹側途徑	ventral stream

G

大　陆　名	台　湾　名	英　文　名
钙离子	鈣離子	calcium ion
钙通道阻滞药	鈣離子通道阻斷劑	calcium channel blocker
概化	可類推性	generalizability
概化理论	概化理論	generalizability theory,GT
概化系数	概化係數	generalizability coefficient, coefficient of generalizability
概化研究	概化研究	generalizability study, G study
概括	類化,概化	generalization
概括性强化物	類化的增強物	generalized reinforcer
概念	概念	concept
概念变量	概念變項	conceptual variable
概念定义	概念定義	conceptual definition
概念发展	概念發展	concept development
概念化	概念化	conceptualization
概念获得(=概念习得)		
概念结构	概念結构	concept structure
概念驱动加工	概念驅動歷程	conceptually driven process
概念式触发	概念式觸發	conceptual priming
概念同化	概念同化	concept assimilation
概念习得,概念获得	概念習得	concept acquisition
概念效标	概念效標	conceptual criterion
概念形成	概念形成	concept formation
概念学习	概念學習	concept learning
干扰	干擾	interference
干扰理论	干擾理論	interference theory
干扰效应	干擾效應	interference effect
干预	介入,處遇,調停	intervention

大　陆　名	台　湾　名	英　文　名
甘氨酸	甘胺酸	glycine, Gly
感光细胞	感光受體細胞	photoreceptor cell
感觉	感覺	sensation
感觉编码	感覺編碼	sensory coding
感觉剥夺	感覺剝奪	sensory deprivation
感觉冲突理论	感覺衝突理論	sensory conflict theory
感觉登记	感官收錄	sensory register
感觉反馈	感覺回饋	sensory feedback
感觉记忆	感覺記憶	sensory memory
感觉建构系统	感覺建構系統	sensory construct system
感觉缺失	麻醉	anesthesia
感觉神经	感覺神經	sensory nerve
感觉神经性耳聋	[感覺]神經性聽障	sensorineural deafness
感觉神经元	感覺神經元	sensory neuron
感觉适应	感覺適應	sensation adaptation, sensory adaptation
感觉通路	感覺路徑	sensory pathway
感觉型	感覺型	feeling type
感觉寻求	感官刺激尋求	sensation seeking
感觉诱发电位	感覺誘發電位	sensory evoked potential
感觉阈限	感覺閾限	sensory threshold
感觉运动阶段	感覺動作階段,感覺動作期	sensorimotor stage
感觉主义	感官主義,感覺論	sensationalism
感情投注	心神貫注,感情投注	cathexis
感受野	接受域,受納區	receptive field
感性工学	感性工學	kansei engineering, emotional engineering
干细胞	幹細胞	stem cell
肛门期	肛門期	anal stage
肛门性格	肛門性格	anal character
肛门性人格	肛門[性]人格	anal personality
岗位分析	工作分析	job analysis
岗位评价	工作評價	job evaluation
高尔基腱器(=神经腱梭)		
高风险测验	高風險測驗	high-stakes testing
高级图形推理测验	高級圖形補充測驗	Advanced Progressive Matrices, APM
高斯分布	高斯分配	Gaussian distribution
高香草酸	高香草酸	homovanillic acid, HVA

大　陆　名	台　湾　名	英　文　名
高压型家庭环境	高壓強制家庭環境	coercive home environment
高原期	高原期	plateau period
高原现象	高原現象	plateau phenomenon
睾酮	睪固酮	testosterone
告警信号(=警告信号)		
哥伦比亚学派	哥倫比亞學派	Columbia school
割裂脑,[分]裂脑	分腦,裂腦	split brain
割裂脑研究,[分]裂脑研究	分腦研究,裂腦研究	split-brain research
格式塔,完形	完形	Gestalt
格式塔疗法,完形疗法	完形治療[法]	Gestalt therapy
格式塔心理学,完形心理学	完形心理學,格式塔心理學	Gestalt psychology
格式塔心理治疗,完形心理治疗	完形心理治療[法]	Gestalt psychotherapy
隔区	中隔區域	septal area
个案报告	個案報告	case report
个案概念化	個案概念化	case concepturalization
个案历史	個案歷史法	case history
个案实验设计	單一個案實驗設計	single-case experimental design
个案研究	個案研究	case study
个别测验	個別施測,個別測驗	individual test
个别排序法	個別排序法	individual ranking method
个别心理治疗,个体心理治疗	個別心理治療	individual psychotherapy
个人成长量表	個人成長量表	Personal Growth Scale
个人归因	個人[因素]歸因	personal attribution
个人化	個人化	personalization
个人建构	個人建構,個人構念	personal construct
个人建构理论	個人建構理論	personal construct theory
个人距离	個人距離	personal distance
个人空间	個人空間	personal space
个人取向量表	個人取向量表	Personal Orientation Inventory, POI
个人特质	個人特質	individual trait, personal disposition
个人效能量表	個人效能量表	Personal Efficacy Scale
个人中心取向	個人中心取向	person-centered approach
个体差异	個別差異	individual difference
个体发生	個體發生	ontogenesis

大陆名	台湾名	英文名
个体化	個人化	individualization
个体化刻板反应	個體化刻板反應	individual response stereotypy
个体取向自我	個人取向[的]自我	individual-oriented self
个体特征研究法	個人特性研究取向,個人特質研究取向	idiographic approach
个体无意识	個人潛意識	personal unconscious
个体心理学	個體心理學,個人心理學	individual psychology
个体心理治疗(=个别心理治疗)		
个体性	個體性,個別性	individuality
个体主义	個人主義	individualism
个体主义取向	個人主義取向	individualistic orientation
个体主义文化	個人主義文化	individualistic culture
个体主义者	個人主義者	individualist
个性化界面	個人化介面	personalized interface
根源特质	潛源特質,根源特質	source trait
跟风效应(=从众效应)		
工程心理学	工程心理學	engineering psychology
工具[性]变量	工具[性]變數	instrumental variable
工具性攻击	工具性攻擊	instrumental aggression
工具性价值观	工具性價值觀	instrumental value
工具性条件反射(=工具性条件作用)		
工具性条件作用,工具性条件反射	工具性制約,工具性條件化	instrumental conditioning
工具性依赖	工具性依賴	instrumental dependence
工效学,人因学	人因工程學	ergonomics, human factors
工业心理学	工業心理學	industrial psychology
工业与组织心理学	工業與組織心理學	industrial/organizational psychology, I/O psychology
工作安置	就業安置	job placement
工作场所设计	工作場所設計	workplace design
工作分类法	工作分類法	job classification method
工作丰富化	工作豐富化	job enrichment
工作负荷	工作負荷	workload
工作规范	工作規範,工作規格	job specification
工作过度负荷	工作過度負荷	work overload

大　陆　名	台　湾　名	英　文　名
工作记忆	工作記憶	working memory
工作空间	工作空間	work space
工作扩大化	工作擴大化	job enlargement
工作满意感	工作滿意度	job satisfaction
工作评定法	工作評等法	job ranking method
工作曲线	工作曲線	work curve
工作生活质量	工作生活品質	quality of worklife, QWL
工作特征模型	工作特性模式	job characteristic model, JCM
工作同盟	工作同盟	working alliance
工作压力,工作应激	工作壓力,工作緊繃	work stress, job strain
工作样本	工作樣本	job sample
工作样本测验	工作樣本測驗	work sample test
工作应激(=工作压力)		
工作专业化	工作專精化	job specialization
弓形神经束	弓形神經束	arcuate fasciculus
公共距离	公眾距離	public distance
公平理论	公平理論	equity theory
公文筐测验	公文籃測驗	in-basket test
公文筐技术	公文籃技術	in-basket technique
公我意识	公眾自我意識,公開自我意識	public self-consciousness
公正	公平,正義	justice
公众演讲焦虑	公開演說焦慮	public-speaking anxiety
功利主义	功利主義	utilitarianism
功能词	功能詞	function word
功能分离	功能分離	function dissociation
功能分析	功能分析	functional analysis
功能固着	功能固著	functional fixedness
功能活化研究	功能活化研究	functional activation study
功能失调性态度量表	失功能態度量表	Dysfunctional Attitude Scale, DAS
功能完善者	充分發揮的個人,完全運作的個人	fully functioning person
功能系统理论,机能系统理论	機能系統理論	theory of functional system
功能心理学,机能心理学	功能心理學,機能心理學	functional psychology
功能性冲突	功能性衝突	functional conflict
功能性磁共振成像	功能性核磁共振造影	functional magnetic resonance imaging,

大陆名	台湾名	英文名
		fMRI
功能性失忆症(=功能性遗忘症)		
功能性遗忘症,功能性失忆症	功能性失憶症	functional amnesia
功能游戏,机能游戏	功能型遊戲	functional play
功能障碍	失功能	dysfunction
功能主义,机能主义	功能主義	functionalism
功能自主	功能自主	functional autonomy
攻击,侵犯	攻擊	aggression, attack
攻击行为	攻擊行為	aggressive behavior
攻击驱力	攻擊驅力	aggressive drive
攻击性人格	攻擊性人格,攻擊性性格	aggressive personality
巩固	[記憶的]凝固	consolidation
巩固阶段	鞏固階段	consolidation stage
共轭控制	共軛控制	yoked control
共鸣	共鳴[法則];共振	resonance
共情,同感	同理心	empathy
共情理解	同理的了解	empathic understanding
共情-利他假说	同理心-利他假說	empathy-altruism hypothesis
共识性(=一致性)		
共同度(=共因子方差比)		
共同命运	共同命運	common fate
共同命运律	共同命運律	law of common fate
共同特质	共同特質	common trait
共同因素	共同因素	common factor
共同治疗因素	共同治療因素	common therapeutic factor
共显性	共顯性	codominance
共享心智模型	共享心智模式	shared mental model
共因子方差比,共同度	共同性	communality
沟通	溝通	communication
沟通过程	溝通歷程	communication process
沟通模式	溝通模式	communication model
沟通偏差	溝通偏差	communication deviance, CD
沟通渠道	溝通管道	communication channel
沟通网络	溝通網絡	communication network

大　陆　名	台　湾　名	英　文　名
沟通系统	溝通系統	communication system
沟通训练	溝通訓練	communication training
沟通障碍	溝通疾患,溝通障礙	communication disorder
构念(=建构)		
构想效度,结构效度	建構效度,構念效度	construct validity
构造心理学	結構心理學	structural psychology
构造主义(=建构主义)		
估计	估計	estimate
估计标准误[差]	估計標準誤	standard error of estimate
估计误差	估計誤差	error of estimate
估计值	估計值	estimate
孤独	寂寞	loneliness
孤独量表	孤獨量表	Loneliness Scale
孤独症(=自闭症)		
孤立型人格	疏離性人格	detached personality
谷氨酸	麩胺酸	glutamic acid, Glu
谷氨酸受体	麩胺酸受體	glutamate receptor
谷氨酰胺	麩醯胺	glutamine, Gln
鼓膜,耳膜	鼓膜,耳膜	tympanic membrane, eardrum
固定角色疗法	固定角色治療[法]	fixed role therapy
固着	固著[作用]	fixation
故事语法	故事結構	story grammar
顾客满意度	顧客滿意度	customer satisfaction
关键成功要素	關鍵成功要素	critical success factor, CSF
关键词法	關鍵詞[記憶]術,關鍵字法	key-word method
关键绩效指标	關鍵績效指標	key performance indicator, KPI
关键期	關鍵期	critical period
关键事件	關鍵事件,關鍵事例	critical incident
关键事件法(=关键事件技术)		
关键事件技术,关键事件法	關鍵事件法,關鍵事例法	critical incident technique, CIT
关键事件评估	關鍵事件評估,關鍵事例評估	critical incident appraisal
关联系数	關聯係數	coefficient of association
关系	關係	relation, guanxi
关系妄想	關聯妄想	delusion of reference

大　陆　名	台　湾　名	英　文　名
观察法	觀察法	observational method
观察数据,观察资料	觀察資料	observation data, O-data
观察学习	觀察學習	observational learning
观察研究	觀察研究	observational study
观察者间信度	觀察者間信度	inter-observer reliability
观察者偏差,观察者偏误	觀察者偏誤	observer bias
观察者偏误(=观察者偏差)		
观察者信度	觀察者信度	observer reliability
观察者-行为者偏差	觀察者-行為者[歸因]偏誤	observer-actor bias
观察者-行为者效应	觀察者-行為者[歸因]效應	observer-actor effect
观察资料(=观察数据)		
观点采择	觀點取替	perspective taking
观念联想	意念聯結	association of ideas
观众	聽眾,觀眾,受眾	audience
观众效应	觀眾效應	audience effect
观众心理学	觀眾心理學	audience psychology
官僚式领导	官僚式領導	bureaucratic leader
官能心理学	官能心理學	faculty psychology
管理方格	管理方格	managerial grid
管理方格理论	管理方格理論	managerial grid theory
管理心理学	管理心理學	managerial psychology
管状视觉	管狀視覺	tunnel vision
光感受器	感光接受器	photoreceptor
光环效应,晕轮效应	月暈效果	halo effect
光亮度函数(=视见函数)		
光谱对立细胞(=光谱拮抗细胞)		
光谱拮抗细胞,光谱对立细胞	光譜對立細胞	spectrally opponent cell
光谱色	光譜色	spectral color
光学成像,光学造影	光學造影	optical imaging
光学造影(=光学成像)		
光源显色性	光源顯色性	color-rendering property of light source

大 陆 名	台 湾 名	英 文 名
广场恐怖症	市集畏懼症,懼曠症	agoraphobia
广泛发展障碍	廣泛性發展疾患,廣泛性發展障礙	pervasive developmental disorder, PDD
广泛性焦虑症	廣泛性焦慮疾患	generalized anxiety disorder, GAD
广泛性社交恐怖症	廣泛性社會畏懼症	generalized social phobia
广告	廣告	advertising
广告共鸣	廣告共鳴	advertising resonance
广告疲倦效应	廣告疲乏	advertising wearout
广告态度模型	廣告態度模式	attitude-toward-the-ad model
广告心理学	廣告心理學	advertising psychology
广义线性模型	廣義線性模式,一般化線性模式	generalized linear model
归纳推理	歸納推理	inductive inference
归属	歸屬	belonging
归属需要	歸屬需求,親和需求	belongingness need, need for affiliation
归因	歸因	attribution
归因错误	歸因謬誤,歸因錯誤	attribution error
归因方式	歸因型態,歸因類型	attributional style
归因方式问卷	歸因型態問卷	Attributional Style Questionnaire, ASQ
归因过程	歸因歷程	attribution process
归因理论	歸因理論	attribution theory
归因模型	歸因模式	attribution model
归因偏差(=归因偏向)		
归因偏向,归因偏差	歸因偏誤	attribution bias
归因-情绪-行动理论	歸因-情緒-行動理論	attribution-affect-action theory
归因三维理论	歸因的三維理論,歸因的立方理論	cube theory of attribution
规范	規範	norm
规则学习	規則學習	rule learning
国民性	國民性[格],民族性[格]	national character
过程定向	歷程聚焦	process-focus
过程咨询	過程諮詢	process consultation
过度保护	過度保護	overprotection, overprotectiveness
过度补偿	過度補償	overcompensation
过度概化	過度類化	overgeneralization
过度理由效应	過度辯證效應,過度辯護效應	overjustification effect

大陆名	台湾名	英文名
过度学习	過度學習	overlearning
过度自我控制	過度自我控制	excessive self-control
过度自信	過度自信	overconfidence
过滤器模型	過濾[器]模式	filter model
过食症	過食症	hyperphagia

H

大陆名	台湾名	英文名
海马	海馬[迴],海馬體	hippocampus
海马回	海馬迴,海馬回	hippocampal gyrus
海马结构	海馬迴結構	hippocampal formation
海马旁回	海馬旁迴	parahippocampal gyrus
亥姆霍兹错觉	亥姆霍茨錯覺	Helmholtz illusion
害羞	羞怯	shyness
航空航天心理学	航太心理學	aerospace psychology
航空心理学	航空心理學	aviation psychology
航天心理学	太空心理學	space psychology
合成分数	組合分數,合成分數	composite score
合理化,文饰[作用]	理智化[作用],合理化[作用]	rationalization
合理情绪疗法,理情疗法	理情治療[法]	rational-emotive therapy, RET
合取概念	聯結概念	conjunctive concept
合音	合音	combination tone
合作	合作	cooperation
合作动机	合作動機	cooperative motive
合作取向	合作取向	cooperative orientation
合作学习	合作學習	cooperative learning
合作游戏	合作型遊戲	cooperative play
和睦关系	[建立]投契關係	rapport
和平心理学	和平心理學	peace psychology
核磁共振	核磁共振	nuclear magnetic resonance, NMR
核苷酸	核苷酸	nucleotide
核糖核酸	核糖核酸	ribonucleic acid, RNA
核心概念结构	核心概念結構	central conceptual structure
核心家庭	核心家庭	nuclear family
核心特质(=首要特质)		

大　陆　名	台　湾　名	英　文　名
黑林错觉	黑林錯覺	Hering illusion
黑林[颜色]视觉说	黑林彩色視覺理論	Hering theory of color vision
黑箱	黑箱	black box
黑箱理论	黑箱論	black box theory
痕迹理论	痕跡理論	trace theory
痕迹性条件作用	痕跡制約	trace conditioning
亨廷顿病	亨汀頓氏舞蹈症	Huntington's disease
恒常性	恆常性	constancy
恒定刺激法	定值刺激法,恆定刺激法	method of constant stimulus
横断研究	橫斷研究[法]	cross-sectional research
横纹肌	橫紋肌	striated muscle
横向迁移,水平迁移	水平遷移	lateral transfer
红绿色缺	紅綠色缺	red-green color deficiency
后觉	後覺	aftersensation
后经验主义	後經驗主義,後實徵主義	post empiricism
后习俗道德	後習俗道德	postconventional morality
后现代主义	後現代主義	postmodernism
后向掩蔽	後向遮蔽,逆向遮蔽	backward masking
后像	後像	afterimage, after-image
后效强化	後效強化	contingent reinforcement
呼吸暂停	窒息性失眠,睡眠呼吸中止症	apnea
壶腹	壺腹	ampulla
蝴蝶效应	蝴蝶效應	butterfly effect
互补模式	互補模式	compensatory model
互补色	補色	complementary color
互补性	互補	complementarity
互动公平	互動公平,互動正義	interactional justice
互动论	互動論	interactionism
互反性	回應性,相互性	reciprocity
化学传递	化學傳遞	chemical transmission
化学递质	化學傳遞物質	chemical transmitter
化学感觉	化學感覺	chemical sensation
化学感觉系统	化學感覺系統	chemical sensory system
化学疗法	化學療法	chemotherapy
化学排斥物	化學排斥因子	chemorepellent

大陆名	台湾名	英文名
化学亲和假说	化學親和假說	chemoaffinity hypothesis
化学突触	化學突觸	chemical synapse
化学引诱物	化學吸引因子	chemoattractant
画人测验(=绘人测验)		
话到嘴边现象,舌尖现象	舌尖現象	tip-of-the-tongue phenomenon, TOT phenomenon
话语	話語;論述	discourse
还原论	化約論	reductionism
环境疗法	環境治療[法]	environmental therapy, milieu therapy
环境心理学	環境心理學	environmental psychology
环腺苷一磷酸	環腺苷單磷酸	cyclic adenosine monophosphate, cAMP
缓冲	緩衝	buffer
幻觉	幻覺	hallucination
幻听	幻聽,聽幻覺	auditory hallucination
幻想测验	幻想測驗	fantasy test
幻想游戏	裝扮遊戲,假想遊戲	fantasy play
幻肢	幻肢	phantom limb
唤起状态	激發狀態,喚起狀態	state of arousal
唤醒	激發,喚起	arousal
唤醒-情感模型	喚起-情感模式	arousal-affect model
唤醒水平	喚起程度	arousal level
唤醒-吸引假说	喚起-吸引假說	arousal-attraction hypothesis
患病率	盛行率	prevalence
黄斑	黄斑	macula lutea
黄体	黄體	corpus luteum
黄体生成素	黄體素	luteinizing hormone, LH
灰质	灰質	gray matter
回避,逃避	迴避,逃避	avoidance
回避对象	迴避對象,逃避對象	avoidance object
回避反应	迴避反應,逃避反應	avoidance response
回避条件反射,回避条件作用	迴避制約學習	avoidance conditioning
回避条件作用(=回避条件反射)		
回避型人格	迴避性人格	avoidant personality
回避型人格障碍	迴避性人格疾患,迴避性人格違常	avoidant personality disorder
回避型依恋	迴避型依戀,迴避型依	avoidant attachment

大 陆 名	台 湾 名	英 文 名
	附	
回避性训练	迴避訓練	avoidance training
回避学习	迴避學習,逃避學習	avoidance learning
回避依恋类型	迴避依戀類型,迴避依附類型	avoidant attachment style
回避应对	迴避因應,逃避因應	avoidance coping
回复正常发育	回復正常發育	catch-up growth
回归	迴歸	regression
回归同质假设	迴歸同質假設	assumption of homogeneity of regression
回归系数	迴歸係數	regression coefficient
回溯性记忆	回溯性記憶	retrospective memory
回溯性设计	回溯性設計	retrospective design
回忆	回憶	recall
回忆法,再现法	回憶法	recall method
汇集学习	匯合學習,匯流學習	confluence learning
会心团体	會心團體	encounter group
绘人测验,画人测验	畫人測驗	draw-a-person test, DAP, DAP test
秽语症	[妥瑞式症的]穢語症	coprolalia
婚姻疗法,婚姻治疗	婚姻治療[法]	marriage therapy, marital therapy
婚姻治疗(=婚姻疗法)		
混沌理论	混沌理論	chaos theory
混合设计	混合設計	mixed design
混合型家庭	混合型家庭	blended family
混色轮(=色轮)		
混淆变量	混淆變項	confounding variable
活动	活動	activity
活动分析	活動分析	activity analysis
活动过度	過動	hyperactivity
活动记录仪	活動記錄器	actigraph
活动理论	活動理論	activity theory
活动取向	活動取向	activity approach
活动水平	活動量,活動程度	activity level
或然比(=似然比)		
或战或逃反应	反擊-逃跑反應,戰或逃反應	fight or flight response
获得性免疫缺陷综合征,艾滋病	後天免疫不全症候群,愛滋病	acquired immune deficiency syndrome, AIDS
霍兰德职业取向模型,	何倫職業取向模型,霍	Holland vocational model

大陆名	台湾名	英文名
霍兰德职业兴趣模型	蘭德職業取向模型	
霍兰德职业兴趣模型（=霍兰德职业取向模型）		
霍桑效应	霍桑效應	Hawthorne effect
霍桑研究	霍桑研究	Hawthorne study

J

大陆名	台湾名	英文名
击中（=命中）		
饥饿效应	饑餓效應	alliesthesia
机能系统理论（=功能系统理论）		
机能心理学（=功能心理学）		
机能游戏（=功能游戏）		
机能主义（=功能主义）		
机械能力倾向测验	機械性向測驗	mechanical aptitude test
机械学习	機械式學習	rote learning
肌电描记术	肌電[圖]測量技術	electromyography, EMG
肌电图	肌電圖	electromyogram
肌觉	肌覺	muscle sensation
肌梭	肌梭	muscle spindle
鸡尾酒会现象	雞尾酒會現象	cocktail party phenomenon
鸡尾酒会效应	雞尾酒會效應	cocktail party effect
积差相关	積差相關	product-moment correlation
积极关注	正向關懷，積極關懷	positive regard
积极倾听	積極傾聽	active listening
积极心理学	正向心理學	positive psychology
积极自我评价	正向自我關懷，積極自我關懷	positive self-regard
基本词汇假设	基本語彙假說	fundamental lexical hypothesis
基本错误	基本錯誤	basic mistake
基本敌意	基本敵意	basic hostility
基本归因误差	基本歸因謬誤	fundamental attribution error
基本焦虑	基本焦慮	basic anxiety
基本兴趣量表	基本興趣量表	Basic Interest Scale

大　陆　名	台　湾　名	英　文　名
基本性格量表	基本性格量表	Basic Personality Inventory, BPI
基本需求	基本需求	basic need
基础静息-活动周期	基礎作息週期	basic rest-activity cycle, BRAC
基础率	基礎率,基本率	base rate
基础研究	基礎研究	basic research
基底膜	基[底]膜	basilar membrane
基底神经节	基底核	basal ganglia
基率谬误	基本率謬誤	base-rate fallacy
基线	基準[線]	baseline
基因	基因	gene
基因型	基因型	genotype
基因组	基因體	genome
基于问题的学习	問題導向學習,問題本位學習	problem-based learning
基于项目的学习	專題導向學習,專案導向學習,專題本位學習	project-based learning
基准年龄	基底年齡	basal age
激变应激(=灾难压力)		
激动剂	致效劑,促進劑	agonist
激活扩散	擴散激發	spreading activation
激活扩散模型	擴散激發模式	spreading activation model
激活模型	激發模式,活化模式	activation model
激活作用	活化作用	activation
激励理论	動機理論	motivation theory
激励模型	誘因模式	incentive model
激情之爱	狂熱式愛情	passionate love
激素	激素,荷爾蒙	hormone
激素激活效应	激素啟動效果	activational effect of hormone
级量电位	級量電位	graded potential
极限法	極限法	limit method
急性创伤后应激障碍	急性創傷後壓力疾患	acute posttraumatic stress disorder
急性精神分裂症	急性精神分裂症	acute schizophrenia
急性心因性反应	急性心因反應	acute psychogenic reaction
急性应激障碍	急性壓力疾患	acute stress disorder, ASD
集合[作用],辐辏作用	[眼睛的]輻輳作用	convergence
集体合理化	集體合理化	collective rationalizing
集体潜意识(=集体无		

大陆名	台湾名	英文名
意识)		
集体无意识,集体潜意识	集體潛意識	collective unconsciousness
集体效能	集體效能	collective efficacy
集体歇斯底里	集體歇斯底里	mass hysteria
集体协商	集體協商	collective bargaining
集体心理治疗,小组心理治疗	團體心理治療	group psychotherapy
集体行为	集體行為	collective behavior
集体性独白	集體獨語	collective monologue
集体选择	集體選擇	collective selection
集体主义	集體主義	collectivism
集体主义文化	集體主義文化	collectivist culture
集体咨询(=团体咨询)		
集中练习	集中練習	massed practice
集中量数	集中量數	measure of central tendency
集中趋势	趨中傾向,集中趨勢	central tendency
集中趋势分析	趨中傾向分析	central tendency analysis
集中性沉思	專注冥想	concentrative meditation
集中学习	集中式學習	massed learning
集中注意力阶段	集中注意力階段	focused-attention stage
嫉妒妄想	嫉妒妄想	delusion of jealousy, jealous delusion
脊神经	脊[髓]神經	spinal nerve
脊髓	脊髓	spinal cord
计划行为理论	計畫行為理論	planned behavior theory
计算	計算	computation
计算机辅助测验系统	電腦輔助測驗系統	computer-assisted testing system
计算机辅助教学	電腦輔助教學	computer-aided instruction, CAI
计算机辅助学习	電腦輔助學習	computer-assisted learning, CAL
计算机化测验	電腦化測驗	computerized testing
计算机化测验解释	電腦化測驗解釋	computer-based test interpretation, CBTI
计算机化适应性测验	電腦化適應性測驗	computerized adaptive test, CAT
计算机化训练	電腦化訓練法	computer-based training, CBT
计算机模拟	電腦模擬	computer simulation
计算机视觉	電腦視覺	computer vision
计算困难	算術障礙	dyscalculia
记忆	記憶	memory
记忆表象	記憶心像	memory image

大陆名	台湾名	英文名
记忆重建	記憶重建	memory reconstruction
记忆错觉	記憶錯覺	memory illusion
记忆巩固	記憶穩固,記憶凝固	memory consolidation
记忆广度	記憶廣度	memory span
记忆痕迹	記憶痕跡	memory trace
记忆恢复,复记	回憶	reminiscence
记忆激活模型	記憶激發模式,記憶活化模式	activation model of memory
记忆类型	記憶類型	memory type
记忆扭曲(=记忆失真)		
记忆丧失	記憶喪失	memory loss
记忆失真,记忆扭曲	記憶扭曲	memory distortion
记忆术	記憶法,記憶術	mnemonics
记忆双重编码理论	記憶雙碼理論	dual coding theory of memory
记忆系统	記憶系統	memory system
记忆压抑	記憶壓抑	memory suppression
记忆组织	記憶組織	memory organization
技能	技能,技巧	skill
技能学习	技能學習	skill learning
季节性情感障碍	季節性情感疾患,季節性憂鬱症	seasonal affective disorder, SAD
季节性抑郁症	季節性憂鬱症	seasonal depression
继发性妄想	次發性妄想	secondary delusion
继时性扫描	序列掃描	successive scanning
绩效反馈	績效回饋	performance feedback
绩效管理	績效管理	performance management
绩效面谈	績效面談	appraisal interview
绩效评估	表現評價,績效評估	performance appraisal
加工水平	處理層次	level of processing
加和性	加成性	additivity
加和性任务	加成性工作,加成性作業	additive task
加权	加權	weighting
加权平均数	加權平均數	weighted mean
加色混合	加法混色,相加混色	additive color mixture
加西亚效应	加西亞效應	Garcia effect
加州成就测验	加州成就測驗	California Achievement Test, CAT
加州 F 量表	加州 F 量表	California F Scale

大陆名	台湾名	英文名
加州心理测验	加州心理測驗	California Psychological Inventory, CPI
加州心理成熟测验	加州心理成熟測驗	California Test of Mental Maturity, CTMM
加州阅读和数学诊断测验	加州閱讀和數學診斷測驗	California Diagnostic Reading and Mathematics Test
加压素(=[血管]升压素)		
家庭暴力	家庭暴力	domestic violence
家庭干预	家庭處遇法,家庭介入法	family intervention
家庭环境观察量表	家庭環境觀察量表	Home Observation for Measurement of the Environment Inventory, HOME
家庭结构	家庭結構	family structure
家庭疗法	家庭治療[法],家族治療[法]	family therapy
家庭气氛	家庭氣氛	family atmosphere
家庭生命周期	家庭生命週期	family life cycle
家庭图式	家庭基模	family schema
家庭心理学	家庭心理學	family psychology
家长式领导	家長式領導	paternalistic leadership
家族相似性	家族相似性	family resemblance
N-甲基-D-天冬氨酸受体	氮-甲基天門冬胺酸受體	*N*-methyl-D-aspartate receptor, NMDAR
甲状腺	甲狀腺	thyroid gland
甲状腺功能减退	甲狀腺功能低下	hypothyroidism
甲状腺功能亢进	甲狀腺亢進	hyperthyroidism
甲状腺素	甲狀腺素	thyroxine
假定游戏(=装扮游戏)		
假记忆,伪记忆	假記憶,偽記憶	false memory
假怒	佯怒	sham rage
假设检验	假設考驗,假設檢定	hypothesis testing
假设相似性	假設相似性	assumed similarity
假说-演绎推理	假設-演繹推理	hypothetico-deductive reasoning
假性痴呆	假性癡呆	pseudodementia
价值澄清	價值澄清	values clarification
价值观	價值[觀]	value
价值取向	價值取向	value orientation
价值体系	價值體系	value system

大陆名	台湾名	英文名
价值条件	價值條件	condition of worth
间脑	間腦	diencephalon
缄默症	緘默症	mutism
检定力分析(=检验力分析)		
检核表	檢核表	checklist
F 检验	*F* 檢定,*F* 考驗	*F*-test
t 检验	*t* 檢定,*t* 考驗	*t*-test
Z 检验	*Z* 考驗,*Z* 檢定	*Z*-test
χ^2 检验(=卡方检验)		
检验力分析,检定力分析	檢定力分析	power analysis
减色混合	減法混色	subtractive color mixture
简单反应时,A 反应时	簡單反應時間	simple reaction time
简单细胞	簡單細胞	simple cell
简短心理分析疗法(=短期精神分析疗法)		
简明精神病评定量表	簡式精神評定量表	Brief Psychiatric Rating Scale, BPRS
简明症状量表	簡式症狀量表	Brief Symptom Inventory, BSI
简约	簡約,簡效性	parsimony
间断性,不连续性	非連續性	discontinuity
间断性假说	非連續假說	discontinuity hypothesis
间接联想(=远隔联想)		
间接效应	間接效果	indirect effect
间歇性暴发[精神]障碍	陣發性暴怒疾患	intermittent explosive disorder
建构,构念	建構,構念	construct
建构反应测验	建構反應測驗	constructed-response test
建构过程	建構歷程	constructive process
建构权宜选择	建構多元性	constructive alternativism
建构推论	建構推論	construction corollary
建构[性]记忆	建構性記憶	constructive memory
建构游戏	建構型遊戲	constructional play
建构知觉	建構性知覺	constructive perception
建构主义,构造主义	建構主義,建構論	constructivism
建议(=忠告)		
健康心理学	健康心理學	health psychology

大陆名	台湾名	英文名
渐进互惠降低紧张策略	漸進互惠降低緊張策略	graduated and reciprocated initiatives in tension reduction, GRIT
渐进律	漸進律	law of progression
渐进式肌肉放松	漸進式肌肉放鬆	progressive muscle relaxation
鉴别力	鑑別力	discriminating power
鉴别指数	鑑別[度]指數	discrimination index
奖励性薪酬	獎勵性薪酬	incentive compensation
奖赏梯度	獎賞梯度	gradient of reward
降钙素	降鈣激素	calcitonin
交叉效度分析	交叉驗證	cross-validation
交叉职能团队	跨功能團隊	cross-functional team
交感神经链	交感神經鏈	sympathetic chain
交感神经系统	交感神經系統	sympathetic nervous system
交互激活模型	交互激發模式	interactive-activation model
交互记忆系统	交換記憶系統	transactive memory system
交互决定论	交互決定論,相互決定論	reciprocal determinism
交互神经支配	交互支配	reciprocal innervation
交互式教学	相互式教學	reciprocal teaching
交互相关	交互相關	intercorrelation
交互效应	交互作用[效果]	interaction effect
交互抑制	相互抑制	reciprocal inhibition
交互作用	互動,交互作用	interaction
交互作用分析	溝通分析,交流分析	transactional analysis, TA
交换关系	交換關係	exchange relationship
交换理论	交換理論	exchange theory
交替排序法	交替排序法	alternation ranking method
交通心理学	交通心理學	traffic psychology
交易型领导	交易型領導	transactional leadership
焦点访谈法	焦點訪談法	focus interview
焦点解决疗法	焦點解決治療	solution-focused therapy
焦点团体	焦點團體	focus group
焦点意识	焦點意識	focal conscious
焦虑	焦慮	anxiety
焦虑层次,焦虑层级	焦慮階層	anxiety hierarchy
焦虑层级(=焦虑层次)		
焦虑敏感指数	焦慮敏感度指標	anxiety sensitivity index, ASI
焦虑特质	焦慮特質	anxiety as a trait, A-trait

大　陆　名	台　湾　名	英　文　名
焦虑型依恋	焦慮型依戀,焦慮型依附	anxious attachment
焦虑性神经症	焦慮精神官能症	anxiety neurosis
焦虑性障碍	焦慮症,焦慮疾患	anxiety disorder
焦虑状态	焦慮狀態	anxiety as a state, A-state
角[脑]回	角腦迴	angular gyrus
脚本	腳本	script
脚本分析	腳本分析	script analysis
校正量表	校正量表	Correction Scale
教师效能	教師效能	teacher effectiveness
教条主义	教條主義	dogmatism
教条主义量表	教條主義量表	Dogmatism Scale
教育测验	教育測驗	educational testing
教育年龄	教育年齡	educational age
教育心理学	教育心理學	educational psychology
教育与心理测验标准	教育與心理測驗標準	Standards for Educational and Psychological Testing
阶段理论(=阶段说)		
阶段说,阶段理论	階段論,階段理論	stage theory
阶梯法	階梯法	staircase method
接案谈话	接案初談	intake interview
接近律	接近律,時近律	law of contiguity
接近性	接近性	contiguity
接近原则	接近原則	principle of proximity
接受	接受,接納	acceptance
接受者操作特征曲线,ROC 曲线	信號接受特質曲線,接受者操作特徵曲線	receiver-operating-characteristic curve, ROC curve
节省法	節省法	saving method
节约律	簡約法則,簡約律	law of parsimony
杰克逊职业兴趣调查表	傑克遜職業興趣量表	Jackson Vocational Interest Survey, JVIS
拮抗剂	拮抗劑,抑制劑	antagonist
拮抗色觉说,补色理论	顏色對向論,補色理論	opponent-color theory
结案	結案;終結	termination
结构分析	結構分析	structural analysis
结构化测验	結構化測驗	structured test
结构家庭疗法	結構家庭治療,結構家族治療	structural family therapy
结构式面谈(=结构性		

大 陆 名	台 湾 名	英 文 名
访谈)		
结构性访谈,结构式面谈	結構式晤談,結構式面談	structured interview
结构效度(=构想效度)		
结构性失用症	建構型[運用]失能症	constructional apraxia
结果测量	結果測量,成效測量	outcome measure
结果研究	結果研究,成效研究	outcome research
结合律	結合律	law of cohesion
解构	解構	deconstruction
解离性漫游症(=分离性漫游症)		
解离性失忆症(=分离性遗忘症)		
解离性失神疾患(=分离性恍惚症)		
解释	解釋,詮釋,闡釋	interpretation
戒断症状	戒斷症狀	withdrawal symptom
界限	界限	boundary
紧张理论	緊張理論	strain theory
紧张型精神分裂症	僵直型精神分裂[症],僵直型精神分裂疾患	catatonic schizophrenia
进化发展心理学	演化發展心理學	evolutionary developmental psychology
进化论	演化論	evolutionism
进化心理学	演化心理學	evolutionary psychology
进食障碍,摄食障碍	飲食疾患,飲食[失調]疾患,飲食障礙	eating disorder
进行性遗忘	漸近失憶	progressive amnesia
近端刺激	近側刺激	proximal stimulus
近事遗忘	近事遺忘	ecmnesia
近视	近視	myopia
近因	近因	proximate cause
近因律	新近法則,近因律	law of recency
近因效应	新近效應	recency effect
经典测验理论	古典測驗理論	classical test theory, CTT
经典条件作用(=经典性条件反射)		
经典性条件反射,经典条件作用	古典制約,正統條件化學習	classical conditioning

大 陆 名	台 湾 名	英 文 名
经济心理学	經濟心理學	economic psychology
经济资源	經濟資源	economic resources
经颅磁刺激	跨顱磁刺激,穿顱磁刺激	transcranial magnetic stimulation, TMS
经皮电刺激神经疗法,经皮神经电刺激[疗法]	透皮神經電刺激	transcutaneous electrical nerve stimulation, TENS
经皮神经电刺激[疗法](=经皮电刺激神经疗法)		
经验家庭疗法	經驗性家庭治療	experiential family therapy
经验疗法	體驗治療法,經驗治療法	experiential therapy
经验论(=经验主义)		
经验论者(=经验主义者)		
经验心理学	實證心理學,經驗心理學	empirical psychology
经验性研究	實證性研究,實徵性研究	empirical research
经验知识	經驗知識,實證性知識,實徵性知識	empirical knowledge, experiential knowledge
经验智力	經驗性智能,經驗性智力	experiential intelligence
经验主义,经验论	經驗論,經驗主義,實徵論	empiricism
经验主义者,经验论者	經驗主義者,經驗論者,實徵論者	empiricist
惊恐发作	恐慌發作	panic attack
惊恐障碍	恐慌疾患,恐慌症	panic disorder
晶态智力(=晶体智力)		
晶体智力,晶态智力	晶體智力,結晶智力	crystallized intelligence
晶状体	水晶體,晶狀體	lens
精氨酸	精胺酸	arginine, Arg
精密性	精密性	elaboration
精神病	精神病	psychosis
精神病理学家(=心理病理学家)		

大陆名	台湾名	英文名
精神病特征	精神病特徵	psychotic feature
精神病院	精神病院;收容所;庇護所	asylum
精神创伤(=心理创伤)		
精神错乱	精神錯亂	insanity
精神发育迟缓(=智力落后)		
精神分裂症	精神分裂症	schizophrenia
精神分析	心理分析,精神分析	psychoanalysis
精神分析范式	心理分析派典,精神分析派典	psychoanalytic paradigm
精神分析理论	心理分析理論,精神分析理論	psychoanalytic theory
精神分析疗法,心理分析治疗	心理分析治療[法],精神分析治療[法]	psychoanalytic therapy, psychoanalytic treatment
精神分析师	心理分析師,精神分析師	psychoanalyst
精神疾病	精神病疾患	psychotic disorder
精神疾病诊断与统计手册	心理異常診斷與統計手冊,精神疾病診斷與統計手冊	Diagnostic and Statistical Manual of Mental Disorders, DSM
精神外科学	精神病外科學,精神病外科治療	psychosurgery
精神药物	精神藥物	psychoactive medication
精神障碍(=心理障碍)		
精神质	心理病態傾向	psychoticism
精细加工策略	精緻化策略	elaboration strategy
警察心理学	警察心理學	police psychology
警告信号,告警信号	警告訊號	warning signal
警戒(=警觉)		
警觉,警戒	警戒,警覺	vigilance
警觉反应	警覺反應	alarm reaction
警觉反应阶段	警覺反應階段	alarm reaction stage
竞争	競爭	competition
竞争动机	競爭動機	competitive motive
竞争力	競爭力	competitiveness
竞争模型	競爭模式	competing model
竞争优势	競爭優勢	competitive advantage

大　陆　名	台　湾　名	英　文　名
竞争者	競爭者	competitor
静态显示	靜態顯示	static display
静息电位	靜止電位	resting potential
静止网膜像	靜止網膜影像	stabilized retinal image
镜画	鏡描	mirror drawing
镜像	鏡像	mirror image
镜像自我	鏡中[自]我	looking-glass self
酒精成瘾	酒精成癮	alcohol addiction
酒精滥用	酒精濫用	alcohol abuse
酒精依赖	酒精依賴	alcohol dependence
局部独立性	局部獨立性	local independence
局部优先效应	局部優先效應	local precedence effect
矩阵结构	矩陣式結構	matrix structure
矩阵推理	矩陣推理	matrix reasoning
句法	語法,句法	syntax
句法分析	語法分析,句法分析	syntactic analysis
句子成分	語句成分	sentence constituent
句子完成测验	句子完成測驗,語句完成測驗	sentence completion test
拒绝敏感性问卷	被拒敏感性量表	Rejection Sensitivity Questionnaire, RSQ
拒绝群体	規避團體	disclaimant group
拒绝域	拒絕域	rejection region
具体化	具體化[歷程]	concreteness, concretization
具体迁移(=特殊迁移)		
具体思维	具體思維	concrete thinking
具体运思(=具体运算)		
具体运算,具体运思	具體運思	concrete operation
具体运算阶段	具體運思階段	concrete-operational stage
距离恒常性	距離恆常性	distance constancy
距离线索	距離線索	distance cue
距离知觉	距離知覺	distance perception
距状裂	距狀裂	calcarine fissure
惧童症(=恐童症)		
惧外恐惧症	外語恐懼症,懼外語症	xenophobia
聚光灯效应	聚光燈效應	spotlight effect
聚合效度	聚斂效度,輻合效度	convergent validity
聚类分析	群聚分析,集群分析	cluster analysis

大 陆 名	台 湾 名	英 文 名
卷宗评价(=档案评价)		
倦怠	倦怠,枯竭	burnout
决策	決策	decision making
决策法则	決策法則	decision rule
决策风格	決策風格	decision making style
决策理论	決策理論	decision making theory
决策树	決策樹	decision tree
决策研究	決策研究	decision study, D study
决策支持系统	決策支援系統	decision support system
决定论	決定論	determinism
决定系数	決定係數	coefficient of determination
决定性属性	決定[性]屬性	determinant attribute
角色	角色	role
角色扮演	角色扮演	role play
角色采摘(=角色承担)		
角色承担,角色采摘	角色採納,角色取替	role taking
角色冲突	角色衝突	role conflict
角色构成测验	角色建構測驗	Role Construct Repertory Test, Rep Test
角色间冲突	角色間衝突	interrole conflict
角色紧张	角色壓力,角色緊張	role strain
角色理论	角色理論	role theory
角色内冲突	角色內衝突	intrarole conflict
角色偏差	角色偏差	role deviation
角色期待	角色期待	role expectation
角色认同	角色認定,角色認同	role identity
角色适合性	角色適合性	role appropriateness
角色图式	角色基模	role scheme
角色协调	角色協調	role coordination
角色行为	角色行為	role behavior
觉察	覺察	awareness
绝对感受性	絕對感受性	absolute sensitivity
绝对决策	絕對決策	absolute decision
绝对阈限	絕對閾[限]	absolute threshold
绝望	絕望	despair
军队职业能力倾向成套测验	美國武裝部隊職業性向測驗組合	Armed Services Vocational Aptitude Battery, ASVAB
军事心理学	軍事心理學	military psychology
均方	均方	mean square

大　陆　名	台　湾　名	英　文　名
均方差	均方差	mean-square deviation
均匀分布	均勻分配,齊一分配	uniform distribution

K

大　陆　名	台　湾　名	英　文　名
卡方差异检验	卡方差異考驗	chi-square difference test
卡方分布,χ^2 分布	卡方分配	chi-square distribution
卡方检验,χ^2 检验	卡方考驗	chi-square test
开放式治疗小组	開放式團體	open group
开放性	開放性	openness
开环控制	開環控制	open-loop control
凯利归因理论	凱利歸因理論	Kelley's attribution theory
坎农-巴德情绪理论	坎巴二氏情緒理論	Cannon-Bard theory of emotion
康复	復健	rehabilitation
康复心理学	復健心理學	rehabilitation psychology
抗焦虑药物	抗焦慮藥物, 抗焦慮劑	antianxiety drug, anxiolytics
抗精神病药物	抗精神疾病藥物	antipsychotic drug
抗利尿激素	抗利尿激素	antidiuretic hormone, ADH
抗体	抗體	antibody
抗抑郁药	鎮靜劑,抗憂鬱劑	antidepressant
抗原	抗原	antigen
考夫曼儿童成套评价测验	考夫曼兒童評鑑組合	Kaufman Assessment Battery for Children, K-ABC
考夫曼青少年和成人智力测验	考夫曼青少年和成人智力測驗	Kaufman Adolescent and Adult Intelligence Test, KAIT
考试焦虑,测验焦虑	考試焦慮,測驗焦慮	test anxiety
考试焦虑量表	測驗焦慮量表	Test Anxiety Inventory, TAI
科尔蒂器	柯蒂氏器	organ of Corti
科萨科夫综合征	柯沙可夫氏症候群	Korsakoff's syndrome
科学主义	科學主義,科學萬能主義	scientism
壳[核]	殼核	putamen
可存取性(=可达性)		
可达包络面	伸手可及界面	reach envelope
可达性,可存取性	易提取性,易觸及性	accessibility
可得性启发法	易得性捷思法,可得性捷思法	availability heuristics

大 陆 名	台 湾 名	英 文 名
可懂度	可理解性	intelligibility
可供性,用途提示性	功能特性,行動的可能性,預設用途	affordance
χ^2 可加性	χ^2 加成性	additivity of chi-square
可见光	可見光	visible light
可靠性系数	可靠係數	dependability coefficient, coefficient of dependability
可控制性	可控制性	controllability
可能自我	可能自我	possible self
可逆图形,两可图形,双关图形	可逆圖形,模稜兩可圖形	reversible figure, ambiguous figure
可逆性	可逆性	reversibility
[可]区辨性	[可]區辨性	discriminability
可塑性	可塑性,適應性	plasticity
可听度曲线	聽力曲線	audibility curve
可信度	可信度	credibility
可信任度	可信任度	trustworthiness
可用性测试	可用性測試,易用性測試	usability test
渴感失能症(=不渴症)		
渴求	渴想	craving
克里奥尔化	克里奧化	creolization
克龙巴赫 α 系数	Cronbach α 係數	Cronbach's α coefficient
克汀病(=呆小病)		
刻板反应	刻板反應	stereotype reaction
刻板印象	刻板印象	stereotype
刻板印象提升	刻板印象提升	stereotype lift
客观测验	客觀測驗	objective test
客观性	客觀性	objectivity
客观[性]焦虑	客觀[性]焦慮	objective anxiety
客观主义	客觀主義	objectivism
客体	客體	object
客体关系理论	客體關係理論	object relations theory
客体关系疗法	客體關係治療[法]	object relations therapy
客体恒常性(=客体永久性)		
客体永久性,客体恒常性	物體恆存	object permanence

大 陆 名	台 湾 名	英 文 名
客位观点	客位觀點	etic perspective
肯德尔和谐系数,肯德尔 W 系数	肯德爾和諧系數	Kendall's concordance coefficient
肯德尔 W 系数(=肯德尔和谐系数)		
空巢	空巢	empty nest
空巢期	空巢期	empty nest stage
空巢综合征	空巢症候群	empty nest syndrome
空间概念	空間概念	space concept
空间能力倾向测验	空間性向測驗	spatial aptitude test
空间频率	空間頻率	spatial frequency
空间认知	空間認知	spatial cognition
空间误差	空間誤差	space error
空间知觉	空間知覺	spatial perception, space perception
空间智力	空間智力	spatial intelligence
空间总和作用	空間加成性	spatial summation
空椅技术	空椅法	empty chair technique
恐怖症,恐惧症	恐懼症,畏懼症	phobia
恐高症	懼高症	acrophobia
恐慌控制疗法	恐慌控制治療[法]	panic control therapy, PCT
恐惧诱导	恐懼訴求	fear appeal
恐惧症(=恐怖症)		
恐童症,惧童症	懼童症	pedophobia
恐新症	新事物恐懼症,恐新症	neophobia
控制刺激	控制刺激	controlled stimulation
控制过程	控制歷程	controlled process
控制理论	控制理論	control theory
控制源	控制信念,控制觀,内外控	locus of control
控制组	控制組	control group
口吃	口吃	stuttering
口唇期	口腔期	oral stage
口头报告,言语报告	口頭報告	verbal report
口头语言	口語	spoken language
口语记录	口語記錄;歷程準則,步驟準則;協定	protocol
扣带回	扣帶腦迴	cingulate gyrus
苦恼	痛苦,困擾	distress

大陆名	台湾名	英文名
库德-理查森信度	庫李二氏信度	Kuder-Richardson reliability
库德一般兴趣调查表	庫德一般興趣量表	Kuder General Interest Survey, KGIS
库德职业兴趣调查表	庫德職業興趣量表	Kuder Occupational Interest Survey, KOIS
库利奇效应	柯立茲效應	Coolidge effect
跨感官知觉(=跨通道知觉)		
跨通道知觉,跨感官知觉	跨感官知覺	intermodal perception
跨文化沟通	跨文化溝通	cross-cultural communication
跨文化管理	跨文化管理	cross-cultural management
跨文化社会心理学	跨文化社會心理學	cross-cultural social psychology
跨文化消费者分析	跨文化消費者分析,泛文化消費者分析	cross-cultural consumer analysis
跨文化消费者研究	跨文化消費者研究,泛文化消費者研究	cross-cultural consumer research
跨文化心理学	跨文化心理學	cross-cultural psychology
跨文化训练	跨文化訓練	cross-cultural training
跨文化研究	跨文化研究,泛文化研究	cross-cultural research, cross-cultural study
跨文化一致性	跨文化一致性,泛文化一致性	cross-cultural consistency
快感缺失	失樂症[狀]	anhedonia
快乐原则	享樂原則	pleasure principle
快速聚类法	*k*-means 分群法,*k* 均值群聚算法	*k*-means cluster
快速眼动期行为障碍	快速眼動睡眠行為疾患,快速眼動睡眠行為症	REM behavior disorder, RBD
快速眼动睡眠	快速動眼睡眠,快速眼動睡眠	rapid eye movement sleep, REM sleep
宽容型父母教养方式	放任式的教養模式,嬌寵溺愛型親職風格	permissive parenting style
旷场试验	開放空間試驗,開放空間測試	open field test
窥阴癖	窺視症	voyeurism
匮乏性动机	匱乏性動機	deficiency motivation, deficiency motive
匮乏性需要	匱乏需求	deficiency need, D-need

大　陆　名	台　湾　名	英　文　名
扩充网络	擴張型網路	augmented network
扩大家庭	大家庭,擴展家庭	extended family
扩大原则	擴大原則	augmenting principle
扩散性焦虑	擴散性焦慮	diffuse anxiety

L

大　陆　名	台　湾　名	英　文　名
拉丁方	拉丁方格	Latin square
拉丁方设计	拉丁方格設計	Latin square design
来访者(=当事人)		
来访者中心疗法(=当事人中心疗法)		
蓝斑	藍斑核	locus coeruleus
蓝道环(=朗多环视标)		
蓝黄色盲,第三色盲	短波錐細胞缺損致黃藍色缺	tritanopia
滥用	虐待;濫用	abuse
朗多环视标,蓝道环	藍道兩環視力表,蘭氏環	Landolt ring
老化	老化	aging
老年痴呆,老年失智	老年失智症	senile dementia
老年失智(=老年痴呆)		
老年心理学	老人心理學,老年心理學	psychology of aging, aging psychology
老年性精神病	老年性精神病	senile psychosis
乐观	樂觀[性]	optimism
雷文标准推理测验	瑞文氏標準圖形推理測驗	Raven's Standard Progressive Matrices, SPM
累积频率分布	累積相對次數分配	cumulative relative frequency distribution
类比	類比	analogy
类比实验,模拟实验	類比實驗	analogue experiment
类别变量	類別變項	categorical variable
类别分类	類別取向分類	categorical classification
类别聚类法	類別群聚法	categorical clustering
类别推理	類別推理	categorical inference
类别线索	類別線索	categorization cue
类焦虑行为	類焦慮行為	anxiety-like behavior

大陆名	台湾名	英文名
类似联想(=相似联想)		
类似实验设计(=准实验设计)		
类推论证	類推論證	argument by analogy
类型学	類型學	typology
冷点	冷點	cold point, cold spot
冷觉	冷覺	cold sensation
离差	離差,偏差	deviation
离差分数	離均差分數	deviation score
离差平方和	離均差平方和	sum of squared deviation
离差智商	離差智商	deviation intelligence quotient, DIQ
离散型变量	間斷變項	discrete variable
离心趋势	邊緣化	marginalization
离职面谈	離職面談	exit interview
李-布特效应	李布二氏效應	Lee-Boot effect
理解	理解	comprehension, understanding
理解策略	理解策略	comprehension strategy
S-R 理论(=刺激-反应理论)		
X 理论	X 理論	theory X
Y 理论	Y 理論	theory Y
Z 理论	Z 理論	theory Z
理论思维	理論思考,理論思維	theoretical thinking
理论心理学	理論心理學	theoretical psychology
理情疗法(=合理情绪疗法)		
理情行为疗法	理情行為治療[法]	rational-emotive behavior therapy, REBT
理想化	理想化	idealization
理想化自我	理想化自我	idealized self
理想化自我形象	理想化自我形象	idealized self-image
理想自我	理想我	ideal self
理性思考	理性思考	rational thinking
理性心理学	理性心理學	rational psychology
理性行为理论	理性行為理論	theory of reasoned action, TRA
理性知识	理性知識	rational knowledge
理性主义	理性主義	rationalism
理性主义者	理性主義者	rationalist
理由不足(=非充分理		

大　陆　名	台　湾　名	英　文　名
由)		
力比多	原慾,性慾力	libido
历史主义	歷史主義	historicism
立体定位技术	立體定位技術	stereotaxic technique
立体定位仪	立體定位儀	stereotaxic instrument
立体镜	實體鏡,立體鏡	stereoscope
立体视觉	立體視覺	stereopsis
立体知觉	立體知覺	stereoscopic perception
利己主义,自我主义	利己主義,本位主義,自我膨脹	egoism
利克特量表	李克特量表,李克特量尺	Likert Scale
利手	慣用手	handedness
利他行为	利他行為	altruistic behavior
利他主义	利他主義	altruism
利益区隔	利益區隔	benefit segmentation
连续变量	連續變項	continuous variable
连续律	連續律,連續原則	law of continuity
连续强化	持續增強,連續增強	continuous reinforcement, CRF, CR
连续强化程式表	連續增強時制	continuous reinforcement schedule
连续系列设计,序贯设计	序列設計	sequential design
连续性	連續律,連續性	continuity
联合皮质	聯合皮質	association cortex
联觉	聯覺,共感覺	synesthesia
联结主义	聯結主義	connectionism
联结主义心理学	聯結主義心理學	connectionism psychology
联想	聯想	association
联想记忆	聯結記憶	associative memory
联想律	聯想律	association law
联想思维	聯結思考	associative thinking
联想网络模型	聯想網路模式	associative network model
联想心理学	聯結心理學	associational psychology
联想性视觉失认症	聯結型視覺失認症,聯結型視覺辨別失能症	associative visual agnosia
联想学习	聯結學習	associative learning
联想游戏	關聯型遊戲	associative play
联想值	聯想值	association value

大 陆 名	台 湾 名	英 文 名
联想主义	聯結主義	associationism
练习	練習;作業;運動,鍛練	exercise
练习律	練習律	law of exercise
练习曲线	練習曲線	practice curve
练习效果	練習效果	practice effect
恋父情结	戀父情結	Electra complex
恋母冲突,俄狄浦斯冲突	戀母[弒父]衝突,伊底帕斯衝突	Oedipus conflict
恋母情结,俄狄浦斯情结	戀母[弒父]情結,伊底帕斯情結	Oedipus complex
恋尸癖	戀屍癖	necrophilia
恋童症	戀童癖,戀童症	pedophilia
恋物癖,恋物症	戀物症,戀物癖	fetishism
恋物症(=恋物癖)		
恋子情结	戀子情結	Jocasta complex
良心	善惡觀念,良心	conscience
两点阈	[觸覺]兩點覺閾	two-point limen, two-point threshold
两阶段抽样法	二階段抽樣法	two-stage sampling
两可图形(=可逆图形)		
两难问题	兩難困境	dilemma problem, dilemma
两难选择问卷	選擇困境問卷	choice dilemma questionnaire, CDQ
两性化	兩性化,剛柔並濟	androgyny
亮暗比	亮暗比	light-dark ratio
亮度	輝度	luminance
亮度对比	光度對比	luminance contrast
量表	量尺,量表	scale
量表分数	量尺分數,量表分數	scale score
量表值	量表值	scale value
量值估算	量值估算	magnitude estimation
列联表	列聯表	contingency table
列联系数	列聯係數	coefficient of contigency
临床访谈	臨床晤談;[認知發展]個別晤談法	clinical interview
临床评估	臨床衡鑑	clinical assessment
临床显著性	臨床顯著性	clinical significance
临床心理学	臨床心理學	clinical psychology
临床预测	臨床預測	clinical prediction
临界比	臨界比	critical ratio

大陆名	台湾名	英文名
临界分数	截斷分數	cutoff score
临界频带	關鍵頻段	critical band
临界值	臨界值	critical value
灵感	靈感;鼓舞	inspiration
灵活性(=变通性)		
灵性	靈性,心靈	spirituality
菱脑	後腦	rhombencephalon
零假设(=虚无假设)		
零和博弈,零和对策	零和遊戲	zero-sum game
零和对策(=零和博弈)		
零相关	零相關	zero correlation
领导	領導	leadership
领导-成员交换理论	領導者-成員交換理論	leader-member exchange theory, LMX theory
领导风格理论	領導的風格理論	style theory of leadership
领导魅力论	領導魅力論	charismatic theory of leadership
领导情境理论	情境領導理論	situational leadership theory
领导权变理论	領導權變論	contingency theory of leadership
领导特质理论	領導特質理論	trait theory of leadership
领导行为理论	領導行為論	behavioral theory of leadership
领导[者]参与模型	領導參與模式	leader-participation model
领地行为	領域行為	territorial behavior
领悟(=顿悟)		
领悟疗法(=顿悟疗法)		
领养,收养	領養,收養	adoption
领养亲属研究法	領養親屬研究法,收養親屬研究法	adoptees' relatives method
领养研究	領養研究,收養研究	adoption study
领域参照评价	領域參照評量	domain-referenced assessment
领域特定性	領域特定性	domain specificity
领域一般性	領域一般性,跨領域性	domain generality
流畅性	流暢性	fluency
流畅状态	心流狀態,流暢狀態	state of flow
液态智力(=流体智力)		
流体智力,液态智力	流動智力,流體智力	fluid intelligence
流行焦虑	流行焦慮	fashion anxiety
流行文化	流行文化	popular culture
漏报	漏失,不中	miss

大陆名	台湾名	英文名
露阴癖,露阴症	暴露症,露陰癖,露陰症	exhibitionism
露阴症(=露阴癖)		
颅相学	顱相學	phrenology
陆军甲种测验	[美國]陸軍智力測驗 α 版,陸軍甲種量表	Army Alpha Test
陆军通用分类测验	[美國]陸軍通用分類測驗,陸軍普通分類測驗	Army General Classification Test, AGCT
陆军乙种测验	[美國]陸軍智力測驗 β 版,陸軍乙種量表	Army Beta Test
路径分析	路徑分析,徑路分析	path analysis
旅游心理学	旅遊心理學,觀光心理學	tourism psychology
乱句测验	亂句測驗	disarranged sentence test
伦理	倫理	ethics
伦理规范(=伦理守则)		
伦理守则,伦理规范	倫理守則	code of ethics
轮班工作	輪班工作	shift work
轮岗	工作輪調	job rotation
轮廓	輪廓	contour
论证	論證	argument
罗杰斯自我论	羅傑斯自我理論	Rogers' self theory
罗夏墨迹测验	羅夏克墨漬測驗	Rorschach Inkblot Test
逻辑实证论	邏輯實證論,邏輯實證主義	logical positivism
逻辑数学智力	邏輯數學智力	logical mathematical intelligence
逻辑思维	邏輯思考,邏輯思維	logical thinking
逻辑效度	邏輯效度	logical validity
螺旋后效	螺旋後效	spiral after-effect

M

大陆名	台湾名	英文名
马尔视觉计算理论	瑪爾視覺計算理論	Marr's computational theory of vision
马赫带	馬赫帶	Mach band
马基亚韦利价值观	馬基維利價值觀	Machiavellian value
马斯洛需要层次论	馬斯洛需求層次理論	Maslow's theory of hierarchy of need
迈尔斯-布里格斯人格	麥布二氏人格測驗,麥	Myers-Briggs Type Indicator, MBTI

大陆名	台湾名	英文名
类型量表	布二氏人格類型指標	
麦卡锡儿童能力量表	麥卡錫兒童能力量表	McCarthy Scales of Children's Abilities
慢波睡眠	慢波睡眠	slow-wave sleep, SWS
慢痛,钝痛	慢痛	slow pain
慢性疲劳综合征	慢性疲勞症候群	chronic fatigue syndrome
慢性疼痛	慢性疼痛	chronic pain
芒塞尔颜色立体	芒塞爾色立體	Munsell color solid
盲测验	盲測試	blind testing
盲点	盲點	blind spot
盲视	盲視[現象]	blindsight
矛盾心态	矛盾[心態]	ambivalence
矛盾型性决定论	矛盾的性別主義,愛恨交加的性別主義	ambivalent sexism
矛盾型依恋	矛盾型依戀,矛盾型依附	ambivalent attachment
锚定	定錨	anchor
锚定测验	定錨測驗	anchor test
锚定点	定錨點	anchor point
锚定启发法,锚定试探法	定錨捷思法	anchoring heuristics
锚定试探法(=锚定启发法)		
锚定效应	定錨效應	anchoring effect
冒险转移	冒險遷移	risky shift
媒体心理学	媒體心理學	media psychology
美感测验	美學知覺測驗	Aesthetic Perception Test
美国智力与发展障碍协会	美國智能障礙學會	American Association on Intellectual and Developmental Disabilities, AAIDD
美国智力与发展障碍协会适应行为量表, AAIDD 适应行为量表	美國智能障礙學會適應行為量表	AAIDD Adaptive Behavior Scale
魅力型领导	魅力型領導	charismatic leadership
魅力型领导者	魅力型領導者	charismatic leader
魅力型权威	魅力型權威	charismatic authority
门控离子通道	門控離子通道	gate ion channel
梦境	夢境	dream content
梦魇	夢魘	nightmare

大陆名	台湾名	英文名
梦魇症	睡眠驚恐疾患,睡眠驚恐障礙	sleep terror disorder
梦游	夢遊	sleepwalking
梦游症	夢遊症	sleepwalking disorder, somnambulism, noctambulism
迷津	迷津	maze
迷津学习	迷津學習	maze learning
迷思概念（=错误概念）		
迷箱	迷箱	puzzle box
迷走神经	迷走神經	vagus nerve
米勒-莱尔错觉	繆萊二氏錯覺	Müller-Lyer illusion
觅食反射	覓食反射	rooting reflex
密码子	密碼子	codon
面部表情	臉部表情	facial expression
面部识别(=面孔识别)		
面孔失认症	臉孔失認症	prosopagnosia
面孔识别,人脸识别,面部识别	臉孔辨識,面部辨識	face recognition, facial recognition
面孔知觉	臉孔知覺	face perception
描述统计	描述統計	descriptive statistics
描述性消费者信念	描述性消費者信念	descriptive consumer belief
描述性消费者研究	描述性消費者研究	descriptive consumer research
描述性效度	描述性效度	descriptive validity
描述性研究	描述性研究	descriptive research
描述性知识(=陈述性知识)		
民俗疗法	民俗療法	folk healing
民意,舆论	輿論,民意	public opinions
民意调查	公眾意見調查	public opinion poll
民族心理学	庶民心理學	folk psychology
民族中心主义,种族中心主义	民族中心主義,種族中心主義	ethnocentrism
敏度	敏銳度	acuity
敏感度	敏感度	sensitivity
敏感度分析	敏感度分析	sensitivity analysis
敏感化	敏感化,致敏化	sensitization
敏感期	敏感期	sensitive period
敏感性训练	敏感度訓練	sensitivity training

大　陆　名	台　湾　名	英　文　名
敏感性训练小组	敏感度訓練團體	sensitivity training group
明度	亮度,明度	brightness, lightness
明度对比	亮度對比	brightness contrast
明度恒常性	亮度恆常性,明度恆定性	brightness constancy, lightness constancy
明尼苏达多相人格调查表	明尼蘇達多相人格測驗,明尼蘇達多相人格量表	Minnesota Multiphasic Personality Inventory, MMPI
明尼苏达空间关系测验	明尼蘇達空間關係測驗	Minnesota Spatial Relation Test
明视觉	明視覺	photopic vision
明视觉系统	明視覺系統	photopic system
明适应	亮適應	light adaptation
冥想	冥想,靜坐	meditation
命名性失语症,遗传性失语症	命名失語症,命名失能症	anomic aphasia, nomial aphasia, anomia
命题表征	命題表徵	propositional representation
命中,击中	命中	hit
命中率	命中率	hit rate
谬误相关,错误相关	謬誤相關,錯誤相關	illusory correlation
模仿	模仿	imitation
模仿法(=示范法)		
模仿行为	模仿行為	modeling behavior
模仿学习	模仿學習	imitation learning
模仿言语	鸚鵡式仿說,鸚鵡式學語	echolalia
模糊刺激(=歧义刺激)		
模块论	模組化理論	modularity theory
模拟	模擬	simulation
模拟法	模擬法	simulation method
模拟启发法	模擬捷思法	simulation heuristics
模拟实验(=类比实验)		
模拟训练	模擬訓練	simulation training
模拟研究	模擬研究法	simulation research
模式识别	圖形辨識	pattern recognition
PDP 模型(=并行分布加工模型)		
膜电位	膜電位	membrane potential
魔鬼论(=恶魔论)		

大陆名	台湾名	英文名
末脑,延脑	延腦	myelencephalon
陌生情境测验	陌生情境測驗	strange situation test
陌生情境评估	陌生情境評量,陌生情境評估	strange situation assessment
陌生人焦虑	陌生人焦慮	stranger anxiety
莫里斯水迷津	莫氏水迷津	Morris water maze
莫罗反射	摩羅反射	Moro reflex
漠视型父母	漠視型父母	ignoring parents
墨菲定律	莫非定律,莫菲定律	Murphy's law
墨迹测验	墨漬測驗,墨跡測驗	inkblot test
墨迹技术	墨漬技術,墨跡技術	inkblot technique
默认反应心向,默许心向反应	默從反應心向	acquiescence response set
默许心向反应(=默认反应心向)		
母爱剥夺	母愛缺乏,母愛剝奪	maternal deprivation
木僵	麻痺,麻木	stupor
目标参照测验	效標參照測驗	criterion-referenced test
目标导向取向	目標導向取向	goal-directed approach
目标导向行为	目標導向行為	goal-directed behavior
目标反应	目標反應	target response
目标管理	目標管理	management by objectives, MBO
目标取向领导者	目標取向領導者	goal-oriented leader
目标设置	目標設定	goal setting
目标设置理论	目標設定理論	goal setting theory
目标市场	目標市場	target market
目标物态度模型	標的態度模式	attitude-toward-object model
目标行为	目標行為	target behavior
目标指向思维,目的指向思维	目標導向思維	goal-directed thinking
目标指向学习	目標導向學習	goal-directed learning
目标状态	目標狀態	goal state
目的论	目的論	teleology
目的行为主义	目標行為論,目的行為主義	purposive behaviorism
目的指向思维(=目标指向思维)		
目击证言,视觉证言	目擊者證詞	eye-witness testimony

N

大　陆　名	台　湾　名	英　文　名
耐药性	耐藥性	drug tolerance
男性化	男性特質,陽剛特質,男性化	masculinity, masculinism, masculine
男性化-女性化	男性化-女性化,陽剛-陰柔	masculinity-femininity
男性认同	男性認同	masculine identity
男性心理学	男性心理學	masculine psychology
难度测验	難度測驗	power test
脑	腦	brain
脑波	腦波	brain wave
脑成像	腦部影像,腦部顯影	brain imaging
脑垂体	腦下腺,腦下垂體	pituitary gland
脑磁图描记术	腦磁波儀	magnetoencephalography, MEG
脑岛	腦島	insula
脑等位论(=等势学说)		
脑电图	腦波圖	electroencephalogram, EEG
脑电图描记器	腦波記錄器	electroencephalograph
脑啡肽	胺卡芬	enkephalin
脑干	腦幹	brainstem
脑回	腦回,腦迴	gyrus
脑脊膜	腦膜,脊膜	meninges
脑脊液	腦脊髓液	cerebrospinal fluid, CSF
脑可塑性	大腦可塑性	brain plasticity
脑力激励	腦力激盪	brainstorming
脑桥	橋腦	pons
脑神经	顱神經,腦神經	cranial nerve
脑室	腦室	ventricle
脑损伤	腦傷	brain damage
脑细胞	腦細胞	brain cell
脑叶切除术	腦葉切除術	lobotomy
脑源性神经营养因子	大腦衍生神經滋養因子	brain-derived neurotrophic factor, BDNF
内部表象	内在意象,内在心像	internal imagery
内部表征	内在表徵	internal representation

大　陆　名	台　湾　名	英　文　名
内部参考系	内在參考架構	internal frame of reference
内部工作模型	內在運作模式	internal working model
内部公平	內部公平	internal equity
内部言语	內在語言,內隱語言	internal speech, inner speech
内部一致性	內部一致性	internal consistency
内部一致性系数	內部一致性係數	coefficient of internal consistency
内部一致性信度	內部一致性信度	internal consistency reliability
内侧前脑束	前腦內側神經束	medial forebrain bundle
内侧膝状体核	內側膝狀體核,內膝核	medial geniculate nucleus, MGN
内导行为	內在導向行為,內導行為,自主行為	inner-directed behavior
内耳	內耳	inner ear
内啡肽	胺多芬	endorphin
内分泌系统	內分泌系統	endocrine system
内分泌腺	內分泌腺	endocrine gland
内化	內化	internalization
内环境平衡(=体内平衡)		
内控	內控	internal control
内控者	內控者	internals
内囊	內囊	internal capsule
内倾问题	內化性問題,內化型問題	internalizing problem
内驱力	驅力	drive
内驱力降低说	驅力減降理論	drive reduction theory
内驱力理论	驅力理論	drive theory
内群分化	內團體區辨	ingroup differentiation
内群体	內團體	ingroup, in-group
内群体偏爱	內團體偏私	ingroup favoritism
内容分析	內容分析[法]	content analysis
内容效度	內容效度	content validity
内生变量	內因變項,內衍變項	endogenous variable
内外控量表	內-外控[制]量表,制握信念量表	Internal-External Locus of Control Scale, I-E Scale
内向	內向[性]	introversion
内省	內省[法]	introspection
内隐测量	內隱測量	implicit measure
内隐关联测验(=内隐		

大　陆　名	台　湾　名	英　文　名
联结测验)		
内隐记忆	內隱記憶	implicit memory
内隐刻板印象	內隱刻板印象	implicit stereotype
内隐理论	內隱理論	implicit theory
内隐联结测验,内隐关联测验	內隱聯結測驗,內隱關聯測驗	implicit association test, IAT
内隐领导理论	內隱領導理論	implicit leadership theory
内隐旁观者效应	內隱的旁觀者效應	implicit bystander effect
内隐人格理论	內隱的人格理論,隱含的人格理論	implicit personality theory, implicit theory of personality
内隐态度	內隱態度	implicit attitude
内隐行为	內隱行為	implicit behavior
内隐学习	內隱學習	implicit learning
内隐智力理论	內隱智力理論	implicit theory of intelligence
内隐自我主义	內隱式的自我膨脹,內隱式的本位主義	implicit egotism
内源性抑郁	內因型憂鬱症,內衍型憂鬱症	endogenous depression
内在冲突	內在衝突	internal conflict
内在导向	內在導向	inner-directedness
内在公正	正義遍在觀	immanent justice
内在归因	內在歸因	internal attribution
内在激励	內在動機	intrinsic motivation
内在效度	內在效度	internal validity
内在自我	內在我	inner self
内脏感觉	內臟感覺	visceral sensation
能见度	能見度,可見度	visibility
能见度曲线	能見度曲線	visibility curve
能力	能力	ability
能力测验	能力測驗	ability test
能力分组	能力分組	ability grouping
能力倾向	性向	aptitude
能力倾向测验	性向測驗	aptitude test
能力特质	能力特質	ability trait
能指	能指,意符	signifier
拟合优度	適配度	goodness of fit
拟合优度检验(=适合度检验)		

大　陆　名	台　湾　名	英　文　名
拟合优度模型	適配模式	goodness of fit model
拟人论	擬人論	anthropomorphism
逆向条件反射	逆向制約作用	backward conditioning
逆转理论	逆轉理論,反轉理論	reversal theory
匿名性	匿名性	anonymity
年级常模	年級常模	grade norm
年龄常模	年齡常模	age norm
年龄离差分数	年齡離差分數	age deviation score
年龄量表	年齡量表	age scale
年龄歧视	年齡歧視	ageism
年龄特征	年齡特徵	age characteristics
年龄效应	年齡效應	age effect
鸟嘌呤	鳥嘌呤	guanine, G
颞叶	顳葉	temporal lobe
颞叶内侧失忆症	顳葉內側失憶症	medial temporal lobe amnesia
颞叶内侧损伤	顳葉內側損傷	medial temporal lobe damage
凝聚力	凝聚力	cohesiveness
浓缩	濃縮	condensation
虐待	虐待	abuse
女性化	陰柔[特質],女性化[特質]	femininity
女性心理学,妇女心理学	女性心理學,婦女心理學	women psychology, female psychology, feminine psychology

O

大　陆　名	台　湾　名	英　文　名
偶然误差	偶然誤差	accidental error

P

大　陆　名	台　湾　名	英　文　名
帕金森病	帕金森氏症	Parkinson disease
帕佩兹环路	巴貝茲迴路	Papez's circuit
排便训练,如厕训练	如廁訓練	toilet training
排放说	[聽覺]齊射理論	volley theory
排卵	排卵,產卵	ovulation
派生特质	衍生特性	derived property

大　陆　名	台　湾　名	英　文　名
派生需要,第二需要	次級需求,衍生需求	secondary need, derived need
判别分析,分辨法	區別分析,鑑別分析,判别分析	discriminant analysis
判断	判斷	judgement
旁观者角色	旁觀者角色	spectator role
旁观者冷漠	旁觀者冷漠	bystander apathy
旁观者效应	旁觀者效應	bystander effect
炮弹休克,弹震症	砲彈恐懼	shell shock
胚胎	胚胎	embryo
胚胎干细胞	胚胎幹細胞	embryonic stem cell
胚胎期	胚胎期	embryonic stage
配对比较法	配對比較法	paired comparison method
配对假说	配對假說	matching hypothesis
配色(=颜色匹配)		
蓬佐错觉	龐氏錯覺	Ponzo illusion
皮尔逊相关	皮爾森相關	Pearson correlation
皮尔逊相关系数	皮爾森積差相關	Pearson correlation coefficient
皮肤电传导	膚電傳導	skin conductance
皮肤电反应	膚電反應	galvanic skin response, GSR, skin conductance response, SCR, electrodermal response, EDR
皮亚杰理论	皮亞傑理論	Piagetian theory
皮亚杰学派	皮亞傑學派	Piagetian school
皮质	皮質	cortex
皮质脊髓通路	皮質-脊髓通路	corticospinal pathway
皮质细胞	皮質細胞	cortical cell
皮质延髓通路	皮質-延髓通路	corticobulbar pathway
匹配	配對分組	matching
匹配律	配對原則,匹配律	matching law
匹配组设计	配對組設計	matched-group design
偏差抽样(=偏倚抽样)		
偏回归	淨迴歸,偏迴歸	partial regression
偏见	偏見	prejudice
偏盲	偏盲	hemianopsia
偏态	偏態	skewness
偏态分布	偏態分配	skewed distribution
偏相关	淨相關,偏相關,部分相關	partial correlation

大　陆　名	台　湾　名	英　文　名
偏向(=偏倚)		
偏倚,偏向	偏誤,偏差	bias
偏倚抽样,偏差抽样	偏差取樣	biased sampling
偏执狂	妄想症,偏執狂	paranoia
偏执型精神分裂症	妄想型精神分裂症	paranoid schizophrenia
偏执型人格障碍	妄想性人格疾患,妄想性人格違常	paranoid personality disorder
胼胝体	胼胝體	corpus callosum
胼胝型失能症	胼胝型運用失能症	callosal apraxia
频率	頻率;頻次	frequency
频谱	頻譜	frequency spectrum
频数分布	次數分配,次數分佈	frequency distribution
频因律	頻率法則,頻率律	law of frequency
品牌等同	品牌等同	brand parity
品牌定位	品牌定位	brand positioning
品牌杠杆	品牌槓桿	brand leveraging
品牌购买决策	品牌購買決策	brand purchase decision
品牌拟人化	品牌擬人化	brand personification
品牌人格	品牌人格	brand personality
品牌社群	品牌社群	brand community
品牌态度	品牌態度	brand attitude
品牌形象	品牌形象	brand image
品牌延伸	品牌延伸	brand extension
品牌娱乐秀	品牌娛樂秀	branded entertainment
品牌忠诚度	品牌忠誠度	brand loyalty
品牌忠诚度决策	品牌忠誠型決策	brand loyalty decision
品牌忠诚度购买	品牌忠誠度購買	brand loyalty purchase
品行障碍	品行疾患	conduct disorder
平方和	平方和	sum of squares
平衡	平衡,均衡	equilibrium
ABBA 平衡法	ABBA 對抗平衡	ABBA counterbalancing
平衡觉	平衡覺	equilibratory sensation
平衡理论	平衡理論	balance theory
平衡设计	對抗平衡設計	counterbalanced design
平滑肌	平滑肌	smooth muscle
平均偏差	平均差	mean deviation
平均数	平均數	mean
平均误差法	平均誤差法	method of average error

大 陆 名	台 湾 名	英 文 名
平行测验	平行測驗	parallel test
评定法	評定法	rating method
评定量表	評定量表	rating scale
评定量表法	評定量表法	rating scale method
评定者误差	評量者誤差,評定者誤差	rater's error
评定者训练	評量者訓練,評定者訓練	rater training
评分者间信度	評分者間信度	inter-coder reliability, interrater reliability
评分者信度	評分者信度	scorer reliability
评估	評鑑,衡鑑,評量	assessment
ABC 评估	ABC 衡鑑	ABC assessment
评价中心	評鑑中心法,評量中心法	assessment center
迫选,强迫选择	強迫選擇	forced choice
迫选测验	強迫選擇測驗	forced-choice test
迫选法	強迫選擇法	forced-choice method
迫选项目	強迫選擇式的題目	forced-choice item
迫选形式	強迫選擇形式	forced-choice format
破堤效应	違反禁戒效應	abstinence violation effect, AVE
剖面图分析	側面圖分析,剖面圖分析	profile analysis
葡萄糖	葡萄糖	glucose
葡萄糖代谢	葡萄糖代謝	glucose metabolism
葡萄糖恒定假说	葡萄糖恆定理論	glucostatic theory
浦肯野细胞	普金斯細胞	Purkinje cell
普遍效度	普遍效度	universal validity
普遍性	普世感	universality
普遍性适应综合征(=一般适应综合征)		
普遍语法	普遍語法	universal grammar
普适主义	普世主義	universalism
普通成就测验	普通成就測驗	general achievement test
普通能力(=一般能力)		
普通最小二乘法	普通最小平方法,一般最小平方法	ordinary least square method, OLS
瀑布错觉	瀑布錯覺	waterfall illusion

Q

大 陆 名	台 湾 名	英 文 名
期望价值	期望價值	expectancy value
期望价值理论	期望價值理論	expectancy value theory
期望理论	預期理論,期待理論,期望理論	expectancy theory
欺负[行为]	霸凌[行為]	bullying
欺骗	欺騙	deception
欺骗性广告	欺騙性廣告	deceptive advertising
歧视	歧視,差别待遇	discrimination
歧义刺激,模糊刺激	曖昧刺激,模糊刺激	ambiguous stimulus
启动	促發,誘發	priming
启动电位	啟動電位	generator potential
启动效应	促發效應,誘發效應	priming effect
启发法	捷思[法]	heuristics, heuristic method
气味	氣味	flavor
气质	氣質	temperament
气质类型	氣質類型	temperament type
气质特质	氣質特質	temperament trait
器质性精神障碍	器質性精神障礙症	organic mental disorder
迁移	遷移	transfer
牵张反射	肌伸張反射	stretch reflex
前额皮质	前額葉皮質	prefrontal cortex
前额叶	前額葉	prefrontal lobe
前额叶切除术	前額葉切除術	prefrontal lobotomy
前发事件	先前事件,前置事件	antecedent
前扣带回皮质	前扣帶迴皮質	anterior cingulate cortex
前脑	前腦	prosencephalon, forebrain
前摄干扰	前向干擾,順向干擾	proactive interference
前摄抑制	順向抑制	proactive inhibition
前庭	前庭	vestibule
前庭动眼反射	前庭-動眼反射	vestibulo-ocular reflex
前庭神经节	前庭神經節	vestibular ganglion
前庭蜗神经	前庭耳蝸神經	vestibulocochlear nerve
前习俗道德	前習俗道德	preconventional morality

大 陆 名	台 湾 名	英 文 名
前向推论	前向推論	forward reasoning
前向掩蔽	前向遮蔽	forward masking
前囟点	囟門	bregma
前意识	前意識	preconscious
前运算阶段	前運思階段,運思前階段	preoperational stage
前瞻性记忆	預期性記憶,前瞻性記憶	prospective memory
前注意加工	前注意處理	pre-attentive processing
潜伏期	潛伏期	latency, latency period
潜伏学习	潛伏學習,潛在學習	latent learning
潜意识(=无意识)		
潜[在]变量	潛在變項	latent variable
潜在特质理论	潛在特質理論	latent trait theory, LTT
嵌套模型	巢套模型,嵌套模型	nested model
嵌套设计	巢套設計,嵌套設計	nested design
强度	強度	intensity
强化	增強[作用],強化[作用]	reinforcement
强化程式	增強時制	schedules of reinforcement
强化价值	增強價值	reinforcement value
强化间隔程式	增強作用時距的時制	interval schedules of reinforcement
强化理论	增強理論,強化理論	reinforcement theory
强化物	增強物	reinforcer
强化相倚	增強的後效,伴隨增強發生的狀況	contingency of reinforcement
强化性支持疗法	強化性支持治療法	enriched supportive therapy, EST
强直感受器	張力感受器	tonic receptor
强制权力	強制權力	coercive power
强制退休	強制退休	mandatory retirement
强制性运动疗法	限制性動作療法	constraint-induced movement therapy
6-羟多巴胺	6-羥基多巴胺	6-hydroxydopamine, 6-OHDA
5-羟色氨酸	5-羥基色胺酸	5-hydroxytryptophan, 5-HTP
5-羟色胺	5-羥基色胺	5-hydroxytryptamine, 5-HT
强迫分配法	強迫分配法	forced distribution
强迫观念	強迫性思考;著迷	obsession
强迫行为	強迫行為	compulsive behavior, compulsion
强迫型人格障碍	強迫性人格疾患,強迫	compulsive personality disorder, obses-

大 陆 名	台 湾 名	英 文 名
	性人格違常	sive compulsive personality disorder, OCPD
强迫选择(=迫选)		
强迫症	強迫症,強迫疾患	obsessive-compulsive disorder, OCD
怯场	舞台恐懼,登台恐懼	stage fright
侵犯(=攻击)		
亲和	親和	affiliation
亲和动机	親和動機	affiliation motivation
亲和力	親和力	affinity
亲和性	友善性,同意性	agreeableness
亲和需要	親和需求	affiliation need
亲密对孤立	親密 vs. 孤立	intimacy versus isolation
亲密性	親密性	closeness
亲社会行为	利社會行為	prosocial behavior
亲属研究	親屬研究	kinship study
亲子关系	親子關係	parent-child relationship
勤奋对自卑	勤勉 vs. 自卑	industry versus inferiority
青春期	青春期	puberty
青春前期	前青少年期	preadolescence
青少年发育陡增	發育陡增,成長陡增	adolescent growth spurt
青少年期	青少年[期]	adolescence
青少年心理学	青少年心理學	adolescent psychology
轻郁症(=心境恶劣)		
轻躁狂	輕躁症	hypomania
清醒状态	清醒狀態	waking state
情感	情感	affection
情感成分	情感成分	affective component
情感淡漠	冷漠	apathy
情感倒错	情感倒錯,心情顛倒	parathymia
情感反映	情感反映	reflection of feeling
情感关系	情感關係	affectionate relationship
情感神经科学	情感神經科學	affective neuroscience
情感渗透模型,情感注入模式	情感注入模式,情感滲入模式,情感融入模式	affect infusion model, AIM
情感事件理论	情感事件理論	affective events theory, AFT
情感性承诺	情感性承諾	affective commitment
情感性精神病	情感性精神病	affective psychosis

大　陆　名	台　湾　名	英　文　名
情感性特质	情感性特質	affective trait
情感性预测	情感性預測	affective forecasting
情感障碍	情感疾患	affective disorder
情感注入模式(=情感渗透模型)		
情结	情結	complex
情景记忆	情節記憶,事件記憶	episodic memory
情景模式	[發展]情境模式	contextual model
情景失忆症	事件性失憶症	episodic amnesia
情境测验	情境測驗	situational test
情境动机	情境動機	situational motivation
情境归因	情境歸因	situational attribution
情境论	情境論	situation theory, situationism
情境面试	情境[式]面談	situational interview
情境判断测验	情境判斷測驗	situational judgment test
情境特殊性	情境特殊性	context specificity
情境特质	情境特質	situational characteristic
情境线索	情境線索	situational cue
情境学习	情境[式]學習	situated learning
情境依赖	情境依賴,脈絡依賴	context-dependent
情境智力	情境智力	contextual intelligence
情境自我	情境我	situational self
情商(=情绪智商)		
情绪	情緒	emotion
情绪不稳定性	情緒的不穩定性	emotional instability
情绪的认知理论	情緒的認知理論	cognitive theory of emotion
情绪关注应对,情绪聚焦应对	情緒焦點因應,情緒聚焦因變	emotion-focused coping
情绪聚焦疗法	情緒聚焦治療法	emotion-focused therapy
情绪聚焦应对(=情绪关注应对)		
情绪控制	情緒控制	emotion control
情绪虐待	情緒虐待	emotional abuse
情绪调节	情緒調節	emotion regulation
情绪维度	情緒向度	emotional dimension
情绪稳定性	情緒的穩定性	emotional stability
情绪性	情緒性,情感性	emotionality
情绪依恋	情緒依戀,情緒依附	emotional attachment

大 陆 名	台 湾 名	英 文 名
情绪智力	情緒智力,情緒智能	emotional intelligence
情绪智商,情商	情緒智商	emotional quotient, EQ
情意测验	情意測驗	affective test
丘脑	視丘,丘腦	thalamus
囚徒困境对策	囚犯困境遊戲	prisoner's dilemma game, PD game
求偶行为	求偶行為	courtship behavior
求咨者(=当事人)		
球形检验	球形檢定	sphericity test
区分能力倾向测验	區分性向測驗	Differential Aptitude Tests, DAT
区分效度	區辨效度,區分效度,差異效度	discriminant validity, differential validity
区间估计	區間估計	interval estimation
区域性脑代谢率	區域性腦代謝率	regional cerebral metabolism rate, rCMR
区域性脑血流	區域性腦血流	regional cerebral blood flow, rCBF
区组	區組	block
区组设计	區組設計	block design
区组效应	區組效應	block effect
ROC 曲线(=接受者操作特征曲线)		
曲线关系	曲線關係	curvilinear relationship
曲线回归	曲線迴歸	curvilinear regression
躯体感觉皮质区	體[感]覺皮質區	somatosensory cortex area
躯体感觉系统	體[感]覺系統	somatosensory system
躯体化	身體化,軀體化	somatization
躯体焦虑	身體性焦慮	somatic anxiety
躯体虐待	身體虐待	physical abuse
躯体神经系统	[軀]體神經系統	somatic nervous system
趋避冲突	趨避衝突	approach-avoidance conflict
趋避性	趨性,趨向性	taxis
趋近	迎接性,趨性	approach
趋近对象	趨近對象	approach object
趋近反应	趨近反應	approach response
趋近目标	趨近目標	approach goal
趋近梯度	趨近梯度	gradient of approach
趋势分析	趨勢分析	trend analysis
趋势检验	趨勢檢定	trend test
趋同演化	趨同演化	convergent evolution
趋中误差	趨中偏誤,集中趨勢的	error of central tendency

大陆名	台湾名	英文名
	誤差	
取向	取向	approach
去个体化	去個人化	deindividuation
去极化	去極化[作用]	depolarization
去甲肾上腺素	正腎上腺素	noradrenaline, NA, norepinephrine, NE
去条件作用	去制約	deconditioning, unconditioning
去习惯化	去習慣化	dishabituation
去中心化	分權,去中心化	decentralization
权变理论	權變論	contingency theory
权力感	權力感	sense of power
权力需要(=权力欲)		
权力欲,权力需要	權力需求	need for power
权威	權威[者],職權	authority
权威人格	權威人格;權威性格	authoritarian personality
权威型父母	民主權威型父母	authoritative parents
权威型领导	權威型領導	authoritative leader
权威主义	威權主義,專制主義;權威性格	authoritarianism
权重	權重	weight
全部报告法	全部報告程序	whole-report procedure
全或无定律	全有或全無律,全有或全無原則	all-or-none law, all-or-none principle
全或无学习	全有或全無學習	all-or-none learning
全距	全距	range
全球化	全球化	globalization
全色盲	色彩感應失能症,失色症	achromatopsia
醛固酮	醛固酮	aldosterone
缺勤	曠職,缺勤	absenteeism
缺图测验	未完成圖像測驗	incomplete picture test
群体,团体	團體	group
群体动力学,团体动力学	團體動力[學]	group dynamics
群体规范	團體規範	group norm
群体决策	團體決策	group decision-making, group decision, collaborative decision-making
群体凝聚力	團體凝聚力	group cohesiveness
群体气氛	團體氛圍,團體氣氛	group climate

大　陆　名	台　湾　名	英　文　名
群体取向	群體取向	allocentrism
群体思维,团体迷思	團體迷思	groupthink, group thinking
群体效应	團體效應	group effect
群体心理学	團體心理學	group psychology
群体行为	團體行為	group behavior
群体压力	團體壓力	group pressure
群体意识	團體意識	group consciousness
群众	群眾,群伙	crowd

R

大　陆　名	台　湾　名	英　文　名
染色体	染色體	chromosome
X 染色体	X 染色體	X chromosome
Y 染色体	Y 染色體	Y chromosome
X 染色体遗传	X 染色體遺傳	X-linked inheritance
热痛觉	熱痛覺	thermalgesia
人本疗法(=以人为中心疗法)		
人本取向治疗	人本取向治療[法],人本心理治療[法]	humanistic therapy
人本主义	人本主義	humanism
人本主义心理学	人本[主義]心理學	humanistic psychology
人本主义心理治疗	人本[主義]心理治療	humanistic psychotherapy
人差方程	人差方程式	personal equation
人-岗位匹配	個人工作適配	person-job fit, P-J fit
人格	人格,性格	personality
人格测评	人格測量,人格衡鑑	personality assessment
人格测验	人格測驗	personality test
人格调查	人格調查	personality survey
人格动力论	人格動力理論	dynamic theory of personality
人格发展	人格發展	personality development
人格改变	人格改變	personality change
人格化	化身	personification
人格架构(=人格结构)		
人格结构,人格架构	人格結構,人格架構	personality structure, personality architecture
人格解体	去人格化	depersonalization

大　陆　名	台　湾　名	英　文　名
人格解体障碍(=自我感丧失症)		
人格类型	人格類型	personality type
人格理论	人格理論	personality theory, theory of personality
人格量表	人格量表	Personality Scale
人格面具	面具人格	persona
人格评定量表	人格評定量表	Personality Rating Scale
人格七因素模型	[人格]七因素模式	seven-factor personality model
人格特征	人格特徵	personality characteristic
人格特质	人格特質	personality trait
人格特质取向	人格特質取向	trait approach
人格维度	人格向度	personality dimension
人格稳定性	人格的穩定性	stability of personality
人格问卷	人格問卷	Personality Questionnaire
人格五因素模型	五大人格因素模式	five-factor personality model
人格心理学	人格心理學	personality psychology
人格学	人格學,性格學	personology
人格研究	人格研究	personality research
人格研究量表	人格研究表	Personality Research Form, PRF
人格障碍	人格疾患,人格違常	personality disorder
人格自陈量表	人格自陳量表	Personality Self-Report Scale
人工智能	人工智慧	artificial intelligence, AI
人机界面	人機介面	man-machine interface
人机匹配	人機匹配,人機配合	man-machine matching
人机系统	人機系統	man-machine system
人际冲突	人際衝突	interpersonal conflict
人际沟通	人際溝通	interpersonal communication
人际关系	人際關係	interpersonal relation
人际互动	人際互動	interpersonal interaction
人际距离	人際距離	interpersonal distance
人际排斥	人際排斥	interpersonal exclusion
人际吸引	人際吸引力	interpersonal attraction
人际吸引理论	人際吸引理論	theory of interpersonal attraction
人际心理治疗	人際心理治療[法],人際關係治療[法]	interpersonal psychotherapy, IPT
人际信任	人際信賴	interpersonal trust
人际学习	人際學習	interpersonal learning
人际影响	人際影響	interpersonal influence

大 陆 名	台 湾 名	英 文 名
人际智力	人際智力	interpersonal intelligence
人类学	人類學	anthropology
人力资源	人力資源	human resources, HR
人力资源管理	人力資源管理	human resources management, HRM
人力资源规划	人力資源規劃	human resources planning, HRP
人脸识别(=面孔识别)		
人气效应	人氣效應,人潮效應	co-consumer effect
人事测验	人事測驗	personnel testing
人事管理	人事管理	personnel management
人事心理学	人事心理學	personnel psychology
人体测量学	人體測量學	anthropometry
人体动作学	動作[神態]學,舉止神態[學]	kinesics
人为失误,人误	人為錯誤,人為失誤	human error
人为失误分析	人為錯誤分析,人為失誤分析	human error analysis
人误(=人为失误)		
人因分析	人因分析	human factors analysis
人因学(=工效学)		
人员分析	人員分析	person analysis
人员选拔	人員甄選,人事甄選	personnel selection
人-组织匹配	個人組織適配	person-organization fit, P-O fit
认识论	知識論,認識論	epistemology
认同	認定,認同	identity
认同对角色混乱	認同 vs. 角色混亂	identity versus role confusion
认同发展	認定發展,認同發展	identity development
认同混淆	認定混淆,認同混淆	identity confusion
认同迷失	認定迷失,認同迷失	identity diffusion
认同危机	認定危機,認同危機	identity crisis
认同形成	認定形成,認同形成	identity formation
认同需要	認同需求	identity need
认知	認知	cognition
认知策略	認知策略	cognitive strategy
认知重构(=认知重建)		
认知重建,认知重构	認知重建	cognitive restructuring
认知存量假说	認知存量假說	cognitive reserve hypothesis
认知地图	認知圖,認知地圖	cognitive map
认知发展	認知發展	cognitive development

大　陆　名	台　湾　名	英　文　名
认知发展理论	認知發展理論	cognitive-developmental theory
认知发展取向	認知發展取向	cognitive-developmental approach
认知反应模型	認知反應模式	cognition response model
认知方式,认知风格	認知類型,認知風格	cognitive style
认知放松	認知放鬆	cognitive relaxation
认知风格(=认知方式)		
认知复杂度	認知複雜度	cognitive complexity
认知工效学	認知人因工程學	cognitive ergonomics
认知过程	認知歷程	cognitive process
认知和谐	認知協調	cognitive consonance
认知技能	認知技能	cognitive skill
认知结构	認知結構	cognitive structure
认知经验自我理论	認知經驗自我理論	cognitive-experiential self-theory
认知科学	認知科學	cognitive science
认知理论	認知理論	cognitive theory
认知联结学习	認知聯結學習	cognitive associative learning
认知疗法	認知治療	cognitive therapy
认知吝啬者	認知吝嗇	cognitive miser
认知能力	認知能力	cognitive ability
认知能力测验	認知能力測驗	cognitive ability test, CogAT
认知偏差(=认知偏倚)		
认知偏倚,认知偏差	認知偏誤	cognitive bias
认知评估	認知衡鑑	cognitive assessment
认知评价	認知評估	cognitive appraisal
认知评价理论	認知評價理論	cognitive evaluation theory
认知启发法	認知捷思法	cognitive heuristics
认知潜能	認知潛能	cognitive potential
认知强化疗法	認知提升治療法	cognitive enhancement therapy, CET
认知-情感处理系统	認知-情感處理系統	cognitive-affective processing system, CAPS
认知取向	認知取向	cognitive approach
认知三联症	認知三角	cognitive triad
认知神经科学	認知神經科學	cognitive neuroscience
认知失调	認知失調	cognitive dissonance
认知失调理论	認知失調理論	cognitive dissonance theory
认知图式	認知基模	cognitive schema
认知问卷	認知問卷	cognitive questionnaire
认知心理学	認知心理學	cognitive psychology

大陆名	台湾名	英文名
认知信息加工	認知訊息處理	cognitive information processing
认知行为矫正	認知行為矯治法，認知行為改變技術	cognitive behavioral modification, CBM
认知行为疗法	認知行為治療	cognitive-behavioral therapy, CBT
认知行为自我管理训练	認知行為之自我管理訓練	cognitive-behavioral self-management training
认知需要	認知需求	need for cognition, cognitive need
认知学派	認知學派	cognitive school
认知学习	認知學習	cognitive learning
认知一致性	認知一致性	cognitive consistency
认知抑制	認知抑制	cognitive inhibition
认知障碍	認知疾患	cognitive disorder
认知主义	認知主義	cognitivism
认知资源理论	認知資源理論	cognitive resource theory
认知自我调节	認知自我調節	cognitive self-regulation
认知自我指导训练	認知自我教導訓練	cognitive self-instructional training
认知走查法	認知演練法，認知走查法	cognitive walkthrough
任务参与	作業投入，工作投入	task involvement
任务定向	任務取向，工作取向	task orientation
任务分析	作業分析，任務分析，工作分析	task analysis
任务绩效	任務表現，任務績效	task performance
韧性	韌性	resilience
日内瓦学派	日內瓦學派	Geneva school
容忍度	容忍度；耐藥性，耐受性；容忍	tolerance
如厕训练（＝排便训练）		
入户访谈	到府訪談	in-home interview

S

大陆名	台湾名	英文名
塞纳托斯（＝死的本能）		
三参数逻辑斯谛模型	三參數對數模式	three-parameter logistic model, 3PLM
三叉神经	三叉神經	trigeminal nerve
三段论	三段論［證］	syllogism
三级预防	三級預防	tertiary prevention

大　陆　名	台　湾　名	英　文　名
三山实验	三山實驗	three-mountain experiment
三维气质模型	三維氣質模型	three-dimensional temperament model
三因素特质论	[Eysenck 的]三因素特質論	three-factor trait theory
三原色	三原色	three primary colors
三原色混合律	三原色混色律	matching-by-three-primaries law
三原色假说	三原色假說	trichromatic hypothesis
三原色理论	三原色理論	trichromatic theory
散点图	散佈圖	scatter plot
散点图分析	散佈圖分析	scatter analysis
丧失	失落	loss
色饱和(=颜色饱和度)		
色彩适应(=颜色适应)		
色调适应(=颜色适应)		
色对抗(=颜色对比)		
色觉缺陷	色覺缺陷	color deficiency
色块测验	色塊測驗	token test
色轮,混色轮	色輪	color wheel
色盲	色盲	color blindness
色盲测验	色盲測驗	color blindness test
色匹配实验	配色實驗	color-matching experiment
色品(=颜色饱和度)		
色区	色區,色帶	color zone
色[调]环	色環	color circle
色听	色聽	colored hearing
色温	色溫	color temperature
瑟斯顿量表	瑟斯頓量表,瑟斯頓量尺	Thurstone Scale
瑟斯顿气质量表	瑟斯頓氣質量表,瑟斯頓性格量表	Thurstone Temperament Schedule
森田疗法	森田療法	Morita therapy
沙尔庞捷错觉	夏蓬特錯覺	Charpentier illusion
沙非检验	雪菲檢定,雪菲考驗	Scheffé test
沙游疗法	沙遊治療[法]	sandplay therapy
筛选测验	篩選測驗	screening test
闪光融合临界频率(=闪烁临界频率)		
闪烁临界频率,闪光融	閃爍臨界頻率	critical flicker frequency, CFF

大陆名	台湾名	英文名
合临界频率		
伤恸	傷慟	bereavement
商品化消费者	商品化消費者	consumed consumer
上差别阈	上差異閾	upper difference threshold
上下文效应,语境效应,背景效应	脈絡效應,情境效應	context effect
上行激活系统	上行激發系統	ascending activating system
少数人影响	少數人的影響	minority influence
少突胶质细胞	寡樹突膠細胞	oligodendrocyte
少年犯罪	少年犯罪	juvenile delinquency
少年期	兒少時期	juvenile period
舌尖现象(=话到嘴边现象)		
舌下神经	舌下神經	hypoglossal nerve
舌咽神经	舌咽神經	glossopharyngeal nerve
社会比较理论	社會比較理論	social comparison theory
社会变迁	社會變革,社會變遷	social change
社会表征	社會表徵	social representation
社会测量技术	社交測量法,社會計量法	sociometric technique, sociometry
社会称许性	社會期許,社會讚許	social desirability
社会从众	社會從眾	social conformity
社会促进(=社会助长)		
社会定型	社會刻板印象	social stereotype
社会动机	社會動機	social motivation
社会惰怠效应	社會閒散,社會撈混,社會偷懶	social loafing
社会风险	社會風險	social risk
社会感染	社會傳染,社會感染	social contagion
社会隔离	社會隔離	social isolation
社会关系	社會關係	social relation
社会关系图	社會關係圖,社交測量圖	sociogram
社会规范	社會規範,社會常模	social norm
社会化	社會化	socialization
社会技术系统	社會技術系統	socio-technical system
社会价值	社會價值	social value
社会建构主义	社會建構主義	social constructivism

大 陆 名	台 湾 名	英 文 名
社会交换理论	社會交換理論	social exchange theory
社会交往	社會溝通,社交溝通	social communication
社会接触	社會接觸	social contact
社会禁忌	社會禁忌	social taboo
社会角色	社會角色	social role
社会角色理论	社會角色理論	social role theory
社会距离(=社交距离)		
社会困境(=社会两难)		
社会老龄化理论	社會老齡化理論	social aging theory
社会两难,社会困境	社會困境,社會兩難	social dilemma
社会流动[性]	社會流動[性]	social mobility
社会年龄	社會年齡	social age
社会凝聚力	社會凝聚力,人際凝聚力	social cohesion
社会排斥	社會排斥	social exclusion
社会期望	社會期望	social expectation
社会气氛	社會氣氛,社會氛圍	social climate
社会强化	社會增強,社會強化	social reinforcement
社会情绪发展	社會情緒發展	socioemotional development
社会认可,社会赞许	社會認可,社會讚許	social approval
社会认同	社會認定,社會認同	social identity
社会认同理论	社會認定理論,社會認同理論	social identity theory
社会认知	社會認知	social cognition
社会认知理论	社會認知理論	social cognitive theory
社会认知神经科学	社會認知神經科學	social cognitive neuroscience
社会神经科学	社會神經科學	social neuroscience
社会渗透理论	社會滲透理論	social penetration theory
社会生物学	社會生物學	sociobiology
社会适应	社會適應[功能]	social adjustment
社会态度	社會態度	social attitude
社会网络	社會網絡,社會網路	social network
社会文化理论	社會文化理論	sociocultural theory
社会文化历史学派	社會文化歷史學派	social cultural historical school
社会文化取向	社會文化取向	sociocultural approach
社会习俗	社會習俗,社會成規	social conventions
社会心理学	社會心理學	social psychology
社会信息加工	社會訊息處理	social information processing

大 陆 名	台 湾 名	英 文 名
社会行为	社會行為	social behavior
社会兴趣	社會興趣	social interest
社会性微笑	社會性笑容	social smile
社会性抑制	社會抑制	social inhibition
社会学习	社會學習	social learning
社会学习理论	社會學習理論	social learning theory
社会压力	社會壓力	social pressure
社会意识	社會意識	social consciousness
社会影响	社會影響	social influence
社会影响理论	社會衝擊理論	social impact theory
社会语言学	社會語言學	sociolinguistics
社会再适应	社會再適應	social readjustment
社会再适应评定量表	社會再適應量表	Social Readjustment Rating Scale, SSRS
社会赞许(=社会认可)		
社会责任	社會責任	social responsibility
社会责任规范	社會責任規範	norm of social responsibility
社会支持	社會支持	social support
社会知觉	社會知覺	social perception
社会智力	社會智力	social intelligence
社会助长,社会促进	社會助長,社會促進	social facilitation
社会自我	社會[自]我	social self
社交技能训练	社交技巧訓練	social skill training
社交焦虑	社交焦慮	social anxiety
社交焦虑障碍,社交焦虑症	社交焦慮疾患,社交焦慮症	social anxiety disorder
社交焦虑症(=社交焦虑障碍)		
社交距离,社会距离	社交距離	social distance
社交恐怖症	社會畏懼症	social phobia
社交能力	社交能力,社交性	sociability
社区心理学	社區心理學	community psychology
摄取	攝取	ingestion
摄食障碍(=进食障碍)		
身体疗法	身體治療	body therapy
身体意象	身體意象	body image
身体语言	肢體語言,身體語言	body language
身体-运动智力	身體-運動智力	bodily-kinesthetic intelligence
身体自我	身體自我,生理自我	physical self

大 陆 名	台 湾 名	英 文 名
深层结构	深層結構	deep structure
深层心理学	深層心理學	depth psychology
深度访谈	深度訪談	depth interview
深度睡眠	深度睡眠	deep sleep
深度诵读困难	深層閱讀障礙,深層失讀症	deep dyslexia
深度知觉	深度知覺	depth perception
深度[知觉]线索	深度[知覺]線索	depth cue
神经	神經	nerve
神经冲动,神经兴奋	神經脈衝,神經衝動	nerve impulse
神经递质	神經傳導物[質]	neurotransmitter
神经毒理学	神經毒理學	neurotoxicology
神经毒素	神經毒素	neurotoxin
神经发育障碍	神經發展疾患	neurodevelopmental disorder
神经分泌	神經[內]分泌	neurocrine
神经沟	神經溝	neural groove
神经回路	神經迴路	neural circuit
神经肌肉接头	神經肌肉連會,神經肌肉接合點	neuromuscular junction
神经激素	神經激素,神經荷爾蒙	neurohormone
神经嵴	神經嵴	neural crest
神经计算	神經計算	neural computation
神经腱梭,高尔基腱器	高基氏肌腱器	Golgi tendon organ
神经节	神經節	ganglion
神经解剖学	神經解剖學	neuroanatomy
神经可塑性	神經可塑性	neural plasticity
神经内分泌系统	神經內分泌系統	neuroendocrine system
神经认知障碍	神經認知疾患	neurocognitive disorder
神经生长因子	神經生長因子	nerve growth factor, NGF
神经衰弱[症]	神經衰弱症	neurasthenia
神经肽	神經胜肽	neuropeptide
神经网络	神經網路	neural network
神经系统	神經系統	nervous system, NS
神经细胞	神經細胞	nerve cell
神经心理测验	神經心理測驗	neuropsychological test
神经心理学	神經心理學	neuropsychology
神经心理学家	神經心理學家	neuropsychologist
神经心理药物学	神經心理藥物學	neuropsychopharmacology

大 陆 名	台 湾 名	英 文 名
神经兴奋(=神经冲动)		
神经性贪食(=心因性暴食症)		
神经性厌食[症]	神經性厭食症,心因性厭食症	anorexia nervosa
神经学家	神經學家	neurologist
神经营养因子	神經滋養因子	neurotrophic factor, neurotrophin
神经语言学	神經語言學	neurolinguistics
神经元	神經元	neuron
神经元学说	神經元學說	neuron doctrine
神经再生	神經再生	neural regeneration
神经症	精神官能症	neurosis
神经质	神經質	neuroticism
神经质焦虑	神經質焦慮	neurotic anxiety
神经质倾向	神經質傾向	neurotic trend
神游	迷遊症,漫遊症	fugue
审美享受	美感的愉悦	aesthetic pleasure
审美心理学	美學心理學,審美心理學	aesthetic psychology
肾上腺	腎上腺	adrenal gland
肾上腺皮质	腎上腺皮質	adrenal cortex
肾上腺素	腎上腺素	adrenaline, epinephrine
肾上腺素激动药	腎上腺素致效劑	adrenergic agonist
肾上腺素拮抗药	腎上腺素拮抗劑	adrenergic antagonist
β-肾上腺素能受体	β-腎上腺素受體	beta adrenergic receptor
肾上腺髓质	腎上腺髓質	adrenal medulla
渗透压	滲透壓	osmotic pressure
渗透作用	滲透作用	osmosis
升华	昇華[作用]	sublimation
生成性学习	生成性學習	generative learning
生成语法	生成語法	generative grammar
生成语义学	生成語意學	generative semantics
生的本能	生之本能	life instinct
生活方式	生活型態	life style, lifestyle
生活方式分析	生活型態分析,生命風格分析	life style analysis
生活方式疾病	生活型態疾病,文明病	life style disease
生活价值观量表	生活價值觀量表	Life Values Inventory

大　陆　名	台　湾　名	英　文　名
生活脚本	生活腳本	life script
生活事件	生活事件	life events
生活事件量表	生活事件量表	Life Events Scale, LES
生活压力(=生活应激)		
生活应激,生活压力	生活壓力	life stress
生活质量	生活品質	quality of life
生理零度	生理零度	physiological zero
生理心理学	生理心理學	physiological psychology
生理依赖性	生理依賴	physical dependence
生手(=新手)		
生态系统理论	生態系統[理]論	ecological systems theory
生态心理学	生態心理學	ecological psychology
生物反馈	生理回饋,生物回饋	biofeedback
生物反馈疗法	生理回饋治療,生物回饋治療	biofeedback therapy
生物反馈训练	生理回饋訓練,生物回饋訓練	biofeedback training
生物进化论	生物演化論	biological evolution
生物决定论	生物決定論	biological determinism
生物模式	生物模式	biological model
生物心理社会模式	生物心理社會模式	bio-psycho-social model, biopsychosocial model
生物心理学	生物心理學	biological psychology, biopsychology
生物性动机	生物性動機	biological motivation
生物性需要(=原生需要)		
生物因素	生物因素	biological factor
生物运动	生物運動	biological motion
生物钟	生物時鐘	biological clock
生涯咨询	生涯諮商,職涯諮商	career counseling
生长激素,促生长素	生長激素	growth hormone, somatotropin, somatotropic hormone
生长曲线模型	成長曲線模式	growth curve model
生殖器期	生殖[器]期	genital stage, phallic stage
生殖行为,繁殖行为	生殖行為	reproductive behavior
声级计	噪音計	sound level meter
声强	聲音強度	sound intensity
声像记忆	聲像記憶,聽覺記憶	echoic memory

大 陆 名	台 湾 名	英 文 名
声压级	聲壓水準	acoustic pressure level
声音编码	聲碼	acoustic code
声音阴影	聲音陰影	acoustic shadow
胜任感	勝任感,能力感	sense of competence
胜任力	職能,能力,勝任能力	competence, competency
胜任[力]模型	職能模式	competency model
失败恐惧	失敗恐懼	fear of failure
失读症	失讀症	alexia
失衡	失衡	disequilibrium
失眠[症]	失眠[症]	insomnia
失认症	失認症	agnosia
失神状态	失神狀態	absence state
失写症	失寫症	agraphia
失音症	失聲[症],失音[症]	aphonia
失用症	運用失能症	apraxia
失语症	失語症,語言失能症	aphasia, alogia
失乐感症,旋律辨识障碍症	旋律辨識障礙症,旋律辨識失能症	amusia
师徒式训练	師徒式訓練	apprentice training
施虐癖	[性]虐待症,[性]施虐癖	sadism
十六种人格因素问卷	十六種人格因素問卷	Sixteen Personality Factor Questionnaire, 16PF
时代精神	時代精神,時代思潮	Zeitgeist
时间错觉	時間錯覺	time illusion
时间动作研究	時間動作研究	time and action study
时间概念	時間概念	time concept
时间管理	時間管理	time management
时间取样法	時間取樣法	time sampling
时间误差	時間誤差,時誤	time error
时间序列分析	時間序列分析	time series analysis
时间知觉	時間知覺	time perception
时间滞后设计	時滯設計,時間落後設計,時間滯後設計	time-lag design
时间总和作用	時間加成性	temporal summation
时尚	風潮,時尚(一時的)	fad
时限	時限	time limit
实词素	內容性詞素	content morpheme

大 陆 名	台 湾 名	英 文 名
实际显著性	實務顯著性	practical significance
实际[自]我(=真实[自]我)		
实践智力	實用智力	practical intelligence
实境暴露法	實境曝露法	*in vivo* exposure
实境脱敏,现实生活脱敏	實境去敏感化	*in vivo* desensitization
实现倾向	實現傾向	actualizing tendency
实验法	實驗法	experimental method
实验控制	實驗控制	experimental control
实验设计	實驗設計	experimental design
实验神经心理学	實驗神經心理學	experimental neuropsychology
实验室研究	實驗室研究	laboratory study
实验条件	實驗情境	experimental condition
实验心理学	實驗心理學	experimental psychology
实验研究法	實驗研究法	experimental research
实验者偏误(=实验者偏向)		
实验者偏向,实验者偏误	實驗者偏誤	experimenter bias
实验者期望效应	實驗者期望效應	experimenter expectancy effect
实验者效应	實驗者效應	experimenter effect
实验真实性	實驗真實性	experimental realism
实验组	實驗組	experimental group, EG
实用主义	實用主義,實際主義	pragmatism
实在论	現實論,幻實論	realism
实证效标计分法	實徵效標計分法	empirical criterion keying
实证效度	實徵效度,實證效度	empirical validity
实证主义	實證論,實證主義	positivism
实足年龄	實足年齡,生理年齡	chronological age, CA
食欲	食慾	appetite
食欲刺激[激]素	腦腸肽	ghrelin
食欲抑制剂	食慾抑制劑	appetite suppressant
食欲制约作用	慾望制約作用,食慾制約作用	appetitive conditioning
史蒂文斯定律	史蒂文斯定律	Stevens' law
士气	士氣	morale
示范法,模仿法	示範,仿效,模仿	modeling

大 陆 名	台 湾 名	英 文 名
市场定位	市場定位	market positioning
事故分析	事故分析	accident analysis
事故倾向	事故傾向	accident proneness
事后比较	事後比較	post hoc comparison, *posteriori* comparison
事件抽样[法]	事件取樣[法]	event sampling
事件记忆	事件記憶	event memory
事件图式	事件基模	event schema
事件相关电位	事件關聯電位	event-related potential, ERP
事前比较	事前比較	*priori* comparison
试次	[實驗]嘗試,[實驗]次數	trial
试错(=尝试错误)		
视差	視差	parallax
视错觉	視錯覺	optical illusion
视蛋白	視蛋白	opsin
视动反射	視動反射	optokinetic reflex
视杆细胞	桿狀細胞	rod cell
视幻觉	視幻覺	visual hallucination
视见函数,光亮度函数	光度函數	luminosity function
视交叉	視交叉	optic chiasm
视交叉上核	視交叉上核	suprachiasmatic nucleus, SCN
视角	視角	visual angle
视觉	視覺;願景	vision
视觉编码	視覺編碼	visual coding
视觉表象	視覺心像	visual imagery
[视觉]腹侧通路	[視覺]腹側路徑	ventral pathway
视觉后像	視覺後像	visual after-image
视觉忽略	視覺忽略	visual neglect
视觉记忆	視覺記憶	visual memory
视觉疲劳	視覺疲勞	visual fatigue
视觉区	視覺[皮質]區	visual area
视觉失认症	視覺失認症	visual agnosia
视觉适应	視覺適應	visual adaptation
视觉搜索	視覺搜尋	visual search
视觉调节	視覺調適,視覺調節	visual accommodation
视觉通路	視覺路徑	visual pathway
视觉系统	視覺系統	visual system

大　陆　名	台　湾　名	英　文　名
视觉显示	視覺顯示	visual display
视觉艺术	視覺藝術	visual art
视觉优势行为	視覺優勢行為,視覺強勢行為	visual dominance behavior
视觉诱发电位	視覺誘發電位	visual evoked potential, VEP
视觉阈限	視覺閾限	visual threshold
视觉噪声	視覺噪形	visual noise
视觉证言(=目击证言)		
视觉组织	視覺組織	visual organization
视敏度	視覺敏銳度	visual acuity
视皮质	視覺皮質	visual cortex
视色素	視色素	visual pigment
视上核	視上核	supraoptic nucleus
视神经	視神經	optic nerve
视[神经]盘	視盤	optic disc
视网膜	視網膜	retina
视网膜像差	視網膜像差	retinal disparity
视崖	視覺懸崖	visual cliff
视野	視野,視域	visual field
视野测试	視野測試	visual field test, perimetry test
视野单像区	[視覺]凝視面	horopter
视知觉	視[覺]知覺	visual perception
视锥细胞	錐[狀]細胞	cone cell
视紫红质	視紫[紅]質	rhodopsin
是非题	是非題	true-false item
适合度检验,拟合优度检验	適合度檢定,適配度檢驗	goodness of fit test
适应	適應,調適	adaptation
适应不良	適應不良	maladaption
适应不良行为	適應不良行為	maladaptive behavior
适应测验	適性測驗	adaptive testing
适应反应	適應反應	adaptive response, adjustment reaction
适应功能	適應功能,調適功能	adaptive functioning
适应力	適應力,調適力	adaptability
适应水平	適應水準,調適水準	adaptation level
适应水平理论	適應水準理論,調適水準理論	adaptation-level theory
适应行为	適應行為,調適行為	adaptive behavior

大陆名	台湾名	英文名
适应行为量表	適應行為量表,調適行為量表	Adaptive Behavior Scale, ABS, Adaptive Behavior Inventory
AAIDD 适应行为量表(=美国智力与发展障碍协会适应行为量表)		
适应性攻击行为	適應性攻擊行為	adaptive aggressive behavior
适应性教学	適性教學,適性教導	adaptive instruction
适应性信息加工	適應訊息歷程,調適訊息歷程	adaptive information processing, AIP
适应性学习	適應性學習,調適性學習	adaptive learning
适应障碍	適應疾患	adjustment disorder
释梦	夢的解析	dream interpretation
释意	簡述語意	paraphrasing, reflection of meaning
嗜睡	嗜睡	hypersomnia
收养(=领养)		
收养儿童	養子女	adopted children
手段-目的分析	方法-目的分析	means-ends analysis, MEA
手势	手勢	gesture
手语	手語	sign language
手指语	[手語的]手指拼字法	finger spelling
手足竞争	手足競爭	sibling rivalry
守恒	守恆;保留概念	conservation
首要特质,核心特质	首要特質	cardinal trait
首因效应	初始效應	primacy effect, primary effect
受暗示性	可受暗示性,可受建議性	suggestibility
受害人	受害者	victim
受欢迎儿童	受歡迎型兒童	popular children
受虐癖,受虐症	[性]被虐症,[性]受虐癖	masochism
受虐症(=受虐癖)		
受体	受器,受體	receptor
瘦蛋白	瘦蛋白,瘦素	leptin
书面语言	書寫語言	written language
书写表达障碍	書寫表達疾患,書寫表達障礙	written expression disorder

大 陆 名	台 湾 名	英 文 名
书写困难	書寫障礙,失寫症	dysgraphia
疏离感测验	疏離感測驗	alienation test
属性	屬性	attribute
属性变量	屬性變項	attribute variable
树-树突触	樹突間突觸	dendro-dendritic synapse
树突	樹[狀]突	dendrite
树突棘	樹突棘	dendritic spine
树形图(=树状图)		
树状图,树形图	樹狀圖	tree diagram
数据采集(=数据收集)		
数据分析	資料分析	data analysis
数据驱动	資料導向,資料取向	data-driven
数据驱动加工	資料驅動歷程	data-driven process
数据收集,数据采集	資料收集,資料蒐集	data collection
数量变量	量化變項	quantitative variable
数学心理学	數學心理學	mathematical psychology
数字广度	記憶廣度,數字廣度	digit span
数字广度测验	數字廣度作業	digit span task
衰竭	耗竭	exhaustion
衰老蛋白,早老素	早老素	presenilin
双避冲突	雙避衝突	avoidance-avoidance conflict
双变量统计	雙變項統計	bivariate statistics
双参数逻辑斯谛模型	二參數對數模式	two-parameter logistic model, 2PLM
双重编码说	雙重編碼假設	dual coding hypothesis
双重标准	雙重標準	double standard
双重表征	雙重表徵	dual representation
双重关系	雙重關係	dual relationship
双重趋避冲突	雙重趨避衝突	double approach-avoidance conflict
双重人格	雙重人格	dual personality
双重束缚	雙重束縛	double bind
双重态度	雙重態度	dual attitude
双词句	雙向細目表	two-word sentence
双挫冲突	雙挫衝突	double bind conflict
双耳呈现	雙耳呈現	binaural presentation
双耳强度差	雙耳強度差	binaural intensity difference
双耳时差	雙耳時差	interaural time difference, ITD, binaural time difference
双耳听觉	雙耳聽覺	binaural hearing

大　陆　名	台　湾　名	英　文　名
双耳线索	雙耳線索	binaural cue
双耳相位差	雙耳相位差	binaural phase difference
双耳音强差	雙耳音強差	interaural level difference, ILD
双峰分布	雙峰分配	bimodal distribution
双关图形(=可逆图形)		
双极神经元	雙極神經元	bipolar neuron
双极细胞	雙極細胞	bipolar cell
双卵双胎(=二卵双生[子])		
双盲	雙盲	double blind
双盲测验	雙盲測試	double blind test
双盲技术	雙盲技術	double blind technique
双盲控制	雙盲控制	double blind control
双盲实验	雙盲實驗	double blind experiment
双趋冲突	雙趨衝突	double approach conflict, approach-approach conflict
双生子研究	雙生子研究,雙胞胎研究	twin study
双听技术	雙耳分聽	dichotic listening
双尾检验	雙尾檢定	two-tailed test
双相心境障碍	雙極性情感疾患,躁鬱症	bipolar mood disorder
双性恋	雙性戀	bisexuality
双眼竞争	雙眼競爭	binocular rivalry
双眼深度[敏感]细胞	雙眼深度敏感細胞	binocular depth cell
双眼深度线索	雙眼深度線索	binocular depth cue
双眼视像融合	雙眼視像融合	binocular fusion
双眼线索	雙眼線索	binocular cue
双眼像差	雙眼像差	binocular disparity
双因素理论	二因論,二因子理論	two-factor theory
双语	雙語	bilingualism
α水平	α水準	alpha level
水平迁移(=横向迁移)		
睡眠	睡眠	sleep
睡眠剥夺	睡眠剝奪	sleep deprivation, SD
睡眠呼吸暂停综合征	睡眠呼吸中止症候群	sleep apnea syndrome
睡眠障碍	睡眠異常,睡眠疾患,睡眠障礙	sleep disorder, dyssomnia

大陆名	台湾名	英文名
睡眠者效应	睡眠效應,睡眠[者]效果	sleeper effect
睡眠中枢	睡眠中樞	sleep center
睡眠周期	睡眠週期	sleep cycle
吮吸反射	吸吮反射	sucking reflex
顺从(=依从)		
顺从型人格(=依从型人格)		
顺行性遗忘	前向失憶症,順向失憶症,近事失憶症	anterograde amnesia
顺序变量	次序變項,順序變項	ordinal variable
顺序量表	次序量尺,次序量表	ordinal scale
顺序效应,系列位置效应	順序效應	order effect
顺应	調適,調節	accommodation
瞬时记忆	立即性記憶	immediate memory
说服	說服	persuasion
说溜嘴	說溜嘴	slip of the tongue
司法心理学	司法心理學	forensic psychology
思考(=思维)		
思考不连贯	思考不連貫,思考無條理	incoherence of thinking
[思考]阻断	[思考]阻斷,[思考]阻礙	blocking
思维,思考	思考,思維;思想	thinking, thought
思维控制训练	思維控制訓練	thought control training
思维型	思考型	thinking type
斯金纳理论	史金納理論	Skinnerian theory
斯金纳箱	史金納箱	Skinner box
斯皮尔曼-布朗公式	史皮爾曼-布朗公式,斯皮爾曼-布朗公式	Spearman-Brown formula
斯皮尔曼等级相关	史皮爾曼等級相關,斯皮爾曼等級相關	Spearman's rank correlation
斯坦福-比奈智力量表	史丹福-比奈智力量表,史比二氏智力量表	Stanford-Binet Intelligence Scale
斯坦福成就测验	史丹福成就測驗	Stanford Achievement Test
斯坦福学业技能测验	史丹福學業技能測驗	Stanford Test of Academic Skills

大　陆　名	台　湾　名	英　文　名
斯特朗-坎贝尔兴趣调查表	史-坎興趣量表	Strong-Campbell Interest Inventory, SCII
斯特朗兴趣调查表	史氏興趣量表	Strong Interest Inventory, SII
斯特朗职业兴趣调查表	史氏職業興趣量表	Strong Vocational Interest Blank, SVIB
斯特鲁普效应	史楚普效應	Stroop effect
死的本能,塞纳托斯	死之本能,死神	death instinct, Thanatos
死亡率	死亡率	mortality rate
四分[位]差	四分差	quartile deviation
似本能需要	類本能需求,本能式需求	instinctoid need
似动现象	似動現象	apparent movement phenomenon
似然比,或然比	概似比	likelihood ratio
似然函数	概似函數	likelihood function
似然原理	可能性原則	likelihood principle
松果体,松果腺	松果腺,松果體	pineal body, pineal gland
松果腺(=松果体)		
诵读困难	閱讀障礙,失讀症,閱讀失能症	dyslexia
苏黎世学派	蘇黎世學派	Zürich school
素质	素質,特異質	diathesis
素质归因(=本性归因)		
素质-压力模型	素質-壓力模式	diathesis-stress model
速度测验	速度測驗	speed test
速度恒常性	速度恆常性	velocity constancy
速度-准确性权衡	速度準確性之權衡	speed-accuracy trade-off
速示器	速示器,視覺記憶測試鏡	tachistoscope
塑造法	[行為]塑造,形塑	shaping
算法	演算法,算則	algorithm
算法性思维,定程式思维	定程式思考	algorithmic thinking
算术平均值	算術平均數	arithmetic mean, AM
随机抽样	隨機取樣,隨機抽樣	random sampling
随机点实体图	隨機點立體圖	random dot stereogram
随机分派(=随机分配)		
随机分配,随机分派	隨機分派	random assignment
随机化	隨機化	randomization
随机区组设计	隨機區組設計	randomized block design

大　陆　名	台　湾　名	英　文　名
随机误差	隨機誤差	random error
随机效应模型	隨機效果模式	random effect model
随机组设计	隨機組設計	randomized-group design
随堂测验	隨堂測驗	classroom test
随意肌	隨意肌	voluntary muscle
随意运动	自主運動,隨意運動	voluntary movement
随意注意(=有意注意)		
髓鞘	髓鞘	myelin sheath
损伤	損傷	ablation

T

大　陆　名	台　湾　名	英　文　名
他律道德	他律道德	heteronomous morality
他律期	他律階段,道德發展他律期	heteronomous stage
他人导向	他人導向	other-directedness
他人归因	他人歸因	other-attribution
胎儿	胎兒	fetus
太阳导航	太陽導航	solar navigation
态度	態度	attitude
态度测量	態度測量	attitude measurement
ABC 态度层级效应	ABC 態度階層效應	ABC attitude hierarchies of effect
态度调查	態度調查	attitude survey
态度分歧行为	態度分歧行為	attitude discrepant behavior
态度改变	態度改變	attitude change
态度理论	態度理論	attitude theory
态度量表	態度量表	Attitude Scale
态度 ABC 模型	態度的 ABC 模式	ABC model of attitude
态度-行为一致性	態度-行為一致性	attitude-behavior consistency
态度形成	態度形成	attitude formation
弹性	彈性	resilience
弹性工作时间	彈性工時	flextime
谈判,协商	協商,磋商	negotiation
探究行为	探索行為	exploratory behavior
探索性因素分析	探索性因素分析	exploratory factor analysis
唐氏综合征	唐氏症	Down syndrome
糖皮质激素	類皮質醣,葡萄糖皮質	glucocorticoid

大陆名	台湾名	英文名
	素	
糖缺乏	葡萄糖剝奪	glucoprivation
糖原	肝醣	glycogen
逃避(=回避)		
逃避梯度	逃避梯度	gradient of avoidance
逃避条件作用	逃離制約	escape conditioning
逃脱学习	逃離學習	escape learning
讨好	逢迎	ingratiation
讨好者	討好者	placator
特定恐怖症	特定對象畏懼症	specific phobia
特定属性对策	特定屬性策略	attribute-specific strategy
特纳综合征	透納氏症	Turner's syndrome
特殊能力倾向	特殊性向	special aptitude
特殊迁移,具体迁移	特定遷移	specific transfer
特殊神经能量	神經特定能量[學說]	specific nerve energy
特殊智力	特殊智力	specific intelligence
特殊智力因素(=s 因素)		
特异性	獨特性	distinctiveness
特征分析	特徵分析,屬性分析	feature analysis
特征觉察器	特徵偵測器	feature detector
特征匹配理论	特徵比對理論	feature matching theory
特征整合理论	特徵整合論	feature integration theory
特征值,本征值	特徵值	eigenvalue
特质	特質	trait
特质激活理论	特質活化理論	trait activation theory
特质焦虑	特質焦慮	trait anxiety
特质理论	特質理論	trait theory
特质图	特質剖面圖	trait profile
特质因素论	特質因素論	trait and factor theory
疼痛闸门控制论	疼痛閘門控制論	gate control theory of pain
疼痛管理	疼痛管理	pain management
疼痛障碍	疼痛疾患	pain disorder
提取	提取	retrieval
提取阶段	提取階段	retrieval stage
提取失败	提取失敗	retrieval failure
体格	體態,體格	physique
体内平衡,内环境平衡	恆定[狀態]	homeostasis

大　陆　名	台　湾　名	英　文　名
体验性学习	體驗性學習	experiential learning
体质量指数(=体重指数)		
体质特质	本體特質	constitutional trait
体重指数,体质量指数	身體質量指數	body mass index, BMI
替代	替代	substitution
替代强化	替代增強	vicarious reinforcement
替代侵犯	替代性攻擊,轉向性攻擊	displaced aggression
替代性创伤	替代性創傷	vicarious traumatization
替代性纠纷解决方式	替代型仲裁	alternative dispute resolution, ADR
替代性条件作用	替代性制約	vicarious conditioning
替代学习	替代學習	vicarious learning
替罪羊	代罪羔羊	scapegoating
天才儿童(=超常儿童)		
天冬酰胺	天門先胺脢,天冬素	asparagine, Asn
天花板效应	天花板效應	ceiling effect
天然免疫	天然免疫,先天免疫	natural immunity
田纳西自我概念量表	田納西自我概念量表	Tennessee Self-Concept Scale
填空测验	填空測驗,克漏字測驗	cloze test
条件刺激	制約刺激,條件刺激	conditioned stimulus, CS
条件反射	制約反射,條件反射	conditioned reflex, CR
条件反应	制約反應,條件反應	conditioned response, CR
条件分布	條件分配	conditional distribution
条件概率	條件機率	conditional probability
条件概念	條件概念	conditional concept
条件推理	條件推理	conditional reasoning
条件性辨别	制約區辨作用	conditioned discrimination
条件性强化物	制約增強物	conditioned reinforcer
条件性情绪反应,制约化情绪反应	條件化情緒反應,制約化情緒反應	conditioned emotional response, CER, conditional emotional reaction
条件性位置偏爱	制約場域偏好反應	conditioned place preference, CPP
条件性味觉厌恶反应	制約味覺嫌惡反應	conditioned flavor aversion
条件性厌恶	嫌惡制約	conditioned aversion
条件性知识	條件式知識	conditional knowledge
条件指数	條件指數	conditional index
调和理论(=一致性理论)		

大 陆 名	台 湾 名	英 文 名
调和平均数	調和平均數	harmonic mean
调节变量	調節變項	moderator
调节效果	調節效果	moderation effect
调解	調停;中介	mediation
调控回路	調控迴路	modulatory circuit
调整	調整;適應	adjustment
调整法	調整法,調適法	method of adjustment
调整平均数	調整平均數	adjusted mean
跳跃式传导	跳躍式傳導	saltatory conduction
听觉	聽覺,聽力	hearing, audition, auditory sense
听觉编码	聽覺編碼	auditory coding
听觉场景分析	聽覺場景分析,聲場分析	auditory scene analysis
听觉刺激	聽覺刺激	acoustic stimulus
听觉定位	聽覺定位	auditory localization
听觉反射	聽[覺]反射	acoustic reflex
听觉后像	聽覺後像	auditory afterimage
听觉缓冲器	聽覺緩衝器	acoustic buffer
听觉记忆	聽覺記憶	acoustic memory
听觉空间	聽覺空間	auditory space
听觉皮质	聽覺皮質	auditory cortex
听觉疲劳	聽覺疲勞	auditory fatigue
听觉区	聽覺[皮質]區	auditory area
听觉失认症	聽覺失認症,聽覺辨別失能症	auditory agnosia
听觉适应	聽覺適應	auditory adaptation
听觉显示	聽覺顯示	auditory display
听觉线索	聽覺線索	auditory cue
听觉掩蔽	聽覺遮蔽	auditory masking
听觉阈限	聽覺閾限	auditory threshold
听觉注意	聽覺注意	auditory attention
听力测量	聽力測量	audiometry
听力计	聽力計	audiometer
听力图	聽力圖	audiogram
听神经	聽[覺]神經	acoustic nerve, auditory nerve
听知觉	聽知覺	auditory perception
通路目标理论	路徑-目標理論	path-goal theory
通用解题者,通用问题	一般性問題解決程式	general problem solver, GPS

大　陆　名	台　湾　名	英　文　名
解决者		
通用问题解决者(=通用解题者)		
同伴接纳	同儕接納	peer acceptance
同伴拒绝	同儕拒絕	peer rejection
同伴评定	同儕評量	peer rating
同伴评价	同儕衡鑑	peer assessment
同伴群体	同儕團體	peer group
同伴提名	同儕提名	peer nomination
同伴学习	同儕學習	peer learning
同伴影响	同儕影響	peer influence
同辈效应	世代效應,同輩效應,科夥效應	cohort effect
同步性	同步性	synchrony
同层人	世代,同輩,科夥	cohort
同感(=共情)		
同构问题	同構問題	isomorphic problem
同化	同化	assimilation
同化对比理论	同化-對比理論,類化-對比理論	assimilation-contrast theory
同化效应	同化效應,類化效應	assimilation effect
同类相食性	同類相殘	cannibalism
同卵双生[子](=单卵双生[子])		
同情	同情,同情心	sympathy
同时对比	同時對比	simultaneous contrast
同时估计	同時估計	concurrent estimation
同时加工	同時處理	simultaneous processing
同时失认症	同步失認症	simultanagnosia
同时效度	同時效度	concurrent validity
同时型双语	同時發生的雙語	simultaneous bilingualism
同时性辨别	同時區辯	simultaneous discrimination
同时性扫描	同時掃描	simultaneous scanning
同性恋	同性戀	homosexuality
同性恋者	同性戀者	homosexual
同源性	同源性	homology
同质性	同質性	homogeneity
同质性检验	同質性檢定,均其性檢	test of homogeneity

大陆名	台湾名	英文名
	定	
童年期(=儿童期)		
童年失忆症	童年失憶症	childhood amnesia
童年早期	兒童前期,幼兒期	early childhood
童年中期	兒童中期	middle childhood
瞳孔	瞳孔	pupil
统计方法	統計方法	statistical method
统计方法学	統計方法論,統計方法學	statistical methodology
统计分布	統計分配	statistical distribution
统计分析	統計分析	statistical analysis
统计概率	統計機率	statistical probability
统计假设检验	統計假設檢定	test of statistical hypothesis
统计检验力	統計考驗力,統計檢定力	statistical power, power of a statistical test
统计决策	統計決策	statistical decision
统计量	統計量	statistic
统计推断	統計推論	statistical inference
统计显著性	統計顯著性	statistical significance
统计学	統計學	statistics
统觉	統覺	apperception
统觉视觉失认症	統覺性視覺失認症,統覺性視覺辨別失能症	apperceptive visual agnosia
统我	統我	proprium
痛觉	痛覺	algesia
痛觉计,痛觉仪	痛覺計	algesimeter
痛觉缺失	止痛作用	analgesia
痛觉特殊功能说	痛覺特殊功能論	specific function theory of pain
痛觉仪(=痛觉计)		
偷窃癖	竊盜症,偷竊癖	kleptomania
投射	投射	projection
投射测验	投射測驗	projective test
投射法(=投射技术)		
投射技术,投射法	投射技術	projective technique
投射假说	投射假說	projective hypothesis
投射人格测验	投射人格測驗	projective personality test
投射性认同	投射性認同	projective identification
透视错觉	透視錯覺	perspective illusion

大　陆　名	台　湾　名	英　文　名
凸显线索	突顯線索	salient cue
凸显性	突顯性	salience
突变	突變	mutation
突触	突觸	synapse
突触传递	突觸傳導	synaptic transmission
突触递质	突觸傳導物	synaptic transmitter
突触后电位	突觸後電位	postsynaptic potential
突触后感受器	突觸後受器	postsynaptic receptor
突触后神经元	突觸後神經元	postsynaptic neuron
突触间隙	突觸間隙	synaptic gap
突触可塑性	突觸可塑性	synaptic plasticity
突触囊泡	突觸囊泡	synaptic vesicle
突触前神经元	突觸前神經元	presynaptic neuron
突发变故型自杀	脫序型自殺	anomic suicide
图画智力测验	圖畫智力測驗	Pictorial Test of Intelligence
图灵测验	杜林測試	Turing test
图灵机	杜林機	Turing machine
图示评定量表	圖示評等量表	Graphic Rating Scale
图式	基模	schema
图式理论	基模理論	schema theory
图像记忆	圖像記憶,視覺記憶	iconic memory
图像深度线索	圖畫深度線索	pictorial depth cue
图形-背景	形象與背景,圖形與背景	figure-ground, figure and ground
团队精神	團隊精神	team spirit
团队协作	團隊工作	teamwork
团体(=群体)		
团体表现	團體表現	group performance
团体测验	團體測驗,團體施測	group test, group testing
团体冲突	團體衝突	group conflict
团体动力学(=群体动力学)		
团体规范化	團體規範化	group normalization
团体极化	團體極化	group polarization
团体间冲突	團體間衝突	intergroup conflict
团体间接触	團體間接觸	intergroup contact
团体决策支持系统	團體決策支持系統	group decision support system, GDSS
团体历程	團體歷程	group process

大　陆　名	台　湾　名	英　文　名
团体迷思(＝群体思维)		
团体能力测验	團體能力測驗	group ability test
团体认同	團體認同	group identification
团体选择	團體選擇	group selection
团体隐蔽图形测验	團體隱藏圖形測驗	Group Embedded Figures Test
团体支持系统	團體支持系統	group support system, GSS
团体治疗	團體治療[法]	group therapy
团体咨询,集体咨询	團體諮商	group counseling
推广策略	推廣策略	promotion strategy
推理	推論,推理	inference, reasoning
推论统计	推論統計	inferential statistics
退缩	退縮	withdrawal
退缩反射	退縮反射	withdrawal reflex
退行	退化[作用]	regression
脱敏	減敏感[法]	desensitization
脱氧核糖核酸	去氧核糖核酸	deoxyribonucleic acid, DNA
椭圆囊	橢圓囊	utricle
拓扑心理学	拓樸心理學	topological psychology

W

大　陆　名	台　湾　名	英　文　名
外部效度	外在效度	external validation
外侧膝状体核	[腦]外側膝狀體,側膝核	lateral geniculate nucleus, LGN
外耳	外耳	outer ear
外化	外化	externalization
外激素,信息素	費洛蒙	pheromone
外群体	外團體	outgroup
外生变量,外源变量	外因變項,外衍變項	exogenous variable
外显变量	外顯變數,外顯變項	manifest variable
外显记忆	外顯記憶	explicit memory
外显需要,显性需要	外顯性需求	manifest need
外显学习	外顯學習	explicit learning
外显知识	外顯知識	explicit knowledge
外向	外向[性]	extraversion
外向图式	外向基模	extravert schema
外源变量(＝外生变量)		

大　陆　名	台　湾　名	英　文　名
外在归因	外在歸因	external attribution
外在激励	外在動機	extrinsic motivation
外展神经(=展神经)		
外展神经核(=展神经核)		
完美主义	完美主義	perfectionism
完全负相关	完全負相關	perfect negative correlation
完全失语症	廣泛失語症	global aphasia
完全相关	完全相關	perfect correlation
完全性遗忘	廣泛失憶症	global amnesia
完全正相关	完全正相關	perfect positive correlation
完形(=格式塔)		
完形疗法(=格式塔疗法)		
完形律	良好圖形律	law of Prägnanz
完形心理学(=格式塔心理学)		
完形心理治疗(=格式塔心理治疗)		
网络	網路,網絡	network
网络成瘾	網路成癮	internet addiction
网络调查	網路調查	internet survey
网络沟通	網路溝通	cyber communication
网络心理学	網路心理學	cyber psychology
网像大小	視網膜影像大小	retinal size
网状激活系统	網狀醒覺系統,網狀活化系統	reticular activating system, RAS
网状结构	網狀結構	reticular formation, formatic reticularis
妄想	妄想	delusion
妄想性障碍	妄想疾患,妄想症	delusional disorder
危机	危機	crisis
危机干预	危機介入	crisis intervention
危机管理	危機處理	crisis management
威尔科克森符号秩检验	威爾卡森符號等級檢定	Wilcoxon Sign Rank Test
威斯康星卡片分类测验	威斯康辛卡片分類測驗	Wisconsin Card Sorting Test, WCST
微表情	微表情,瞬間即逝的表情	micro-expression
微电极	微電極	microelectrode

大 陆 名	台 湾 名	英 文 名
微观系统	微[觀]系統	microsystem
韦-贝智力量表	魏貝二氏智力量表	Wechsler-Bellevue Intelligence Scale
韦伯定律	韋伯定律	Weber law
韦伯-费希纳定律	韋伯-費希納定律	Weber-Fechner law
韦伯分数	韋伯分數	Weber fraction
韦克斯勒成人智力量表	魏氏成人智力量表	Wechsler Adult Intelligence Scale, WAIS
韦克斯勒儿童智力量表,韦氏儿童智力量表	魏氏兒童智力量表	Wechsler Intelligence Scale for Children, WISC
韦克斯勒幼儿智力量表	魏氏幼兒智力量表	Wechsler Preschool and Primary Scale of Intelligence, WPPSI
韦尼克区	威尼克氏區	Wernicke's area
韦尼克失语症	威尼克氏失語症	Wernicke's aphasia
韦氏儿童智力量表(=韦克斯勒儿童智力量表)		
违规行为	犯罪行為,違犯行為	delinquency
违拗症	拒絕症,違拗症	negativism
唯灵论	唯心論,唯靈論,屬靈主義	spiritualism
唯意志论,唯意志主义	唯意志論;自願主義;樂捐制度;募兵制	voluntarism
唯意志主义(=唯意志论)		
维度	向度	dimension
维度分类	向度分類	dimensional classification
维度评估论	向度評估論	dimensional appraisal theory
维度诊断系统	向度診斷系統	dimensional diagnostic system
维也纳学派	維也納學派	Viennese school, Vienna school
伟人论	偉人論	great person theory
伪记忆(=假记忆)		
伪相关,虚假相关	假性相關	spurious correlation
尾状核	尾[狀]核	caudate nucleus
未完成事务	未竟事務,未完成事務	unfinished business
未完成语句测验	未完成語句測驗	incomplete sentence test
位置恒常性	位置恆常性	location constancy
味觉	味覺;品味	gustatory sensation, taste
味觉敏度	味覺敏銳度	taste acuity

大　陆　名	台　湾　名	英　文　名
味觉皮质区	味覺皮質區	taste cortex area
味觉区	味覺區	taste area
味觉适应	味覺適應	taste adaptation
味觉四面体	味覺四面體	taste tetrahedron
味觉系统	味覺系統	gustatory system
味觉厌恶	味覺嫌惡	taste aversion
味觉厌恶学习	味覺嫌惡學習	taste-aversion learning
味蕾	味蕾	taste bud
胃泌素(=促胃液素)		
温点	溫點	warm spot
温度觉	溫度覺	temperature sensation
温觉	溫覺	warm sensation
文化差异	文化差異	cultural difference
文化常模	文化規範,文化常模	cultural norm
文化冲击	文化衝擊	culture shock
文化公平测验	文化公平測驗	culture fair test
文化价值	文化價值	cultural value
文化决定论	文化決定論	cultural determinism
文化认同发展	文化認同發展	cultural identity development
文化胜任力	文化能力,文化勝任性	cultural competence
文化适应	涵化,文化適應	acculturation, enculturation
文化同质性	文化同質性	cultural homogeneity
文化心理学	文化心理學	cultural psychology
文化异质性	文化異質性	cultural heterogeneity
文化因素	文化因素	cultural factor
文化自由测验	無文化影響測驗	culture free test
文件研究	文件研究	document study
文兰适应行为量表	文蘭德適應行為量表	Vineland Adaptive Behavior Scale, VABS
文饰[作用](=合理化)		
文书测验(=文书能力倾向测验)		
文书能力倾向测验,文书测验	文書性向測驗	clerical aptitude test
纹理梯度	紋理梯度	texture gradient
纹状皮质	紋狀皮質	striate cortex
纹状体	紋狀體	corpus striatum

大 陆 名	台 湾 名	英 文 名
稳定等值系数	穩定等值係數	coefficient of stability and equivalence
稳定电位	穩定電位	steady potential
稳定系数	穩定係數	coefficient of stability
问卷,调查表	問卷	questionnaire
问卷法	問卷法	questionnaire
问卷数据	問卷資料	questionnaire data, Q-data
问题表征	問題表徵	problem representation
问题关注应对,问题聚焦应对	問題焦點因應,問題聚焦因應	problem-focused coping
问题解决	問題解決	problem solving
问题解决定势	問題解決心像	problem solving set
问题解决疗法	問題解決治療[法]	problem-solving therapy, PST
问题聚焦应对(=问题关注应对)		
问题空间	問題空間	problem space
问题框架	問題框架	framing of problem
喔啊声	咕咕聲	cooing
我向思维	自閉性思考	autistic thinking
沃夫假设	沃爾夫假說	Whorfian hypothesis
污名	污名,烙印	stigma
污名化	污名化	stigmatization
污名化刻板印象	污名化的刻板印象	stigmatizing stereotype
污名[化]团体	污名[化]團體	stigma group
无动机综合征,动机缺乏综合征	無動機症候群,動機缺乏症候群	amotivational syndrome
无力感	無力感	sense of powerlessness
无领导小组讨论	無領導者團體討論	leaderless group discussion, LGD
无偏估计	不偏估計	unbiased estimate
无偏估计量	不偏估計值	unbiased estimator
无条件刺激	非制約刺激,條件刺激	unconditioned stimulus, US, UCS
无条件反应	非制約反應,無條件反應	unconditioned response, UR, UCR
无条件积极关注	無條件正向關懷,無條件積極關懷	unconditional positive regard
无望感	無望感,絕望感	hopelessness
无望感理论	無望感理論,絕望感理論	hopelessness theory
无意识,潜意识	潛意識,非意識	unconscious, nonconscious

大陆名	台湾名	英文名
无意识冲突	潛意識衝突	unconscious conflict
无意识动机	潛意識動機	unconscious motivation
无意识推理	無意識推論	unconscious inference
无意想象	不自主想像	involuntary imagination
无意义音节	無意義音節	nonsense syllable
无意运动	不自主運動	involuntary movement
无意注意,不随意注意	不自主注意	involuntary attention
五大人格量表修订版	五大人格量表修訂版	Revised NEO Personality Inventory, NEO PI-R
五大因素模型	五大因素模式	five-factor model
武断推论	獨斷推論,武斷推論	arbitrary inference
武器效应	武器效果	weapons effect
舞蹈疗法	舞蹈治療[法]	dance therapy
舞蹈症	舞蹈症	chorea
物体恒常性	物體恆常性	object constancy
P 物质	P 物質	substance P, SP
物质滥用	物質濫用	substance abuse
物质文化	物質文化	material culture
物质依赖	物質依賴	substance dependence
物种特异行为	物種特定行為	species-specific behavior
误差	誤差	error
误差分数	誤差分數	error score

X

大陆名	台湾名	英文名
吸收光谱	吸收光譜	absorption spectrum
吸收期	吸收期	absorptive phase
吸引	吸引	attraction
吸引力	吸引力	attractiveness
膝跳反射	膝跳反射	knee-jerk reflex
习得	獲得[歷程],習得[歷程];購併	acquisition
习得行为	習得行為	learned behavior
习得性失读症	後天性閱讀障礙,後天性失讀症,後天型失讀症	acquired dyslexia
习得性无助	習得無助	learned helplessness

大 陆 名	台 湾 名	英 文 名
习得需要	習得需求	acquired need
习惯化	習慣化	habituation
习俗道德	習俗道德	conventional morality
习俗道德水平	道德習俗期,道德循規期	conventional level of morality
习性学	動物行為學	ethology
戏剧疗法	戲劇治療	drama therapy
系列回忆(=序列回忆)		
系列加工(=序列加工)		
系列搜索(=序列搜索)		
系列位置曲线(=序列位置曲线)		
系列位置效应(=序列位置效应)		
系列学习(=序列学习)		
α 系数	α 係數	alpha coefficient, α coefficient
τ 系数	τ 係數	tau coefficient, τ coefficient
φ 系数	φ 係數	phi coefficient, φ coefficient
系统抽样	系統抽樣	systematic sample
系统反馈	系統回饋	system feedback
系统论	系統理論	systems theory
系统脱敏	系統減敏感[法]	systematic desensitization
系统误差	系統誤差	systematic error
细胞	細胞	cell
细胞凋亡	程式性細胞死亡	apoptosis
细胞核	細胞核	nucleus
细胞介导免疫	細胞免疫反應系統,細胞促成性免疫	cell-mediated immunity
下差别阈	下差異閾	lower difference threshold
下丘脑	下視丘	hypothalamus
下丘脑垂体门脉系统	下視丘腦垂體門脈系統	hypothalamic-pituitary portal system
下丘脑-垂体-肾上腺轴	下視丘-腦垂體-腎上腺軸	hypothalamic-pituitary-adrenal axis, HPA axis
下意识	下意識	subconscious
先入律	先入法則	law of prior entry
先天-后天交互作用	先天-後天交互作用,天性-教養交互作用	nature-nurture interaction
先天-后天争议	先天-後天爭議,天性-	nature-nurture controversy

大陆名	台湾名	英文名
	教養爭議	
先天释放机制	先天釋放機制	innate releasing mechanism, IRM
先天属性	先天屬性	congenital attribute
先天与后天	先天與後天,天性與教養	nature and nurture
显明律	顯明法則,顯明律	law of vividness
显色指数	顯色指數	color-rendering index
显微分光光度术	顯微分光光度測光法	microspectrophotometry
显性基因	顯性基因	dominant gene
显性焦虑量表	顯性焦慮量表,外顯焦慮量表	Manifest Anxiety Scale, MAS
显性特质	顯性特質	dominant trait
显性需要(=外显需要)		
显性-隐性遗传	顯性-隱性遺傳	dominant-recessive inheritance
显著性	顯著性	significance
显著性差异	顯著差異	significant difference
显著性检验	顯著性檢定	test of significance
显著性水平	顯著水準	significance level, level of significance
现场观察	場地觀察[法],實地觀察[法],田野觀察[法]	field observation
现场实验	場域實驗,實地實驗,田野實驗,現場實驗	field experiment
现场研究	場域研究,實地研究,田野研究,現場研究	field research, field study
现代主义	現代主義	modernism
现实	現實	reality
现实工作演习	實際工作預覽,工作預知	realistic job preview, RJP
现实疗法	現實治療[法]	reality therapy
现实生活脱敏(=实境脱敏)		
现实[自]我(=真实[自]我)		
现实原则	現實原則	reality principle
φ 现象	φ 現象,似動現象	phi phenomenon, φ phenomenon
现象场	現象場[域]	phenomenal field
现象心理学	現象心理學	phenomenological psychology

大 陆 名	台 湾 名	英 文 名
现象学	現象學	phenomenology
现象学理论	現象學理論	phenomenological theory
线索	線索	cue
线索回忆	線索回憶	cued recall
线索效度	線索有效性	cue validity
线条透视	直線透視,線性透視	linear perspective
线性关系	線性關係	linear relationship
线性回归	線性迴歸	linear regression
线性模型	線性模式	linear model
线性三段论	線性三段論證	linear syllogism
线性相关	線性相關,直線相關	linear correlation
线性转换	線性轉換	linear transformation
腺苷三磷酸	腺嘌呤核苷三磷酸	adenosine triphosphate, ATP
腺苷酸环化酶	腺苷酸環化酵素	adenyl cyclase
相对剥夺	相對剝奪	relative deprivation
相对频次分布	相對次數分配	relative frequency distribution
相对危险度,比值比	勝算比,勝率比	odds ratio, OR
相对主义	相對主義	relativism
相关	相關	correlation
相关比	相關比	correlation ratio
相关法	相關法	correlational method
相关分析	相關分析	correlation analysis
相关系数	相關係數	coefficient of correlation
相关研究	相關研究	correlational research
相互利他主义	互惠利他主義,相互利他主義	reciprocal altruism
相互性规范	回應性規範,相互性規範	norm of reciprocity
相互依赖性	相互依賴[性]	interdependence
相容效度	相符效度,相容效度	congruent validity
相容性	相容性	compatibility
相似联想,类似联想	類似聯想	association by similarity
相似律	相似律	law of similarity
相似性	相似性	similarity
相似原则	相似原則	principle of similarity
相依自我	相依[自]我	interdependent self
相依自我概念	相依自我概念	interdependent self-concept
镶嵌图形测验,藏图测	藏圖測驗	embedded figures test, EFT

大　陆　名	台　湾　名	英　文　名
验		
响度	響度	loudness
想象	想像	imagination
想象暴露法	想像曝露法	imaginal exposure
想象表象	想像的意象	imaginative image
向量心理学	向量心理學	vector psychology
项目参数	項目參數,試題參數	item parameter
项目反应理论	項目反應理論,試題反應理論	item response theory, IRT
项目分析	項目分析,試題分析	item analysis
项目功能差异	差異試題功能,差異題目功能	differential item functioning, DIF
项目鉴别力(=项目区分度)		
项目难度	項目難度,試題難度	item difficulty
项目区分度,项目鉴别力	項目鑑別度,試題鑑別度	item discrimination
项目特征函数	項目特徵函數	item characteristic function
项目特征曲线	項目特徵曲線,試題特徵曲線	item characteristic curve
项目选择	項目選擇	item selection
90 项症状检核表	90 題症狀檢核表	Symptom Checklist 90R, SCL-90
象征	象徵	symbol
象征性游戏	象徵型遊戲	symbolic play
消除法	消除法,消去法	elimination method
消费价值系统	消費價值系統	consumption value system
消费心态学	心理統計,心理變數	psychographics
消费者	消費者	consumer
消费者成瘾	消費者成癮	consumer addiction
消费者调查	消費者調查	consumer survey
消费者沟通	消費者溝通	consumer communication
消费者类型	消費者類型	consumer type
消费者文化	消費者文化	consumer culture
消费[者]心理学	消費者心理學	consumer psychology
消费者信念	消費者信念	consumer belief
消费者行为	消費者行為	consumer behavior
消费者研究	消費者研究	consumer research
消退	削弱[作用]	extinction

大 陆 名	台 湾 名	英 文 名
消退理论	[記憶的]衰退理論	decay theory
销售心理学	銷售心理學	sales psychology
小概率事件	小概率事件,小機率事件	small probability event
小脑	小腦	cerebellum
小脑皮质	小腦皮質	cerebellar cortex
小组讨论	小組討論	panel discussion
小组心理治疗(=集体心理治疗)		
校园暴力	校園暴力	school violence
哮喘	氣喘	asthma
效标	效標	criterion, validity criterion
效标变量,标准变量	效標變項	criterion variable
效标分析	效標分析	criterion analysis
效标关联效度	效標關聯效度	criterion-related validity
效标关联证据	效標關聯證據	criterion-related evidence
效标计分量表	效標計分量表	criterion-keyed inventory
效标污染	效標污染,效標混淆	criterion contamination
效标效度	效標效度	criterion validity
效度	效度	validity
效度概化	效度概化	validity generalization
效度系数	效度係數	validity coefficient
效果律	效果律	law of effect
效应编码	效果編碼	effect coding
效应器	反應器	effector
效用理论	效用[值]理論	utility theory
协变[量]	共變[量]	covariation
协变原则	共變原則	covariation principle
协方差分析	共變數分析	analysis of covariance, ANCOVA
协商(=谈判)		
协同	統合	collaboration
协同过滤	共同性過濾	collaborative filtering
谐波	諧波	harmonics
心电描记术	心電圖測量技術	electrocardiography, ECG
心电图	心電圖	electrocardiogram
心境	心情,情緒	mood
心境恶劣,轻郁症	輕鬱症,低落性情感疾患	dysthymia, dysthymic disorder

大　陆　名	台　湾　名	英　文　名
心境障碍	情感疾患	mood disorder
心理表征	心智表徵,心理表徵	mental representation
心理病理学	心理病理學,精神病理學	psychopathology
心理病理学家,精神病理学家	心理病理學家,精神病理學家	psychopathologist
心理病态	心理病態,精神病態	psychopathy
心理不应期	心理反應回復期	psychological refractory period
心理测量	心理測量	psychological measurement
心理测量学	心理計量學	psychometrics
心理测验	心理測驗	mental test, psychological test, psychological testing
心理场	心理場域	psychological field
心理成熟测验	心理成熟測驗	mental maturity test
心理成长	心理成長	psychological growth
心理创伤,精神创伤	心理創傷	psychic trauma
心理词典	心理詞彙,心理辭典	mental lexicon
心理定价	心理訂價	psychological pricing
心理定势	心向,心理定勢	mental set
心理动力疗法	心理動力治療[法]	psychodynamic therapy
心理动力学	心理動力學,精神動力學	psychodynamics
心理动力学理论	心理動力學理論	psychodynamic theory
心理动作测验	心理動作測驗	psychomotor test
心理动作发展指数	心理動作發展指數	psychomotor development index, PDI
心理动作性发育迟缓	心理動作性遲緩	psychomotor retardation
心理发展	心智發展	mental development
心理放松	心理放鬆	mental relaxation
心理分析治疗(=精神分析疗法)		
心理风险	心理風險	psychological risk
心理[工作]负荷	心理[工作]負荷,心智[工作]負荷	mental workload
心理过程	心理歷程,心智歷程	mental process
心理活动	心理活動	mental activity
心理机制	心理機制	psychological mechanism
心理急救	心理急救	psychological first aid
心理疾病	心理疾病	mental illness

大 陆 名	台 湾 名	英 文 名
心理建构	心理建構,心理構念	psychological construct
心理健康	心理健康	mental health
心理教育取向	心理教育取向	psychoeducational approach
心理剧	心理劇	psychodrama
心理倦怠	心理倦怠,心理枯竭	psychological burnout
心理科学协会	心理科學學會	Association for Psychological Science, APS
心理控制	心理控制	psychological control
心理类型	心理類型	psychological type
心理理论	心智理論,心論	theory of mind
心理历史分析	心理歷史分析	psychohistorical analysis
心理量表	心理量表	Mental Scale
心理描述法	心理描述法	psychodrawing
心理逆反	心理抗拒	psychological reactance
心理年龄,智力年龄,智龄	心理年齡,心智年齡	mental age, MA
心理疲劳	心理疲勞	mental fatigue
心理评估	心理衡鑑	psychological assessment, PA
心理契约	心理契約	psychological contract
心理区隔	心理區隔	psychological segmentation
心理扫描	心理掃描,心智掃描	mental scanning
心理社会剥夺	心理社會剝奪	psychosocial deprivation
心理社会发展	心理社會發展,社會心理發展	psychosocial development
心理社会发展阶段	心理社會發展階段	psychosocial developmental stage
心理社会性侏儒症	心理社會性侏儒症	psychosocial dwarfism
心理社会应激	心理社會壓力	psychosocial stress
心理神经免疫学	心理神經免疫學	psychoneuroimmunology, PNI
心理生理学	心理生理學	psychophysiology
心理生态学	心理生態學	psychological ecology
心理声学	心理聲學	psychoacoustics
心理时间	心理時間	psychological time
心理统计学	心理統計學	psychological statistics
心理物理量表	心理物理量表	Psychophysical Scale
心理物理学	心理物理學	psychophysics
心理物理学方法	心理物理方法	psychophysical method
心理现象	心理現象,心智現象	mental phenomenon
心理相容性	心理相容性	psychological compatibility

大　陆　名	台　湾　名	英　文　名
心理性依赖	心理性依賴	psychological dependence
心理性欲发展阶段	[佛洛伊德]性心理發展階段	psychosexual stages of development
心理旋转	心像旋轉	mental rotation
心理学	心理學	psychology
心理训练	心理訓練	psychological training, mental training
心理药理学	心理藥物學,精神藥物學	psychopharmacology
心理药物学	心理藥物學	psychoneuropharamacology
心理压力(=心理应激)		
心理应激,心理压力	心理壓力	psychological stress
心理语言学	心理語言學	psycholinguistics
心理语言学家	心理語言學家	psycholinguist
心理运动能力	心理運動能力	psychomotor ability
心理运动性躁动	心理動作性激躁	psychomotor agitation
心理战	心理戰	psychological warfare
心理账户	心理帳戶,心理會計	mental account, mental accounting
心理障碍,精神障碍	心理疾患,心理障礙	mental disorder, psychological disorder
心理治疗	心理治療[法],精神治療[法]	psychotherapy, psychological treatment
心理治疗效果	心理治療的效果,心理治療的效用(實驗研究的結果)	psychotherapy effectiveness
心理治疗效力	心理治療的效力,心理治療的效能(社區研究的結果)	psychotherapy efficacy
心理治疗整合	心理治療法整合	psychotherapy integration
心理传记	心理傳記	psychobiography
心理状态	心理狀態	mental state
[心理]咨询	諮商	counseling
心灵	心靈,精神;靈媒	psyche
心灵决定论	心靈決定論	psychic determinism
心灵学,超心理学	超心理學	parapsychology
心律失常	心律不整	arrhythmia
心身关系	心身關係	mind-body relation
心身疾病	心身疾病	psychosomatic disease
心身问题	心-物問題,心身二元問題	mind-body problem

大　陆　名	台　湾　名	英　文　名
心身医学	心身醫學	psychosomatic medicine
心身障碍	心身症	psychosomatic disorder
心因性暴食症,神经性贪食	心因性暴食症	bulimia nervosa
心因性需求(=心因性需要)		
心因性需要,心因性需求	心因性需求	psychogenic need
心因性障碍	心因性障礙症	psychogenic disorder
心智表现	心智表現	intellectual performance
心智能力	心智能力	mental ability, intellectual competence
心智能力测验	心智能力測驗	mental ability test
[新陈]代谢	新陳代謝	metabolism
新弗洛伊德理论	新佛洛伊德學派	neo-Freudian theory
新精神分析	新精神分析	neo-psychoanalysis
新皮亚杰理论	新皮亞傑學派	neo-Piagetian theory
新皮质	新皮質	neocortex
新生儿	新生兒	neonate
新生儿反射	新生兒反射	neonatal reflex, newborn reflex
新生儿期	新生兒期,新生兒階段	neonatal period
新生儿死亡率	新生兒死亡率	neonatal mortality
新生儿行为评价量表	新生兒行為衡鑑量表,布氏新生兒行為量表	Neonatal Behavioral Assessment Scale, NBAS
新手,生手	生手,新手	novice
新行为主义	新行為主義	neo-behaviorism
薪酬制度	薪酬制度	compensation system
囟门	囟門	fontanelle
信度	信度	reliability
信度系数	信度係數	reliability coefficient
信号检测	訊號偵測	signal detection
信号检测理论	訊號偵測理論	signal detection theory
信念	信念	belief
信念坚持	信念堅持	belief perseverance
信念-欲望心智理论	信念-想望心智理論	belief-desire theory of mind
信任	信任	trust
信使 RNA	訊息核糖核酸	messenger RNA, mRNA
信息	訊息	information
信息超负荷	訊息超載,訊息過量	information overload

大 陆 名	台 湾 名	英 文 名
信息加工	訊息處理	information processing
信息加工理论	訊息處理理論	information processing theory
信息加工模型	訊息處理模式	information processing model
信息加工偏误(=信息加工偏倚)		
信息加工偏倚,信息加工偏误	訊息處理偏誤	information processing bias
信息加工隐喻	訊息處理隱喻	information processing metaphor
信息素(=外激素)		
信息整合理论	訊息整合理論,訊息統合理論	information integration theory
信心水平	信心水準	level of confidence
信噪比	訊雜比,訊噪比	signal-to-noise ratio
信噪比分布	訊雜比分佈,訊噪比分佈	signal-to-noise ratio distribution
兴奋转移理论	刺激轉移理論,興奮轉移理論	excitation transfer theory
星形胶质细胞	星狀神經膠細胞	astrocyte
行波说	行波論	traveling wave theory
行动	行動,動作	act
行动-频率法	行動-頻率取向	act-frequency approach
行动倾向	行動傾向	action tendency
行动学习法	行動學習法	action learning
行动研究	行動研究	action research
行动者-观察者偏倚	行動者-觀察者偏誤	actor-observer bias
行动者-观察者效应	行動者-觀察者效應	actor-observer effect
行为	行為	behavior
行为变量	行為變項,行為變數	behavioral variable
行为测量	行為測量	behavioral measure
行为成分	行為成分	behavioral component
行为定锚等级评定量表	行為定錨評定量表	Behaviorally Anchored Rating Scale, BARS
行为工程学	行為工程學	behavioral engineering
行为观察	行為觀察	behavioral observation
行为观察量表	行為觀察量表	behavioral observation scale, BOS
行为激活	行為活化	behavioral activation
行为激活疗法	行為活化治療	behavioral activation therapy, BA therapy

大 陆 名	台 湾 名	英 文 名
行为技巧训练	行為技巧訓練	behavioral skills training
行为检核表	行為檢核表	behavioral checklist, behavior checklist
行为矫正	行為改變[技術],行為矯正	behavior modification
行为矫正疗法	行為改變治療法,行為矯治治療法,行為矯正治療法	behavior modification therapy
行为矫正原理	行為改變原則,行為矯正原則	behavior modification principle
行为经济学	行為經濟學	behavior economics
行为科学	行為科學	behavioral science
行为控制	行為控制	behavioral control
行为理论	行為理論	behavioral theory
行为连续性	行為的連續性	continuity of behavior
行为疗法,行为治疗	行為治療	behavior therapy
行为描述式面谈	行為描述式面談	behavior description interview, BDI
行为模式	行為模式	behavioral model
行为 ABC 模型	行為的 ABC 模式	ABC model of behavior
行为评定量表	行為評[定]量表	Behavior Rating Scale
行为评价	行為評量,行為衡鑑,行為評估	behavioral assessment
行为潜能	行為潛能	behavioral potential
行为取向伴侣疗法	行為取向的伴侶治療	behavioral couple therapy
行为取向婚姻疗法	行為取向的婚姻治療	behavioral marital therapy
行为取样	行為取樣	behavior sampling
行为神经科学	行為神經科學	behavioral neuroscience
行为生态学	行為生態學	behavioral ecology
行为塑造	行為塑造	behavioral shaping
行为态度模型	行為態度模式	attitude-toward-behavior model
行为同源	行為同源	behavior homology
行为图表	行為圖表	behavior chart
行为线索	行為線索	behavioral cue
行为效标	行為效標	behavior criteria
行为学习	行為學習	behavioral learning
行为学习层级	行為學習層級	behavioral learning hierarchy
行为学习法	行為學習觀點	behavioral learning approach
行为学习理论	行為學習理論	behavioral learning theory
行为演练	行為預演,行為演練	behavioral rehearsal

大　陆　名	台　湾　名	英　文　名
行为医学	行為醫學	behavioral medicine
行为遗传学	行為遺傳學,行為基因學	behavioral genetics
行为抑制	行為抑制	behavioral inhibition
行为抑制系统	行為抑制系統	behavioral inhibition system, BIS
行为因素	行為因素	behavioral factor
行为影响观点	行為影響觀點	behavioral influence perspective
行为障碍	行為異常,行為違常	behavior disorder
行为治疗(=行为疗法)		
行为主义	行為主義,行為學派	behaviorism
形而上学	形上學	metaphysics
T 形迷津	T 型迷津	T maze
Y 形迷津	Y 型迷津	Y maze
形容词检核表	形容詞檢核表	adjective checklist
形式运算	形式運思	formal operation
形式运算阶段	形式運思期	formal operational stage
形素音素转换	形素音素轉換	grapheme-phoneme conversion
形态学	構詞學,形態學	morphology
形象-背景分离	形象-背景分離	figure-ground segregation
形象-背景组织	形象-背景組織	figure-ground organization
形象表征阶段	形象表徵階段	iconic representation stage
形象记忆	心像記憶,意象記憶	imaginal memory
形象思维	形象思維	imagery thinking
形重错觉	形重錯覺,大小-重量錯覺	size-weight illusion
形状恒常性	形狀恆常性	shape constancy
形状知觉	形狀知覺	form perception, shape perception
Ⅰ型错误	第一類型錯誤,型一錯誤[率]	type Ⅰ error
Ⅱ型错误	第二類型錯誤,型二錯誤[率]	type Ⅱ error
A 型人格	A 型人格,A 型性格	type A personality
B 型人格	B 型人格,B 型性格	type B personality
C 型人格	C 型人格,C 型性格	type C personality
D 型人格	D 型人格,D 型性格	type D personality
A 型行为类型	A 型行為模式	type A behavior pattern
B 型行为类型	B 型行為模式	type B behavior pattern
C 型行为类型	C 型行為模式	type C behavior pattern

大　陆　名	台　湾　名	英　文　名
D 型行为类型	D 型行為模式	type D behavior pattern
兴趣	興趣	interest
兴趣测验	興趣測驗	interest test
兴趣量表	興趣量表	interest inventory
杏仁核[复合体]	杏仁核	amygdala
幸福感	幸福感,安適感,福祉	well-being
性暴力	性暴力	sexual violence
性别	性別	gender
性别差异	性別差異	gender difference, sex difference
性别发展	性別發展	gender development
性别恒常性	性別恆常性,性別恆定性	gender constancy
性别角色	性別角色	gender role, sex role
性别角色刻板印象	性別角色刻板印象	gender role stereotype, sex role stereotype
性别角色社会化	性別角色社會化	sex role socialization
性别角色信念	性別角色信念	gender role belief
性别刻板印象	性別刻板印象	gender stereotype
性别歧视	性別歧視	sex discrimination
性别认同	性別認定,性別認同	gender identity, sex identity
性别认同障碍	性別認同疾患	gender identity disorder
性别类型化,性别特征形成	性別類型化	gender typing
性别特征形成(=性别类型化)		
性别图式	性別基模	gender schema
性别图式理论	性別基模論	gender schema theory
性别稳定性	性別穩定性	gender stability
性别心理学	性別心理學	gender psychology
性别一致性	性別一致性	gender consistency
性别主义	性別主義;性別歧視	sexism
性格	性格,品格	character
性虐待	性虐待	sexual abuse
性偏离	性偏差	sexual deviation
性驱力	性驅力	sex drive
性取向	性取向	sexual orientation
性染色体	性染色體	sex chromosome
性腺	性腺	gonad
性腺切除术	性腺切除術	gonadectomy

大陆名	台湾名	英文名
性心理发展	性心理發展	psychosexual development
性心理学	性心理學	sexual psychology
性选择	性擇	sexual selection
性学三论	性學三論	three essays on the theory of sexuality
性厌恶障碍	性厭惡疾患,性厭惡障礙	sexual aversion disorder
性欲望障碍	性慾望疾患,性慾望障礙	sexual desire disorder
性自我图式量表	性自我基模量表	Sexual Self-Schema Scale
雄激素	雄[性]激素	androgen
雄激素不敏感综合征	雄性激素失敏症候群	androgen-insensitivity syndrome
雄激素化	雄性激素化	androgenization
修女研究	修女研究	nun study
修饰基因	修飾基因	modifier gene
修通	修通,輔成	working through
羞耻	羞恥[感]	shame
嗅觉	嗅覺	olfactory sensation
嗅觉计	嗅覺計	olfactometer
嗅觉皮质	嗅覺皮質	olfactory cortex
嗅觉缺乏	嗅覺喪失[症]	anosmia
嗅觉系统	嗅覺系統	olfactory system
嗅觉阈限	嗅覺閾值,嗅覺閾限	olfactory threshold
嗅球	嗅球	olfactory bulb
嗅神经	嗅神經	olfactory nerve
虚报	假警報	false alarm
虚构症	虛談	confabulation
虚回归	虛擬迴歸	dummy regression
虚假共识效应	錯誤的同意性效果,錯誤的共識性效果	false consensus effect
虚假相关(=伪相关)		
虚拟编码	虛擬編碼	dummy coding
虚拟变量	虛擬變項	dummy variable
虚拟团队	虛擬團隊	virtual team
虚拟现实	虛擬實境	virtual reality, VR
虚拟现实技术	虛擬實境技術	virtual reality technology
虚无假设,零假设	虛無假設	null hypothesis
虚无假设分布	虛無假設分配	null hypothesis distribution
需求(=需要)		

大陆名	台湾名	英文名
需求层次论(=需要层次论)		
需求互补	需求互補	complementarity of need
需求评估	需求評估	need assessment
需要,需求	需求,需要	need
需要层次	需求階層	hierarchy of needs
需要层次论,需求层次论	需求階層理論	need hierarchy theory
需要潜能	需求潛能	need potential
序贯法(=序列法)		
序贯设计(=连续系列设计)		
序列法,序贯法	序列法	sequential method
序列回忆,系列回忆	序列回憶	serial recall
序列回忆任务	序列回憶作業	serial recall task
序列加工,系列加工	序列處理	serial processing
序列扫描	序列掃描	serial scan
序列搜索,系列搜索	序列搜尋	serial search
序列位置曲线,系列位置曲线	序列位置曲線,序位曲線	serial position curve
序列位置效应,系列位置效应	序列位置效應,序位效應	serial position effect
序列学习,系列学习	序列學習	serial learning
序列研究	序列研究[法]	sequential research
叙事分析	敘說分析,敘事分析	narrative analysis
叙事疗法	敘說法療,敘事治療	narrative therapy
叙事心理学	敘說心理學,敘事心理學	narrative psychology
宣泄	宣洩	catharsis
旋律辨识障碍症(=失乐感症)		
旋转启发法	旋轉捷思法	rotation heuristics
选择标准	選擇標準	choice criteria
选择反应测验	選擇反應測驗	selected-response test
选择反应时,B 反应时	選擇反應時間	choice reaction time
选择渗透性	選擇滲透性,選擇通透性	selective permeability
选择性记忆	選擇性記憶	selective retention

大　陆　名	台　湾　名	英　文　名
选择性缄默症	選擇性緘默症	selective mutism
选择性强化	選擇性增強	selective reinforcement
选择性倾听	選擇性傾聽	selective listening
选择性适应	選擇性適應	selective adaptation
选择性信息加工	選擇性訊息處理	selective information processing
选择性知觉	選擇性知覺	selective perception
选择性注意	選擇性注意[力]	selective attention
炫耀性消费	炫耀性消費	conspicuous consumption
学习	學習	learning
学习策略	學習策略	learning strategy
学习的认知理论	認知學習論	cognitive theory of learning
学习定势	學習心向,學習定勢	learning set
学习动机	學習動機	motivation to learn, learning motivation
学习方式,学习风格	學習風格	learning style
学习风格（=学习方式）		
学习高原	學習高原	learning plateau
学习困境	學習困境	learning dilemma
学习理论	學習理論	learning theory, theory of learning
学习律	學習法則,學習律	law of learning
学习目标	學習目標	learning goal
学习迁移	學習遷移	transfer of learning
学习曲线	學習曲線	learning curve
学习心理学	學習心理學	psychology of learning
学习型组织	學習型組織	learning organization
学习障碍	學習障礙	learning disorder
学校恐惧症	懼學症,學校畏懼症	school phobia
学校心理学	學校心理學	school psychology
学业成就	學業成就	academic achievement
学业成就测验	學業成就測驗	academic achievement test
学业评价测验	學業性向測驗	Scholastic Assessment Test, SAT
学业潜力测验	學業潛力測驗	academic potential test
学者综合征	學者症候群	savant syndrome
血管紧张素	血管收縮素	angiotensin
[血管]升压素,加压素	血管加壓素,血管壓縮素	arginine vasopressin, AVP, vasopressin
血管性痴呆	血管型失智症	vascular dementia
血脑屏障	血腦障壁	blood-brain barrier, BBB

大陆名	台湾名	英文名
血清素	血清素	serotonin
训练迁移	訓練遷移	training transfer
训练团体(=训练小组)		
训练小组,训练团体	訓練團體	training group

Y

大陆名	台湾名	英文名
压力测验	壓力檢測	stress test
压力感受器	感壓受器	baroreceptor
压抑	壓抑[作用],潛抑[作用]	repression
压抑敏感化量表	壓抑-增敏量表	Repression-Sensitization Scale
压抑应对方式	壓抑[性]因應型態,壓抑[性]因應類型	repressive coping style
压制	壓抑[作用]	suppression
阉割	閹割	castration
阉割焦虑	閹割焦慮,去勢焦慮	castration anxiety
延迟满足	延宕滿足,延宕享樂	delay of gratification
延迟模仿	延宕模仿	deferred imitation
延迟性强化	延宕增強	delayed reinforcement
延迟性条件作用	延宕制約	delayed conditioning
延脑(=末脑)		
延髓	延髓,延腦	medulla oblongata
严谨性	嚴謹性,自律性	conscientiousness
言语	語言,言語,說話;演講	speech
言语报告(=口头报告)		
言语测验	語文測驗	verbal test
言语干扰级	談話干擾位準,談話干擾程度	speech interference level
言语攻击	言語攻擊	verbal aggression
言语沟通,言语交际	語言溝通,口語溝通	verbal communication
言语活动	語言行動	speech act
言语记忆	語文記憶	verbal memory
言语交际(=言语沟通)		
言语可懂度	言語可懂度,言語可理解度	speech intelligibility
言语理解	言語理解	speech comprehension

大　陆　名	台　湾　名	英　文　名
言语流畅性	語文流暢性	verbal fluency
言语清晰度	言語構音	speech articulation
言语生成	言語產生	speech production
言语迂回症	言語迂迴症	circumlocution
言语知觉	語言知覺	speech perception
言语智力	語文智能	verbal intelligence
言语智商	語文智商	verbal IQ
颜色	顏色	color
颜色爱好	顏色偏好,色彩偏好	color preference
颜色饱和度,色品,色饱和	顏色飽和度,色品,色飽和	color saturation
颜色对比,色对抗	顏色對比,色彩對比	color contrast
颜色恒常性	顏色恆常性,色彩恆常性	color constancy
颜色混合	混色,顏色混合	color mixture
颜色混合律	顏色混合律	law of color mixture
颜色宽容度	色彩寬容度	color tolerance
颜色立体	顏色錐體	color solid
颜色匹配,配色	配色	color matching
颜色失认症	顏色失認症	color agnosia
颜色视觉	顏色視覺	color vision
颜色适应,色调适应,色彩适应	色彩適應	chromatic adaptation
掩蔽	遮蔽	masking
眼电描记术	眼動電波[圖]測量技術	electrooculography, EOG
眼电图	眼動電波圖	electroretinogram, ERG, electrooculogram, EOG
眼动(=眼球运动)		
眼动疗法,眼动脱敏与再加工疗法	眼動減敏感及再經歷治療法,眼動心身重建法	eye movement desensitization and reprocessing, EMDR
眼动脱敏与再加工疗法(=眼动疗法)		
眼动追踪	眼動追蹤[法]	eye tracking
眼动追踪技术	眼動追蹤技術	eye tracking technology
眼球辐辏运动	眼球輻輳運動	convergence eye movement, vergence eye movement

大　陆　名	台　湾　名	英　文　名
眼球运动,眼动	眼球運動,眼動	eye movement
眼优势板	視覺優勢板	ocular dominance slab
眼优势柱	視覺優勢柱	ocular dominance column
演绎推理	演繹推理	deductive inference
厌恶	嫌惡	aversion
厌恶疗法	嫌惡治療法	aversive therapy, aversion therapy
厌恶条件反射,厌恶条件作用	嫌惡制約法	aversive conditioning
厌恶条件作用(=厌恶条件反射)		
厌恶学习	嫌惡學習	aversive learning
厌烦	厭煩[感]	boredom
厌食症	厭食症	anorexia
验证	驗證;[創造力發展]驗證期	verification
验证性偏倚	驗證性偏誤,驗應性偏誤	confirmation bias
验证性因素分析	驗證性因素分析	confirmatory factor analysis, CFA
羊膜	羊膜	amnion
羊膜[腔]穿刺术	羊膜穿刺[術]	amniocentesis
杨-亥姆霍兹颜色视觉说	楊-亥姆霍茨彩色視覺理論	Young-Helmholtz theory of color vision
痒觉	癢覺	itching sensation
样本	樣本	sample
药物成瘾	藥物成癮	drug addiction
药物剂量反应曲线	藥物劑量反應曲線	drug dose-response curve
[药物]戒断	[藥物]戒斷	withdrawal
药物滥用	藥物濫用	drug abuse
药物替代治疗	藥物替代治療法	drug replacement treatment
药物依赖	藥物依賴	drug dependence
药物依赖性失眠	藥物依賴型失眠	drug dependency insomnia
耶克斯-多德森定律	葉杜二氏法則,耶克斯-道森法則	Yerkes-Dodson law
夜惊	夜驚	night terror
一般词汇知识	一般語彙知識	general lexical knowledge
一般紧张理论,一般压力理论	一般緊張理論	general strain theory
一般能力,普通能力	普通能力	general ability

大　陆　名	台　湾　名	英　文　名
一般能力测验	一般能力測驗	general ability test
一般能力倾向	普通性向	general aptitude
一般能力倾向成套测验	通用性向測驗,普通性向測驗組合,一般性向測驗組合	General Aptitude Test Battery, GATB
一般适应综合征,普遍性适应综合征	一般適應症候群	general adaptation syndrome, GAS
一般线性模型	一般線性模式	general linear model
一般心理能力	一般心理能力	general mental ability
一般压力理论(=一般紧张理论)		
一般智力	一般智力	general intelligence
一般智力因素(=g 因素)		
一级预防	初級預防	primary prevention
一元论	一元論	monism
一致性,共识性	一致性,共識性	consensus, congruence
一致性理论,调和理论	調和理論	congruity theory
一贯性	一致性	consistency
伊底(=本我)		
医学模式	醫學模式	medical model
医学心理学	醫學心理學	medical psychology
依从,顺从	順從,順服	compliance, susmission
依从型人格,顺从型人格	順從性人格	compliant personality
依钙酶	依鈣酵素	calcium-dependent enzyme
依赖型人格障碍	依賴性人格疾患,依賴性人格違常	dependent personality disorder
依赖性	[藥物或物質]依賴性	dependence
依恋	依戀,依附	attachment
依恋 Q 分类	依戀 Q 分類,依附 Q 分類	attachment Q-sort
依恋类型	依戀類型,依附類型	attachment style
依恋理论	依戀理論,依附理論	attachment theory
依恋行为系统	依戀行為系統,依附行為系統	attachment behavioral system, ABS
咿呀语	牙牙[學]語	babbling
胰岛素	胰島素	insulin

大 陆 名	台 湾 名	英 文 名
胰岛素休克疗法	因素林休克治療[法],胰島素休克治療[法]	insulin shock therapy, insulin-coma therapy
胰高血糖素	昇醣素	glucagon
移情	移情[作用],情感轉移	transference
移情分析	移情分析	analysis of transference
遗传	遺傳	heredity
遗传力(=遗传率)		
遗传率,遗传力	遺傳性,遺傳力	heritability
遗传率估计	遺傳力估計	heritability estimate
遗传性失语症(=命名性失语症)		
遗觉像	全現心像	eidetic image
遗忘	遺忘	forgetting
遗忘曲线	遺忘曲線	forgetting curve
遗忘症	失憶症,健忘症	amnesia
疑病症	慮病症,疑病症	hypochondria, hypochondriasis
乙酰胆碱	乙醯膽鹼	acetylcholine, ACh
乙酰胆碱酯酶	乙醯膽鹼酯化酶	acetylcholine esterase, AChE
以学生为中心的教学	學生中心教學	student-centered instruction
艺术疗法	藝術治療	art therapy
艺术能力	藝術能力	artistic ability
艺术心理学	藝術心理學	art psychology
艺术型	藝術型	artistic type
异常	異常,違常;偏態	abnormality, abnormal
异常心理学	異常心理學,變態心理學	abnormal psychology
异常行为	異常行為,違常行為,偏態行為	abnormal behavior
异构化	異構化	isomerization
异卵双生[子](=二卵双生[子])		
异相睡眠	矛盾睡眠	paradoxical sleep
异性恋主义	異性戀[中心]主義	heterosexism
异质性	異質性	heterogeneity
异装癖	異裝癖	transvestism
抑郁	憂鬱,沮喪	depression
抑郁认知三角	憂鬱認知三角	depressive cognitive triad
抑郁图式	憂鬱基模	depressive schema

大　陆　名	台　湾　名	英　文　名
抑郁性神经症	憂鬱性精神官能症	depressive neurosis
抑郁症	憂鬱疾患,憂鬱症	depressive disorder
抑郁质,忧郁质	憂鬱[氣]質,黑膽汁[氣]質	melancholic temperament
抑制	抑制	inhibition
抑制控制	抑制控制	inhibitory control
抑制型儿童	抑制型兒童	inhibited children
抑制型气质	抑制型氣質	inhibited temperament
抑制性联结	抑制性聯結	inhibitory connection
抑制性神经递质	抑制性神經傳導物	inhibitory neurotransmitter
抑制性条件作用	抑制性制約作用,抑制性條件化作用	inhibitory conditioning
抑制性突触后电位	抑制性突觸後電位	inhibitory postsynaptic potential, IPSP
译码	解碼	decoding
易读性	易讀性,可讀性	readability
易感性	易感性,脆弱性,易染性	vulnerability
易获得性启发法	易提取性捷思法,易觸及性捷思法	accessibility heuristics
易性癖	變性症	transsexualism
轶事记录	軼事記錄	anecdotal record
轶事型证据	軼事類型證據	anecdotal evidence
意会知识(=隐性知识)		
意念飘忽	意念飛躍	flight of ideas
意识	意識	consciousness
意识变异状态	意識的變化狀態	altered state of consciousness, ASC
意向	意圖,意向	intension
意义	意義	meaning
意义编码	意義編碼	meaning encoding
意义归因	意義歸因	meaning attribution
意义疗法	意義治療[法]	logotherapy
意义识记	有意義的記憶	meaningful memorization
意义学习	有意義的學習	meaningful learning
意志	意志	will
意志缺失	意志缺失	abulia
癔症	歇斯底里,癔症	hysteria
癔症型人格	歇斯底里人格	hysterical personality
因变量	依變項	dependent variable, DV
因果关系	因果關係	cause-and-effect relationship, causality

大 陆 名	台 湾 名	英 文 名
因果联想	因果聯想	association by causation
因果律	因果律	law of causality, law of causation
因果启发法	因果捷思法	causality heuristics
因果性归因	因果歸因	causal attribution, attribution of causality
因果性研究	因果性研究	causal research
g 因素,一般智力因素	g-因素,一般智力因素	general factor, g-factor
s 因素,特殊智力因素	s-因素,特殊智力因素	special factor, s-factor
因素分析	因素分析	factor analysis
因素负荷	因素負荷[量]	factor loading
因素矩阵	因素矩陣	factor matrix
因素效度	因素效度	factorial validity
因应反应(=应对反应)		
因应技巧(=应对技巧)		
因应量表	因應量表	Coping Orientations to Problems Experienced Scale, COPE Scale
阴茎嫉妒	陽具羡慕,陽具欽羡	penis envy
音叉	音叉	tuning fork
音高	音調,音高	pitch
音笼	音笼,听觉定向测定仪	sound cage
音色	音色	timbre
音素	音素	phoneme
音乐疗法	音樂治療[法]	music therapy, musical therapy
引导性想象法	引導式心像法	guided imagery
隐蔽敏感化	隱藏式敏感化,内隱的敏感化	covert sensitization
隐蔽式攻击	隱藏式攻擊	covert aggression
隐蔽脱敏法	隱藏式去敏感化,内隱的去敏感化	covert desensitization
隐性特质	隱性特質,隱性性狀	recessive trait
隐性知识,意会知识	默會之知,默會知識	tacit knowledge
隐喻	隱喻	metaphor
印记	銘印,印痕,印記	imprinting
印迹	記憶痕跡	engram
印象管理,印象整饰	印象整飾,印象管理	impression management
印象形成	印象形成	impression formation
印象整饰(=印象管理)		
应该自我	應該[的]我	ought self
婴儿	嬰兒	infant

大　陆　名	台　湾　名	英　文　名
婴儿期	嬰兒期	infancy
婴儿死亡率	嬰兒死亡率	infant mortality
影动错觉	影動錯覺	kinephantom
应对	因應	coping
应对策略	因應策略,應對策略	coping strategy
应对反应,因应反应	因應反應	coping response
应对方式,应对风格	因應方式,應對方式	coping style
应对风格(=应对方式)		
应对技巧,因应技巧	因應技能,因應技巧	coping skill
应对行为	因應行為	coping behavior
应激	壓力	stress
应激反应	壓力反應	stress reaction
应激管理	壓力管理	stress management
应激管理训练	壓力管理訓練	stress management training
应激理论	壓力理論	stress theory
应激情境	壓力情境	stressful situation
应激事件	壓力事件	stressful events
应激性生活事件	壓力生活事件	stressful life events
应激应对	壓力因應	stress coping
应激应对策略	壓力因應策略	stress coping strategy
应激预防训练	壓力免疫訓練	stress inoculation training, SIT
应激源	壓力源	stressor
应激状态	壓力狀態	stress state
应用发展心理学	應用發展心理學	applied developmental psychology
应用社会心理学	應用社會心理學	applied social psychology
应用实验心理学	應用實驗心理學	applied experimental psychology
应用心理学	應用心理學	applied psychology
应用行为分析	應用行為分析	applied behavior analysis
应用性	應用性	applicability
应用研究	應用研究	applied research
用户体验	使用者經驗	user experience
用户研究	使用者研究	user research
用途提示性(=可供性)		
优势大脑半球	優勢大腦半球	dominant cerebral hemisphere
优势反应	優勢反應	dominant response
优势分析	優勢分析	benefit analysis
优势功能	優勢功能	dominant function
忧郁质(=抑郁质)		

大 陆 名	台 湾 名	英 文 名
由上而下	由上而下	top-down
游动效应(=自[主运]动效应)		
游离团体	疏離團體	dissociative group
游离性焦虑	游離性焦慮	free-floating anxiety
游离性漫游[症](=分离性漫游症)		
游离性遗忘[症](=分离性遗忘症)		
游离障碍(=分离性障碍)		
游戏建构	遊戲建構	play construction
游戏疗法,游戏治疗	遊戲治療	play therapy
游戏治疗(=游戏疗法)		
有意注意,随意注意	自主注意	voluntary attention
有意识记	有意識之記憶,有意圖之記憶	intentional memorization
右利手	右利者	right handedness
诱导顺从(=诱导依从)		
诱导依从,诱导顺从	誘導順從,誘發順從	induced compliance
诱导运动	誘發運動	induced movement, induced motion
诱因	誘因	incentive
诱因论	誘因論	incentive theory
诱因敏感化理论	誘因敏感化理論	incentive-sensitization theory
诱因显著性	誘因顯著性	incentive salience
诱因性动机	誘因性動機	incentive motivation
愉快中枢	快樂中樞,愉快中樞	pleasure center
瑜伽	瑜珈	yoga
舆论(=民意)		
语调模式	語調模式,語調型態	intonation pattern
语法	語法	grammar
语法词素	語法詞素	grammatical morpheme
语法分析	語法分析	grammatical analysis
语法缺失	語法不能症	agrammatism
语境	情境,脈絡	context
语境效应(=上下文效应)		
语言理解	語言理解	language comprehension

大　陆　名	台　湾　名	英　文　名
语言生成	語言產出	language production
语言习得过程	語言習得歷程,語言獲得歷程	language acquistion process
语言习得装置	語言習得機制,語言獲得機制	language acquisition device, LAD
语言相对假说	語言相對假說	linguistic-relativity hypothesis
语言学	語言學	linguistics
语言智力	語言智力	linguistic intelligence
语义编码	語意編碼	semantic encoding, semantic coding
语义差别法(=语义区分法)		
语义差别量表(=语义区分量表)		
语义分析	語意分析	semantic analysis
语义记忆	語意記憶	semantic memory
语义码	[語]意碼	semantic code
语义启动	語意促發,語意觸發	semantic priming
语义区分法,语义差别法	語意分析法	semantic differential method
语义区分技术	語意區別法	semantic differential technique
语义区分量表,语义差别量表	語意分析量表,語意區別量表	Semantic Differential Scale
语义网络	語意網路	semantic network
语义学	語意學	semantics
语义知识	語意知識	semantic knowledge
语音回路	語音迴路	phonological loop
语音类别知觉	語音範疇知覺	categorical speech perception
语音障碍	音韻疾患,音韻障礙	phonological disorder
语音知觉测验	語音知覺測驗	Speech-Sounds Perception Test
语用学	語用論,語用學	pragmatics
预测效度	預測效度	predictive validity
预防	預防,防治	prevention
预期反应	預期反應	anticipatory response
预期理论(=展望理论)		
预期社会化	預期性社會化歷程	anticipatory socialization
预期性焦虑	預期性焦慮	anticipatory anxiety
预热效应	暖身效應,預熱效應	warm-up effect
欲望学习	慾望學習,食慾學習	appetitive learning

大陆名	台湾名	英文名
阈上	閾上,超過閾限	suprathreshold
阈下	閾下,低於閾限	subthreshold
阈下症状	閾下症狀	subthreshold symptom
阈下知觉	閾下知覺,下意識知覺	subliminal perception
阈限	閾限,感覺閾,閾值	threshold, limen
元分析	後設分析,整合分析,統合分析	meta-analysis
元记忆	後設記憶	metamemory
元理论	後設理論,統合理論	metatheory
元认知	後設認知	metacognition
元认知记忆	後設認知記憶	metacognitive memory
员工援助计划	員工協助方案	employee assistance program, EAP
原生需要,第一需要,生物性需要	基本需求,主要需求	primary need
原始分数	原始分數	raw score
原始意象	原始形象,原型	archetype, primordial image
原型	原型	prototype
原型说	原型論	prototype theory
远端刺激	遠端刺激	distal stimulation
远隔联想,间接联想	遠距聯想	remote association
愿望满足	願望滿足,願望實現	wish fulfillment
愿望思维	期待成真的想法,一廂情願的想法	wishful thinking
月亮错觉	月亮錯覺	moon illusion
乐音	樂音	musical tone
阅读测验	閱讀測驗	reading test
阅读理解	閱讀理解	reading comprehension
阅读障碍	閱讀疾患,閱讀障礙	reading disorder
阅读治疗	閱讀治療[法]	bibliotherapy
阅读准备	閱讀準備度	reading readiness
晕动病	動暈症	motion sickness
晕轮效应(=光环效应)		
运动表象	動作意象	movement imagery
运动不能	運動不能,運動失能症	akinesia
运动成瘾(=锻炼成瘾)		
运动错觉	運動錯覺	motion illusion
运动单位	運動單元	motor unit
运动后像	運動後像,運動殘像	movement afterimage

大陆名	台湾名	英文名
运动记忆	動作記憶	motor memory
运动[技能]学习	動作學習	motor learning
运动焦虑	運動焦慮	sport anxiety
运动焦虑症	運動焦慮症狀	sport anxiety symptom
运动皮质	運動皮質	motor cortex
运动前区	前運動區	premotor area
运动前区皮质	前運動皮質	premotor cortex
运动情绪	運動情緒	sport emotion
运动区	運動區	motor area
运动认知	運動認知	sport cognition
运动神经元	運動神經元	motor neuron
α 运动神经元	α 運動神經元	alpha motor neuron
运动视差	運動視差	motion parallax, movement parallax
运动协调	動作協調,運動協調	motor coordination
运动心理学	運動心理學	sport psychology
运动徐缓	運動遲緩	bradykinesia
运动意识	運動意識	sport consciousness
运动障碍	運動失能症,自主運動障礙	dyskinesia
运动知觉	運動知覺	motion perception
运动治疗	運動治療[法]	kinesiotherapy
运动终板	運動終板	motor end plate
运思期(=运算期)		
运算	運思	operation
运算期,运思期	運思期	operational stage

Z

大陆名	台湾名	英文名
灾害心理学	災難心理學	disaster psychology
灾难压力,激变应激	災難壓力	catastrophic stress
载脂蛋白 E	脂蛋白 E	apolipoprotein E, ApoE
再测法,重测法	再測法,重測法	test-retest method
再测信度,重测信度	再測信度,重測信度	test-retest reliability
再教育心理治疗	再教育心理治療	reeducative psychotherapy
再认	再認	recognition
再认广度	再認廣度	recognition span
再认阈限	再認閾限	recognition threshold

大 陆 名	台 湾 名	英 文 名
再现	再現;複製;繁殖	reproduction
再现法(=回忆法)		
再学法	再學法	relearning method
再造思维	複製性思考,再製思考	reproductive thinking
再造想象	再造想像	reproductive imagination
在职训练	在職訓練	on-the-job training, OJT, in-service training
暂停法	暫停法;隔離[處罰]	time out
早老素(=衰老蛋白)		
早期选择模型	早期選擇模式	early selective model
早熟	早熟	precocial
噪声	噪音,雜訊	noise
噪声效应	雜訊效應	noise effect
躁狂发作(=躁狂症)		
躁狂症,躁狂发作	躁症,躁狂;瘋狂之愛	mania
躁狂抑郁性精神病	躁鬱症,躁鬱精神病	manic-depressive psychosis
责备受害人	責備受害者,譴責受害者	victim-blaming
责任归因	責任歸因	attribution of responsibility
责任扩散	責任分散	diffusion of responsibility
增强刺激	增強刺激	reinforcing stimulus
增强原则	擴大原則	augmentation principle
眨眼反射	眨眼反應,眨眼制約	eyeblink response, eyeblink conditioning
诈病	詐病	malingering
占星术	占星學	astrology
詹姆斯-朗格理论	詹姆士-朗格理論,詹朗二氏論	James-Lange theory
谵妄	譫妄	delirium
展神经,外展神经	外旋神經	abducens nerve, abducent nerve
展神经核,外展神经核	外旋神經核	abducens nucleus
展望理论	前景理論	prospect theory
战斗疲劳	戰鬥疲乏	combat fatigue
战争神经症	戰爭精神官能症	war neurosis
掌握学习	精熟學習	mastery learning
折半法(=分半法)		
折扣线索假说	折扣線索假說	discounting cue hypothesis
折射	折射	refraction
折中心理治疗	折衷式心理治療[法]	eclectic psychotherapy

大　陆　名	台　湾　名	英　文　名
折中主义	調和主義,折衷主義,折衷派	eclecticism, compromism
哲学心理学	哲學心理學	philosophical psychology
真诚	真誠	genuineness
真动	真實運動,真動	real movement
真动知觉	真實運動知覺,真動知覺	real movement perception
真分数	真分數	true score
真分数理论	真分數理論	true score theory
真实性	真實性	authenticity
真实性评价	真實評量	authentic assessment
真实验研究	真實實驗研究	true experimental research
真实[自]我,现实[自]我,实际[自]我	實際我,真實我,現實我	real self, actual self
真实自我形象	真實自我形象	actual self-image
诊断测验	診斷測驗	diagnostic test
枕顶通道(=腹侧通道)	[視覺]腹側途徑	ventral stream
枕叶	枕葉	occipital lobe
振动	振動	vibration
振动觉	振動覺	vibration sensation
振幅	振幅	amplitude of vibration
镇静剂	鎮定劑,鎮靜劑	tranquillizer
争胜行为	敵對行為	agonistic behavior
争议型儿童	爭議型兒童	controversial child
整合	整合,統整	integration
整合问题	整合的問題	binding problem
整合心理治疗	整合性心理治療[法]	integrative psychotherapy
整体功能评估	整體功能評估	Global Assessment of Functioning, GAF
整体学习法	整體學習法	whole method of learning
整体研究	完整取向,全方位取向	holistic approach
正电子成像术	正子放射造影	positron emission tomography, PET
正后像	正後像	positive afterimage
正交比较	正交比較,直交比較	orthogonal comparison
正交旋转	正交轉軸,直交轉軸	orthogonal rotation
正念认知治疗	內觀認知治療[法],正念認知治療[法]	mindfulness-based cognitive therapy, MBCT
正迁移	正[向]遷移	positive transfer
正强化	正[向]增強	positive reinforcement

大陆名	台湾名	英文名
正强化物	正[向]增強物	positive reinforcer
正确否定	正確拒絕,正確否定	correct rejection, valid negative
正确肯定	正確肯定	valid positive
正确录取	正確錄取	valid inclusion
正确排除	正確排除	valid exclusion
正态分布	常態分配	normal distribution
正态化	常態化,正常化	normalization
正态曲线	常態曲線	normal curve
正态性检验	常態性檢定	test of normality
正相关	正相關	positive correlation
正向错觉	正向錯覺	positive illusion
正向关怀需要	正向關懷需求	need for positive regard
正向情感	正向情感	positive affect
正向情绪	正向情緒	positive emotion
正向情绪性	正向情緒性	positive emotionality
正诱因	正誘因	positive incentive
证词	證詞	testimony
政治心理学	政治心理學	political psychology
症状	症狀	symptom
支持性心理治疗	支持性心理治療	supportive psychotherapy
芝加哥学派	芝加哥學派	Chicago school
知道感	知道感,知道的感覺	feeling-of-knowing, FOK
知觉	知覺	perception
知觉不平衡	知覺不平衡	perceptual disequilibrium
知觉防御	知覺防衛	perceptual defense
知觉分析者	知覺分析者	perception analyzer
知觉风险	知覺風險	perceived risk
知觉广度	知覺廣度	perceptual span
知觉恒常性	知覺恆常性	perceptual constancy
知觉警觉	知覺警覺性,知覺警醒性	perceptual vigilance
知觉敏感度	知覺敏感度	perceptual sensitivity
知觉平衡	知覺平衡	perceptual equilibrium
知觉图	知覺圖	perceptual map
知觉歪曲	知覺扭曲	perceptual distortion
知觉组织	知覺組織	perceptual organization
知觉组织律	知覺組織律	laws of perceptual organization
知情同意	知後同意,告知後的同	informed consent

大　陆　名	台　湾　名	英　文　名
	意書	
知识管理	知識管理	knowledge management
知识-评价人格结构	知識和評價的人格結構,KAPA 模式	knowledge-and-appraisal personality architecture, KAPA
知者自我	自我做為知者	self as knower
执行功能	執行功能	executive function
直方图	直方圖	histogram
直觉	直覺	intuition
直觉思维	直覺思考,直覺思維	intuitive thinking
直觉学习	直覺學習	intuitive learning
直觉主义	直覺主義,直觀論	intuitionalism
直接观察	直接觀察	direct observation
直接教学	直接教學;直接指令	direct instruction
直接强化	直接增強	direct reinforcement
直接群体	直接團體	direct group
直接推理	直接推理	direct inference
直接效应	直接效應	direct effect
直接知觉	直接知覺	direct perception
直接指令	直接指令	direct instruction
直言三段论(=定言三段论)		
职位分析问卷	職位分析問卷	position analysis questionnaire, PAQ
职位设计	工作設計	job design
职业测验	職業測驗	employment test
职业辅导	職業輔導	vocational guidance
职业健康心理学	職場健康心理學	occupational health psychology
职业[能力]倾向测验	職業性向測驗	vocational aptitude test
职业倾向	職業性向	vocational aptitude
职业生涯承诺	生涯承諾,職涯承諾	career commitment
职业生涯定位	生涯定錨,職涯定錨	career anchor
职业生涯发展	生涯發展,職涯發展	career development
职业生涯管理	生涯管理,職涯管理	career management
职业生涯规划	生涯規劃,職涯規劃	career planning
职业生涯教育	生涯教育	career education
职业生涯路径(=职业生涯途径)		
职业生涯满意度	生涯滿意度,職涯滿意度	career satisfaction

大陆名	台湾名	英文名
职业生涯评价量表	生涯評估量表	Career Assessment Inventory, CAI
职业生涯认同	生涯認同,生涯定向	career identity
职业生涯途径,职业生涯路径	生涯路徑,職涯路徑	career path
职业生涯信念量表	生涯信念量表	Career Belief Inventory, CBI
职业生涯兴趣量表	生涯興趣量表	Career Interest Inventory, CII
职业生涯自我管理	生涯自我管理,職涯自我管理	career self-management
职业生涯自我效能	生涯自我效能	career self-efficacy
职业心理学	職場心理學,職業心理學	occupational psychology, vocational psychology
职业兴趣	職業興趣	vocational interest
职业兴趣测验	職業興趣測驗	vocational interest test
职业兴趣问卷	職業興趣量表	vocational interest blank
纸笔测验	紙筆測驗	paper-and-pencil test
纸笔迷津	紙筆迷津	paper-and-pencil maze
指导式心理治疗	指導式心理治療[法]	directive psychotherapy
指导式咨询	指導式諮商	directive counseling
指导型领导者	指導型領導者	directive leader
志趣群体	仰慕團體,期盼團體	aspiration group
制约化情绪反应(=条件性情绪反应)		
制约增强[作用]	制約增強[作用]	conditioned reinforcement
质对	面質	confrontation
治疗目标	治療目標	treatment goal
治疗师	治療師;治療者	therapist
治疗手册	治療手冊	treatment manual
致幻剂	引發幻覺的藥物,致幻劑	psychedelic drug, psychedelics
智力	智力,智能	intelligence
智力测验	智力測驗	intelligence test
智力测验分数	智力測驗分數	intelligence test score
智力多元论	智力多元論	multimodal theory of intelligence
智力发育障碍	智能發展疾患	intellectual developmental disorder
智力落后,精神发育迟缓	智能障礙,智能遲緩,智能不足	mental retardation
智力年龄(=心理年龄)		
智力三层级理论	智力三階理論	three-stratum theory of intelligence

大　陆　名	台　湾　名	英　文　名
智力三元论	[智力]三角理論	triarchic theory of intelligence
智龄(=心理年龄)		
智商	智商,智力商數	intelligence quotient, IQ
置信区间	信賴區間	confidence interval
置信系数	信賴係數	confidence coefficient
置信限	信賴界限	confidence limit
稚气	稚氣	juvenilism
中耳	中耳	middle ear
中间神经元	中介神經元	interneuron
中间系统	系統間系統	mesosystem
中间性格	中間性格	ambiversion
中介变量	介入變項,中介變項	intervening variable
中脑	中腦	mesencephalon, midbrain
中年	中年	middle age
中年危机	中年危機	midlife crisis
中期记忆	中期記憶	middle term memory
中枢神经系统	中樞神經系統	central nervous system, CNS
中枢性耳聋	中樞型失聰	central deafness
中数检验法	中數檢驗法	method of median test
中[位]数	中數,中位數	median
中心极限定理	中央極限定理	central limit theorem
中心卡方分布	中央卡方分配	central chi-square distribution
中心特质	中心特質,核心特質	central trait
中心性	片見性	centration
中性刺激	中性刺激	neutral stimulus
中央沟	中央裂,中央溝	central sulcus
中央[沟]后回	中央溝後迴	postcentral gyrus
中央视觉	中央視覺	central vision
忠告,建议	建議	advice
终板电位	終板電位	endplate potential
种族歧视	種族歧視	racism
种族中心主义(=民族中心主义)		
中毒性精神病	中毒性精神病	toxic psychosis
仲裁	仲裁	arbitration
仲裁者	仲裁者	arbiter
众数	眾數	mode
重量恒常性	重量恆常性	weight constancy

大　陆　名	台　湾　名	英　文　名
重要感	重要感	sense of significance
重要他人	重要他人	significant other
周边视觉	邊緣視覺	peripheral vision
周围神经系统	周邊神經系統,周圍神經系統	peripheral nervous system, PNS
轴突	軸突	axon
昼夜节律	晝夜節律,日夜週期	circadian rhythm
昼夜节律性睡眠障碍	晝夜節律性睡眠疾患	circadian rhythm sleep disorder, CRSD
逐步回归分析	逐步迴歸分析	stepwise regression analysis
逐次逼近	連續漸進	successive approximation
逐字记忆	逐字記憶	verbatim memory
主成分分析	主成份分析	principle component analysis, PCA
主动处理(=主动加工)		
主动触觉	主動觸覺	active touch
主动从众	自動化從眾	automaton conformity
主动对罪恶	自發 vs. 罪惡感	initiative versus guilt
主动加工,主动处理	主動處理	active process
主动结构	主動結構	initiating structure
主动型攻击	主動型攻擊	proactive aggression
主动知觉	主動知覺	active perception
主观测验	主觀測驗	subjective test
主观概率	主觀機率	subjective probability
主观轮廓	主觀輪廓	subjective contour
主观相等点	主觀相等點	point of subjective equality, PSE
主观幸福感	主觀幸福感	subjective well-being
主题统觉测验	主題統覺測驗	Thematic Apperception Test, TAT
主体性	主觀性	subjectivity
主位观点	主位觀點	emic perspective
主效应	主要效果	main effect
助人行为	助人行為	helping behavior
注视	凝視	fixation
注视点	凝視點	fixation point
注意	注意,注意力	attention
注意分配	注意分配	distribution of attention
注意广度	注意力廣度	attention span
注意过程	注意過程,注意力歷程	attentional process
注意阶段	注意階段	attentive stage
注意力经济	注意力經濟,注意力效	attention economy

大 陆 名	台 湾 名	英 文 名
	益	
注意[力]缺陷多动障碍	注意力缺失/過動疾患	attention-deficit /hyperactivity disorder, ADHD, AHD
注意[力]稳定性	注意力穩定性	stability of attention
注意障碍	注意力缺失疾患	attention deficit disorder, ADD
注意转移	注意力轉移;注意力轉換度	attentional shifting
专家可信度	專家可信度	expert credibility
专制型父母教养方式,专制型父母教养风格	威權專制型親職風格,威權專制的養育方式	authoritarian parenting style
专制型父母教养风格(=专制型父母教养方式)		
专制型领导	獨裁的領導者,獨裁式領導	authoritarian leader, autocratic leader
专注	專注	concentration
专注行为	專注行為	attending behavior
转换分数	轉換分數	converted score
转换性癔症	轉化型歇斯底里症	conversion hysteria
转换语法	變形語法	transformational grammar
转介	轉介	referral
传记法	傳記法	biographical method
传记资料	傳記式資料,生活史資料	biographical data, biodata
装扮游戏,假定游戏	裝扮遊戲,假想遊戲	make-believe play
状态焦虑	狀態焦慮,情境焦慮	state anxiety
状态-特质焦虑量表	狀態-特質焦慮量表	State-Trait Anxiety Inventory, STAI
状态依赖记忆	情境依賴記憶,情境關連記憶	state-dependent memory
追求成就	追求成就	achievement striving
追求卓越	追求卓越	striving for superiority
追踪	追蹤	follow-up, tracking
追踪评估	追蹤評估	follow-up assessment
追踪器	追蹤器	pursuitmeter
追踪研究	追蹤研究	follow-up study
锥体系统	錐體系統	pyramidal system
准备律	準備法則,準備律	law of readiness
准实验	準實驗法,類實驗法,擬	quasi-experiment

大陆名	台湾名	英文名
	實驗法	
准实验设计,类似实验设计	準實驗[法]設計,類實驗[法]設計,擬實驗[法]設計	quasi-experimental design
咨客(=当事人)		
咨客权利(=当事人权利)		
咨客权益(=当事人权益)		
咨客中心疗法(=当事人中心疗法)		
咨询心理学	諮商心理學	counseling psychology, consulting psychology
咨询者	諮詢者	consultant
姿势	姿勢	posture
自卑感	自卑感	inferiority feeling
自卑情结	自卑情結	inferiority complex
自闭症,孤独症	自閉症,自閉性疾患	autistic disorder, autism
自变量	獨變項,自變項	independent variable
自陈报告	自陳報告,自我報告	self report
自陈测量	自陳[式]測量	self report measure
自陈量表	自陳[式]量表	self-report inventory
自陈问卷	自陳[式]量表,自陳[式]問卷	self-report questionnaire
自动编码	自動編碼	automatic coding
自动化	自動化	automatization
自动化加工	自動化歷程	automatic processing
自动思维	自動化思考	automatic thought
自动现象	自動現象	autokinetic phenomenon
自发电位	自發電位	spontaneous potential
自发缓解	自然緩解	spontaneous remission
自发活动	自發活動	spontaneous activity
自发性恢复	自然回復,自發性恢復	spontaneous recovery
自利归因偏向	自利歸因偏差,自利歸因偏誤	self-serving attribution bias
自利偏差(=自利偏误)		
自利偏误,自利偏差	自利偏誤,自利偏差	self-serving bias
自利认知	自利認知	self-serving cognition

大 陆 名	台 湾 名	英 文 名
自怜	自憐	self-pity
自恋	自戀	narcissism
自恋型人格	自戀性格,自戀人格	narcissistic personality
自恋型人格量表	自戀[型]性格量表	Narcissistic Personality Inventory, NPI
自恋型人格障碍	自戀[型]人格疾患	narcissistic personality disorder
自恋型行为障碍	自戀[型]行為疾患	narcissistic behavior disorder
自律道德	自律道德	autonomous morality
自律阶段	自律階段,道德發展自律期	autonomous stage
自评量表	自我評量檢核表	self-rating checklist
自欺	自我欺騙	self-deception
自然观察法	自然觀察法	naturalistic observation
自然实验	自然實驗[法]	natural experiment
自然选择	天擇	natural selection
自然研究	自然研究[法]	naturalistic study
自杀	自殺	suicide
自杀未遂	自殺企圖	suicidal attempt
自杀行为	自殺行為	suicidal behavior
自杀意念	自殺意念	suicidal idea, suicidal ideation
自杀预防	自殺防治	suicide prevention
自上而下加工	由上而下的[處理]歷程	top-down processing
自身受体	[突觸前]自體受體	autoreceptor
自生放松	自我暗示放鬆	autogenic relaxation
自生放松训练	自我暗示放鬆訓練	autogenic relaxation training
自私基因	自私基因	selfish gene
自我	自我	ego, self
自我暗示	自我暗示	self-suggestion
自我暗示训练	自我暗示訓練	self-suggestion training, autogenic training
自我标准	自我標準	self-standard
自我表露	自我揭露,自我坦露	self-disclosure
自我参照	自我參照	self-reference
自我参照效应	自我參照效果	self-reference effect
自我差异	自我分歧	self-discrepancy
自我呈现	自我呈現	self-presentation
自我刺激	自我刺激	self-stimulation
自我催眠	自我催眠	self-hypnosis
自我挫败	自我挫敗	self-defeating

大 陆 名	台 湾 名	英 文 名
自我挫败策略	自我挫敗策略	self-defeating strategy
自我挫败信念	自我挫敗信念	self-defeating belief
自我的原始意象,自我原型	自我原型	self-archetype
自我定向	自我取向,自我定向	ego orientation
自我反映	自我反映	self-reflection
自我防御	自我防衛	ego defense
自我防御机制	自我防衛機制,自我防衛機轉	ego defense mechanism
自我分析	自我分析	ego analysis, self-analysis
自我复杂性	自我複雜性,自我複雜度	self-complexity
自我概念	自我概念	self-concept
自我感丧失症,人格解体障碍	自我感喪失疾患	depersonalization disorder
自我观察	自我觀察	self-observation
自我观察技术	自我觀察技術	self-observation technique
自我管理团队	自我管理團隊	self-managed team, SMT
自我归因	自我歸因	self-attribution
自我归因理论	自我歸因理論	self-attribution theory
自我价值	自我價值[感]	self-worth
自我价值定向	自我價值定向	self-worth orientation
自我价值定向理论	自我價值定向理論	self-worth orientation theory
自我监控	自我監控	self-monitoring
自我奖励	自我酬賞,自我獎勵	self-reward
自我聚焦,自我专注	自我聚焦	self-focus
自我接纳	自我接納	self-acceptance
自我竞争	自我競爭	self-competition
自我卷入	自我涉入	ego involvement
自我决定理论	自我決定理論	self-determination theory
自我觉知	自我覺察	self-awareness
自我觉知理论	自我覺知理論,自我覺察理論	self-awareness theory
自我客观化	自我客觀化	self-objectification
自我肯定理论	自我肯定理論	self-affirmation theory
自我控制	自我控制	self-control
自我理想	自我理想	ego ideal
自我力量(=自我强度)		

大　陆　名	台　湾　名	英　文　名
自我强度,自我力量	自我強度	ego strength
自我膨胀	自我膨脹,自我擴展	ego inflation, self-expansion
自我批评	自我批評	self-criticism
自我评价	自我評價,自我評鑑	self-assessment, self-evaluation
自我评价维持模型	自我評價維持模式	self-evaluation maintenance model, SEM
自我强化	自我增強	self-reinforcement
自我情操	自我情操	self-sentiment
自我确证	自我驗明,自我確認	self-verification
自我认识	自我認知,自我辨識	self-recognition
自我认同	自我認定,自我認同	self-identification, self-identity, ego identity
自我认同感	自我認同感	sense of self-identity
自我认同危机	自我認同危機	ego identity crisis
自我设障	自我設限,自我跛足	self-handicapping
自我设障策略	自我設限策略,自我跛足策略	self-handicapping strategy
自我设障行为	自我設限行為,自我跛足行為	self-handicapping behavior
自我实现	自我實現	self-actualization
自我实现需要	自我實現需求	self-actualization need
自我实现预言	自我實現預言,自我應驗預言	self-fulfilling prophecy
自我实现指标	自我實現的指標	index of self-actualization
自我疏离	自我疏離	ego alienation
自我说服	自我說服	self-persuasion
自我特征描述	自我特性描述	self-characterization sketch
自我提升	自我提升,自我彰顯	self-enhancement
自我提升机制	自我提升機制,自我彰顯機制	self-enhancement mechanism
自我调节	自我調節,自我調控	self-regulation
自我调节系统	自我調節系統,自我調控系統	self-regulatory system
自我调节学习	自我調節學習	self-regulated learning
自我图式	自我基模	self-schema
自我完善对失望	統整 vs. 絕望,尊嚴 vs. 絕望	integrity versus despair
自我系统	自我系統	self-system
自我效能感	自我效能	self-efficacy

大 陆 名	台 湾 名	英 文 名
自我效能理论	自我效能理論	self-efficacy theory
自我效能期望	自我效能預期	self-efficacy expectation
自我效能训练	自我效能訓練	self-efficacy training
自我效能知觉	自我效能的覺知	perceived self-efficacy
自我心理学	自我心理學	ego psychology, self-psychology
自我一致性	自我一致性	self-consistency, self-congruence
自我意识	自我意識	self-consciousness
自我意识情绪	自我意識情緒	self-conscious emotion
自我意象	自我意象,自我形象	self-image
自我原型(=自我的原始意象)		
自我整合	自我統整	ego integration, ego integrity
自我知觉	自我知覺	self-perception
自我知觉理论	自我知覺理論	self-perception theory, SPT
自我知识	自我知識	self-knowledge
自我指导	自我引導	self-guide
自我指导训练	自我指導訓練	self-instructional training
自我中心	本位主義,自我膨脹,自我中心	egocentrism, egotism
自我中心言语	自我中心語言	egocentric speech
自我主义(=利己主义)		
自我专注(=自我聚焦)		
自下而上加工	由下而上歷程	bottom-up processing
自信	自信	self-confidence
自信训练	自我肯定訓練,自信心訓練	assertiveness training, self-confidence training
自学辅导	自學輔導	self-study guidance
自由度	自由度	degree of freedom
自由回忆	自由回憶	free recall
自由回忆法	自由回憶法	free recall method
自由联想	自由聯想	free association
自由式讨论	自由式討論	free-floating discussion
自由意志	自由意志	free will
自主	自主[性]	autonomy
自主对怀疑和羞耻	自主 vs. 懷疑和羞恥	autonomy versus doubt and shame
自主工作团队	自主工作團隊	autonomous work team
自主神经系统	自主神經系統,自律神經系統	autonomic nervous system, ANS

大　陆　名	台　湾　名	英　文　名
自主运动	自動運動	autokinetic movement
自主运动错觉	自動運動錯覺	autokinetic illusion
自[主运]动效应,游动效应	自動效應	autokinetic effect
自助团体(=自助小组)		
自助小组,自助团体	自助團體	self-help group
自传式记忆	自傳式記憶	autobiographical memory
自尊	自尊	self-esteem
自尊需要	自尊需求	esteem need
字词联想	字詞聯想	word association
字词联想测验	字詞聯想測驗	word association test
字型失读症	字型失讀症	word-form dyslexia
宗教心理学	宗教心理學	religion psychology
综合成就测验	綜合成就測驗	comprehensive achievement test
综合征	症候群	syndrome
总体	母體,母群	population
总体检验	整體考驗	overall test
纵火狂	縱火癖,縱火症	pyromania
纵向迁移, 垂直迁移	垂直遷移	vertical transfer
纵向设计	縱貫性設計	longitudinal design
纵向研究	縱貫性研究[法],貫時性研究[法]	longitudinal research
β 阻断剂	β 阻斷劑	beta-blocker
阻断效应	阻斷效應	blocking effect
阻抗	抗拒,阻抗;電阻	resistance
阻抗分析	抗拒分析	analysis of resistance
阻抗理论	抗拒理論,反向理論	reactance theory
组氨酸	組胺酸	histidine, His
组胺	組織胺	histamine
组块	意元,組集	chunk, chunking
组内变异	組內變異量	within-group variance
组织变革	組織變革	organizational change
组织策略	組織策略	organizational strategy
组织承诺	組織承諾	organizational commitment
组织发展	組織發展	organization development
组织公民行为	組織公民行為	organizational citizenship behavior, OCB
组织结构	組織結構	organizational structure
组织气氛	組織氣候	organizational climate

大陆名	台湾名	英文名
组织设计	組織設計	organizational design
组织士气	組織士氣	organizational morale
组织文化	組織文化	organizational culture
组织心理学	組織心理學	organizational psychology
组织行为	組織行為	organizational behavior
组织学习	組織學習	organizational learning
最大似然法	最大概似法	maximum likelihood method
最佳刺激水平(=最适刺激水平)		
最佳唤醒水平	最佳喚起水準	optimal arousal level
最近发展区	近端發展區	zone of proximal development, ZPD
最适刺激水平,最佳刺激水平	最適刺激水準,最佳刺激水準	optimal stimulation level
最小变化法	最小變化法	method of minimal change
最小二乘法,最小平方法	最小平方法	least squares method, method of least squares
最小可觉差	恰辨差[異],最小可覺差	just noticeable difference, JND
最小可听压	最小可聽壓	minimum audible pressure, MAP
最小可听野	最小可聽場	minimum audible field, MAF
最小平方法(=最小二乘法)		
罪恶感	罪惡感	guilty
罪犯适应机制	罪犯適應機制	adaptive mechanism of convict
左侧大脑半球	左側大腦半球	left cerebral hemisphere
左利手	左利,左手優勢	left handedness
作战应激反应	戰爭壓力反應	combat stress reaction

副　篇

A

英　文　名	大　陆　名	台　湾　名
AAI(=adult attachment interview)	成人依恋访谈	成人依戀訪談
AAIDD(=American Association on Intellectual and Development Disabilities)	美国智力与发展障碍协会	美國智能障礙學會
AAIDD Adaptive Behavior Scale	美国智力与发展障碍协会适应行为量表，AAIDD 适应行为量表	美國智能障礙學會適應行為量表
ABBA counterbalancing	ABBA 平衡法	ABBA 對抗平衡
ABC assessment	ABC 评估	ABC 衡鑑
ABC attitude hierarchies of effect	ABC 态度层级效应	ABC 態度階層效應
ABC model of attitude	态度 ABC 模型	態度的 ABC 模式
ABC model of behavior	行为 ABC 模型	行為的 ABC 模式
abducens nerve	展神经,外展神经	外旋神經
abducens nucleus	展神经核,外展神经核	外旋神經核
abducent nerve(=abducens nerve)	展神经,外展神经	外旋神經
ability	能力	能力
ability grouping	能力分组	能力分組
ability test	能力测验	能力測驗
ability trait	能力特质	能力特質
ablation	损伤	損傷
abnormal(=abnormality)	异常	異常,違常;偏態
abnormal behavior	异常行为	異常行為,違常行為,偏態行為
abnormality	异常	異常,違常;偏態
abnormal psychology	异常心理学	異常心理學,變態心理學
ABS(=Adaptive Behavior Scale; attachment behavioral system)	适应行为量表;依恋行为系统	適應行為量表,調適行為量表;依戀行為系

英 文 名	大 陆 名	台 湾 名
		統,依附行為系統
absence state	失神状态	失神狀態
absenteeism	缺勤	曠職,缺勤
absolute decision	绝对决策	絕對決策
absolute sensitivity	绝对感受性	絕對感受性
absolute threshold	绝对阈限	絕對閾[限]
absorption spectrum	吸收光谱	吸收光譜
absorptive phase	吸收期	吸收期
abstinence violation effect(AVE)	破堤效应	違反禁戒效應
abstract concept	抽象概念	抽象概念
abstraction	抽象	抽象[歷程]
abstract thinking	抽象思维	抽象思考
abulia	意志缺失	意志缺失
abuse	虐待;滥用	虐待;濫用
academic achievement	学业成就	學業成就
academic achievement test	学业成就测验	學業成就測驗
academic potential test	学业潜力测验	學業潛力測驗
acceptance	接受	接受,接納
accessibility	可达性,可存取性	易提取性,易觸及性
accessibility heuristics	易获得性启发法	易提取性捷思法,易觸及性捷思法
accessory olfactory bulb(AOB)	副嗅球	副嗅球
accidental error	偶然误差	偶然誤差
accident analysis	事故分析	事故分析
accident proneness	事故倾向	事故傾向
accommodation	顺应	調適,調節
acculturation	文化适应	涵化,文化適應
acetylcholine(ACh)	乙酰胆碱	乙醯膽鹼
acetylcholine esterase(AChE)	乙酰胆碱酯酶	乙醯膽鹼酯化酶
ACh(=acetylcholine)	乙酰胆碱	乙醯膽鹼
AChE(=acetylcholine esterase)	乙酰胆碱酯酶	乙醯膽鹼酯化酶
achievement	成就	成就
achievement attributional theory	成就归因理论	成就歸因理論
achievement motivation	成就动机	成就動機
achievement motivation theory	成就动机理论	成就動機理論
achievement need(=need for achievement)	成就需要,成就需求	成就需求
achievement quotient	成就商数	成就商數

英 文 名	大 陆 名	台 湾 名
achievement striving	追求成就	追求成就
achievement test	成就测验	成就測驗
achiever	成就者	成就者
achromatic color	非彩色	無彩顏色,非彩色
achromatopsia	全色盲	色彩感應失能症,失色症
acoustic buffer	听觉缓冲器	聽覺緩衝器
acoustic code	声音编码	聲碼
acoustic memory	听觉记忆	聽覺記憶
acoustic nerve	听神经	聽[覺]神經
acoustic pressure level	声压级	聲壓水準
acoustic reflex	听觉反射	聽[覺]反射
acoustic shadow	声音阴影	聲音陰影
acoustic stimulus	听觉刺激	聽覺刺激
acquiescence response set	默认反应心向,默许心向反应	默從反應心向
acquired dyslexia	习得性失读症	後天性閱讀障礙,後天性失讀症,後天型失讀症
acquired immune deficiency syndrome (AIDS)	获得性免疫缺陷综合征,艾滋病	後天免疫不全症候群,愛滋病
acquired need	习得需要	習得需求
acquisition	习得	獲得[歷程],習得[歷程];購併
acrophobia	恐高症	懼高症
act	行动	行動,動作
act-frequency approach	行动-频率法	行動-頻率取向
ACTH(=adrenocorticotropic hormone)	促肾上腺皮质[激]素	腎上腺皮質刺激素,促腎上腺皮質激素
actigraph	活动记录仪	活動記錄器
action	动作	動作
action imitation	动作模仿	動作模仿
action learning	行动学习法	行動學習法
action modeling	动作建模	動作示範,動作仿效,動作模仿
action orientation	动作定向	行動導向
action potential	动作电位	動[作]電位
action research	行动研究	行動研究

英　文　名	大　陆　名	台　湾　名
action stability	动作稳定性	動作穩定性
action tendency	行动倾向	行動傾向
activating event	触发事件	觸發事件
activation	激活作用	活化作用
activational effect of hormone	激素激活效应	激素啟動效果
activation model	激活模型	激發模式,活化模式
activation model of memory	记忆激活模型	記憶激發模式,記憶活化模式
active listening	积极倾听	積極傾聽
active perception	主动知觉	主動知覺
active process	主动加工,主动处理	主動處理
active touch	主动触觉	主動觸覺
activity	活动	活動
activity analysis	活动分析	活動分析
activity approach	活动取向	活動取向
activity level	活动水平	活動量,活動程度
activity theory	活动理论	活動理論
actor-observer bias	行动者-观察者偏倚	行動者-觀察者偏誤
actor-observer effect	行动者-观察者效应	行動者-觀察者效應
actualizing tendency	实现倾向	實現傾向
actual self(=real self)	真实[自]我,现实[自]我,实际[自]我	實際我,真實我,現實我
actual self-image	真实自我形象	真實自我形象
acuity	敏度	敏銳度
acute posttraumatic stress disorder	急性创伤后应激障碍	急性創傷後壓力疾患
acute psychogenic reaction	急性心因性反应	急性心因反應
acute schizophrenia	急性精神分裂症	急性精神分裂症
acute stress disorder(ASD)	急性应激障碍	急性壓力疾患
AD(=Alzheimer's disease)	阿尔茨海默病	阿茲海默症
adaptability	适应力	適應力,調適力
adaptation	适应	適應,調適
adaptation level	适应水平	適應水準,調適水準
adaptation-level theory	适应水平理论	適應水準理論,調適水準理論
adaptive aggressive behavior	适应性攻击行为	適應性攻擊行為
adaptive behavior	适应行为	適應行為,調適行為
Adaptive Behavior Inventory(=Adaptive Behavior Scale)	适应行为量表	適應行為量表,調適行為量表

英　文　名	大　陆　名	台　湾　名
Adaptive Behavior Scale(ABS)	适应行为量表	適應行為量表,調適行為量表
adaptive functioning	适应功能	適應功能,調適功能
adaptive information processing(AIP)	适应性信息加工	適應訊息歷程,調適訊息歷程
adaptive instruction	适应性教学	適性教學,適性教導
adaptive learning	适应性学习	適應性學習,調適性學習
adaptive mechanism of convict	罪犯适应机制	罪犯適應機制
adaptive response	适应反应	適應反應
adaptive testing	适应测验	適性測驗
ADD(=attention deficit disorder)	注意障碍	注意力缺失疾患
addiction	成瘾	成癮
addiction behavior	成瘾行为	成癮行為
addiction psychology	成瘾心理学	成癮心理學
addictive consumer behavior	成瘾性消费行为	成癮性消費行為
addictive personality	成瘾人格	成癮人格
Addison's disease	艾迪生病	艾迪生氏症
additive bilingualism	附加性双语现象	加成型雙語
additive color mixture	加色混合	加法混色,相加混色
additive task	加和性任务	加成性工作,加成性作業
additivity	加和性	加成性
additivity of chi-square	χ^2 可加性	χ^2 加成性
adenosine triphosphate(ATP)	腺苷三磷酸	腺嘌呤核苷三磷酸
adenyl cyclase	腺苷酸环化酶	腺苷酸環化酵素
ADH(=alcohol dehydrogenase; antidiuretic hormone)	醇脱氢酶;抗利尿激素	酒精脫氫酵素,酒精去氫酶;抗利尿激素
ADHD(=attention deficit /hyperactivity disorder)	注意[力]缺陷多动障碍	注意力缺失/過動疾患
adipsia	不渴症,渴感失能症	不渴症,渴感失能症
adjective checklist	形容词检核表	形容詞檢核表
adjusted mean	调整平均数	調整平均數
adjustment	调整	調整;適應
adjustment disorder	适应障碍	適應疾患
adjustment reaction(=adaptive response)	适应反应	適應反應
Adlerian	阿德勒学派[的]	阿德勒學派[的]
Adlerian psychology	阿德勒心理学	阿德勒心理學

英 文 名	大 陆 名	台 湾 名
Adlerian psychotherapy	阿德勒心理治疗	阿德勒心理治療[法]
adolescence	青少年期	青少年[期]
adolescent growth spurt	青少年发育陡增	發育陡增,成長陡增
adolescent psychology	青少年心理学	青少年心理學
adopted children	收养儿童	養子女
adoptees' relatives method	领养亲属研究法	領養親屬研究法,收養親屬研究法
adopter categories	采用者类别	採用者類別
adoption	领养,收养	領養,收養
adoption study	领养研究	領養研究,收養研究
ADR(=alternative dispute resolution)	替代性纠纷解决方式	替代型仲裁
adrenal cortex	肾上腺皮质	腎上腺皮質
adrenal gland	肾上腺	腎上腺
adrenaline	肾上腺素	腎上腺素
adrenal medulla	肾上腺髓质	腎上腺髓質
adrenergic agonist	肾上腺素激动药	腎上腺素致效劑
adrenergic antagonist	肾上腺素拮抗药	腎上腺素拮抗劑
adrenocorticotropic hormone(ACTH)	促肾上腺皮质[激]素	腎上腺皮質刺激素,促腎上腺皮質激素
adult attachment interview(AAI)	成人依恋访谈	成人依戀訪談
adulthood	成年期	成年期
adult psychology	成年心理学	成人心理學
Advanced Progressive Matrices(APM)	高级图形推理测验	高級圖形補充測驗
advertising	广告	廣告
advertising psychology	广告心理学	廣告心理學
advertising resonance	广告共鸣	廣告共鳴
advertising wearout	广告疲倦效应	廣告疲乏
advice	忠告,建议	建議
aerospace psychology	航空航天心理学	航太心理學
aesthesiometer	触觉计	觸覺計
Aesthetic Perception Test	美感测验	美學知覺測驗
aesthetic pleasure	审美享受	美感的愉悦
aesthetic psychology	审美心理学	美學心理學,審美心理學
affect infusion model(AIM)	情感渗透模型,情感注入模式	情感注入模式,情感滲入模式,情感融入模式
affection	情感	情感

英 文 名	大 陆 名	台 湾 名
affectionate relationship	情感关系	情感關係
affective commitment	情感性承诺	情感性承諾
affective component	情感成分	情感成分
affective disorder	情感障碍	情感疾患
affective events theory(AFT)	情感事件理论	情感事件理論
affective forecasting	情感性预测	情感性預測
affective neuroscience	情感神经科学	情感神經科學
affective psychosis	情感性精神病	情感性精神病
affective test	情意测验	情意測驗
affective trait	情感性特质	情感性特質
afferent axon	传入轴突	傳入軸突
afferent nerve fiber	传入神经纤维	傳入神經纖維
affiliation	亲和	親和
affiliation motivation	亲和动机	親和動機
affiliation need	亲和需要	親和需求
affinity	亲和力	親和力
affordance	可供性,用途提示性	功能特性,行動的可能性,預設用途
AFT(=affective events theory)	情感事件理论	情感事件理論
afterimage	后像	後像
after-image(=afterimage)	后像	後像
aftersensation	后觉	後覺
AGCT(=Army General Classification Test)	陆军通用分类测验	[美國]陸軍通用分類測驗,陸軍普通分類測驗
age characteristics	年龄特征	年齡特徵
age deviation score	年龄离差分数	年齡離差分數
age effect	年龄效应	年齡效應
ageism	年龄歧视	年齡歧視
age norm	年龄常模	年齡常模
agentic state	代理人状态	代理人心態
age scale	年龄量表	年齡量表
aggression	攻击,侵犯	攻擊
aggressive behavior	攻击行为	攻擊行為
aggressive drive	攻击驱力	攻擊驅力
aggressive personality	攻击性人格	攻擊性人格,攻擊性性格
aging	老化	老化

英文名	大陆名	台湾名
aging psychology(=psychology of aging)	老年心理学	老人心理學,老年心理學
agnosia	失认症	失認症
agonist	激动剂	致效劑,促進劑
agonistic behavior	争胜行为	敵對行為
agoraphobia	广场恐怖症	市集畏懼症,懼曠症
agrammatism	语法缺失	語法不能症
agraphia	失写症	失寫症
agreeableness	亲和性	友善性,同意性
"Aha" experience	顿悟经验	[啊哈]頓悟經驗
AHD(=attention-deficit/hyperactivity disorder)	注意[力]缺陷多动障碍	注意力缺失/過動疾患
AI(=artificial intelligence)	人工智能	人工智慧
AIDS(=acquired immune deficiency syndrome)	获得性免疫缺陷综合征,艾滋病	後天免疫不全症候群,愛滋病
AIM(=affect infusion model)	情感渗透模型,情感注入模式	情感注入模式,情感滲入模式,情感融入模式
AIP(=adaptive information processing)	适应性信息加工	適應訊息歷程,調適訊息歷程
akinesia	运动不能	運動不能,運動失能症
Ala(=alanine)	丙氨酸	丙胺酸,丙氨酸
alanine(Ala)	丙氨酸	丙胺酸,丙氨酸
alarm reaction	警戒反应	警覺反應
alarm reaction stage	警戒反应阶段	警覺反應階段
alcohol abuse	酒精滥用	酒精濫用
alcohol addiction	酒精成瘾	酒精成癮
alcohol dehydrogenase(ADH)	醇脱氢酶	酒精脫氫酵素,酒精去氫酶
alcohol dependence	酒精依赖	酒精依賴
aldosterone	醛固酮	醛固酮
alexia	失读症	失讀症
algesia	痛觉	痛覺
algesimeter	痛觉计,痛觉仪	痛覺計
algorithm	算法	演算法,算則
algorithmic thinking	算法性思维,定程式思维	定程式思考
alienation test	疏离感测验	疏離感測驗

英文名	大陆名	台湾名
allele	等位基因	對偶基因
alliesthesia	饥饿效应	饑餓效應
allocentrism	群体取向	群體取向
all-or-none law	全或无定律	全有或全無律,全有或全無原則
all-or-none learning	全或无学习	全有或全無學習
all-or-none principle(=all-or-none law)	全或无定律	全有或全無律,全有或全無原則
alogia(=aphasia)	失语症	失語症,語言失能症
alpha activity	α 波活动	α 波活動
alpha coefficient(α coefficient)	α 系数	α 係數
alpha level	α 水平	α 水準
alpha motor neuron	α 运动神经元	α 運動神經元
alpha wave(α wave)	α 波	α 波,阿法波
altered state of consciousness(ASC)	意识变异状态	意識的變化狀態
alternate-forms reliability	复本信度	複本信度
alternation ranking method	交替排序法	交替排序法
alternative dispute resolution(ADR)	替代性纠纷解决方式	替代型仲裁
alternative-form reliability(=alternate-forms reliability)	复本信度	複本信度
alternative hypothesis	备择假设	對立假設,備擇假設
alternative hypothesis distribution	备择假设分布	對立假設分配
altruism	利他主义	利他主義
altruistic behavior	利他行为	利他行為
Alzheimer's disease(AD)	阿尔茨海默病	阿茲海默症
AM(=arithmetic mean)	算术平均值	算術平均數
ambiguous figure(=reversible figure)	可逆图形,两可图形,双关图形	可逆圖形,模稜兩可圖形
ambiguous stimulus	歧义刺激,模糊刺激	曖昧刺激,模糊刺激
ambivalence	矛盾心态	矛盾[心態]
ambivalent attachment	矛盾型依恋	矛盾型依戀,矛盾型依附
ambivalent sexism	矛盾型性决定论	矛盾的性別主義,愛恨交加的性別主義
ambiversion	中间性格	中間性格
amenorrhea	闭经	停經,無經
American Association on Intellectual and Developmental Disabilities(AAIDD)	美国智力与发展障碍协会	美國智能障礙學會

英 文 名	大 陆 名	台 湾 名
Ames room	埃姆斯房间	艾米斯室
amino acid	氨基酸	胺基酸
γ-aminobutyric acid(GABA)	γ-氨基丁酸	γ-氨基丁酸
amnesia	遗忘症	失憶症,健忘症
amniocentesis	羊膜[腔]穿刺术	羊膜穿刺[術]
amnion	羊膜	羊膜
amotivational syndrome	无动机综合征,动机缺乏综合征	無動機症候群,動機缺乏症候群
amphetamine	苯丙胺	安非他命
amplitude of vibration	振幅	振幅
ampulla	壶腹	壺腹
amusia	失乐感症,旋律辨识障碍症	旋律辨識障礙症,旋律辨識失能症
amygdala	杏仁核[复合体]	杏仁核
amyloid protein	淀粉样蛋白	澱粉樣蛋白
anal character	肛门性格	肛門性格
analgesia	痛觉缺失	止痛作用
analogue experiment	类比实验,模拟实验	類比實驗
analogy	类比	類比
anal personality	肛门性人格	肛門[性]人格
anal stage	肛门期	肛門期
analysis	分析	分析
analysis of covariance (ANCOVA)	协方差分析	共變數分析
analysis of resistance	阻抗分析	抗拒分析
analysis of transference	移情分析	移情分析
analysis of variance (ANOVA)	方差分析	變異數分析
analytical ability	分析能力	分析能力
analytical psychology	分析心理学	分析心理學
analytical psychotherapy	分析性心理治疗	分析[性]心理治療
analytic psychology(=analytical psychology)	分析心理学	分析心理學
anchor	锚定	定錨
anchoring effect	锚定效应	定錨效應
anchoring heuristics	锚定启发法,锚定试探法	定錨捷思法
anchor point	锚定点	定錨點
anchor test	锚定测验	定錨測驗
ANCOVA(=analysis of covariance)	协方差分析	共變數分析

英 文 名	大 陆 名	台 湾 名
Anderson's theory of intelligence and cognitive development	安德森智力与认知发展理论	安德森智力論與認知發展
androgen	雄激素	雄[性]激素
androgen-insensitivity syndrome	雄激素不敏感综合征	雄性激素失敏症候群
androgenization	雄激素化	雄性激素化
androgyny	两性化	兩性化,剛柔並濟
anecdotal evidence	轶事型证据	軼事類型證據
anecdotal record	轶事记录	軼事記錄
anesthesia	感觉缺失	麻醉
anger	愤怒	憤怒,生氣
anger superiority effect	愤怒优先效应	憤怒優先效應
angiotensin	血管紧张素	血管收縮素
angular gyrus	角[脑]回	角腦迴
anhedonia	快感缺失	失樂症[狀]
Anima	阿尼玛	阿尼瑪
animal communication	动物信息沟通	動物訊息溝通
animal instinct	动物本能	動物本能
animal intelligence	动物智力	動物智能
animal phobia	动物恐惧症	動物畏懼症
animal psychology	动物心理学	動物心理學
animal social behavior	动物社会行为	動物社會行為
animal study	动物研究	動物研究
animism	泛灵论	擬人論,萬物有靈論,泛靈論
Animus	阿尼姆斯	阿尼瑪斯
anomia(=anomic aphasia)	命名性失语症,遗传性失语症	命名失語症,命名失能症
anomic aphasia	命名性失语症,遗传性失语症	命名失語症,命名失能症
anomic suicide	突发变故型自杀	脫序型自殺
anonymity	匿名性	匿名性
anorexia	厌食症	厭食症
anorexia nervosa	神经性厌食[症]	神經性厭食症,心因性厭食症
anosmia	嗅觉缺乏	嗅覺喪失[症]
anosognosia	病感失认[症],病觉缺失	病覺缺失症,病覺失能症
A-not-B error	A 非 B 错误	AB[位置]錯判

英 文 名	大 陆 名	台 湾 名
ANOVA(=analysis of variance)	方差分析	變異數分析
ANS(=autonomic nervous system)	自主神经系统	自主神經系統,自律神經系統
antagonist	拮抗剂	拮抗劑,抑制劑
antecedent	前发事件	先前事件,前置事件
anterior cingulate cortex	前扣带回皮质	前扣帶迴皮質
anterograde amnesia	顺行性遗忘	前向失憶症,順向失憶症,近事失憶症
anthropology	人类学	人類學
anthropometry	人体测量学	人體測量學
anthropomorphism	拟人论	擬人論
antianxiety drug	抗焦虑药物	抗焦慮藥物,抗焦慮劑
antibody	抗体	抗體
anticipatory anxiety	预期性焦虑	預期性焦慮
anticipatory response	预期反应	預期反應
anticipatory socialization	预期社会化	預期性社會化歷程
anticonformity	反从众	反從眾
antidepressant	抗抑郁药	鎮靜劑,抗憂鬱劑
antidiuretic hormone(ADH)	抗利尿激素	抗利尿激素
antigen	抗原	抗原
antipsychotic drug	抗精神病药物	抗精神疾病藥物
antisocial behavior	反社会行为	反社會行為
antisociality	反社会性	反社會性
antisocial personality disorder(APD)	反社会型人格障碍	反社會型人格障礙症,反社會人格疾患,反社會人格違常
anxiety	焦虑	焦慮
anxiety as a state(A-state)	焦虑状态	焦慮狀態
anxiety as a trait(A-trait)	焦虑特质	焦慮特質
anxiety disorder	焦虑性障碍	焦慮症,焦慮疾患
anxiety hierarchy	焦虑层次,焦虑层级	焦慮階層
anxiety-like behavior	类焦虑行为	類焦慮行為
anxiety neurosis	焦虑性神经症	焦慮精神官能症
anxiety sensitivity index(ASI)	焦虑敏感指数	焦慮敏感度指標
anxiolytics(=antianxiety drug)	抗焦虑药物	抗焦慮藥物,抗焦慮劑
anxious attachment	焦虑型依恋	焦慮型依戀,焦慮型依附
AOB(=accessory olfactory bulb)	副嗅球	副嗅球

英　文　名	大　陆　名	台　湾　名
apathy	情感淡漠	冷漠
APD(=antisocial personality disorder)	反社会型人格障碍	反社會型人格障礙症,反社會人格疾患,反社會人格違常
Apgar scale	阿普加量表	亞培格量表
aphasia	失语症	失語症,語言失能症
aphonia	失音症	失聲[症],失音[症]
APM(=Advanced Progressive Matrices)	高级图形推理测验	高級圖形補充測驗
apnea	呼吸暂停	窒息性失眠,睡眠呼吸中止症
ApoE(=apolipoprotein E)	载脂蛋白 E	脂蛋白 E
apolipoprotein E(ApoE)	载脂蛋白 E	脂蛋白 E
apoptosis	细胞凋亡	程式性細胞死亡
apparent movement phenomenon	似动现象	似動現象
apperception	统觉	統覺
apperceptive visual agnosia	统觉视觉失认症	統覺性視覺失認症,統覺性視覺辨別失能症
appetite	食欲	食慾
appetite suppressant	食欲抑制剂	食慾抑制劑
appetitive conditioning	食欲制约作用	慾望制約作用,食慾制約作用
appetitive learning	欲望学习	慾望學習,食慾學習
applicability	应用性	應用性
applied behavior analysis	应用行为分析	應用行為分析
applied developmental psychology	应用发展心理学	應用發展心理學
applied experimental psychology	应用实验心理学	應用實驗心理學
applied psychology	应用心理学	應用心理學
applied research	应用研究	應用研究
applied social psychology	应用社会心理学	應用社會心理學
appraisal interview	绩效面谈	績效面談
apprentice training	师徒式训练	師徒式訓練
approach	取向;趋近	取向;迎接性,趨性
approach-approach conflict(=double approach conflict)	双趋冲突	雙趨衝突
approach-avoidance conflict	趋避冲突	趨避衝突
approach goal	趋近目标	趨近目標
approach object	趋近对象	趨近對象

英 文 名	大 陆 名	台 湾 名
approach response	趋近反应	趨近反應
apraxia	失用症	運用失能症
APS(=Association for Psychological Science)	心理科学协会	心理科學學會
aptitude	能力倾向	性向
aptitude test	能力倾向测验	性向測驗
arbiter	仲裁者	仲裁者
arbitrary inference	武断推论	獨斷推論,武斷推論
arbitration	仲裁	仲裁
archetype	原始意象	原始形象,原型
archival research(=archival study)	档案研究	檔案研究,文獻研究
archival study	档案研究	檔案研究,文獻研究
arcuate fasciculus	弓形神经束	弓形神經束
Arg(=arginine)	精氨酸	精胺酸
arginine(Arg)	精氨酸	精胺酸
arginine vasopressin(AVP)	[血管]升压素,加压素	血管加壓素,血管壓縮素
argument	论证	論證
argument by analogy	类推论证	類推論證
arithmetic mean(AM)	算术平均值	算術平均數
Armed Services Vocational Aptitude Battery(ASVAB)	军队职业能力倾向成套测验	美國武裝部隊職業性向測驗組合
Army Alpha Test	陆军甲种测验	[美國]陸軍智力測驗α版,陸軍甲種量表
Army Beta Test	陆军乙种测验	[美國]陸軍智力測驗β版,陸軍乙種量表
Army General Classification Test(AGCT)	陆军通用分类测验	[美國]陸軍通用分類測驗,陸軍普通分類測驗
arousal	唤醒	激發,喚起
arousal-affect model	唤醒-情感模型	喚起-情感模式
arousal-attraction hypothesis	唤醒-吸引假说	喚起-吸引假說
arousal level	唤醒水平	喚起程度
arrhythmia	心律失常	心律不整
Arthur Performance Scale	阿瑟作业量表	亞瑟作業量表
artificial intelligence(AI)	人工智能	人工智慧
artistic ability	艺术能力	藝術能力
artistic type	艺术型	藝術型

英　文　名	大　陆　名	台　湾　名
art psychology	艺术心理学	藝術心理學
art therapy	艺术疗法	藝術治療
ASC(=altered state of consciousness)	意识变异状态	意識的變化狀態
ascending activating system	上行激活系统	上行激發系統
ascending series	递增系列	上升系列,遞增系列
ASD(=acute stress disorder)	急性应激障碍	急性壓力疾患
ASI(=anxiety sensitivity index)	焦虑敏感指数	焦慮敏感度指標
Asn(=asparagine)	天冬酰胺	天門先胺脢,天冬素
asparagine(Asn)	天冬酰胺	天門先胺脢,天冬素
aspiration group	志趣群体	仰慕團體,期盼團體
aspiration level	抱负水平	抱負水準
ASQ(=Attributional Style Questionnaire)	归因方式问卷	歸因型態問卷
assertiveness training	自信训练	自我肯定訓練,自信心訓練
assessment	评估	評鑑,衡鑑,評量
assessment center	评价中心	評鑑中心法,評量中心法
assimilation	同化	同化
assimilation-contrast theory	同化对比理论	同化-對比理論,類化-對比理論
assimilation effect	同化效应	同化效應,類化效應
association	联想	聯想
associational psychology	联想心理学	聯結心理學
association area of cerebral cortex	大脑皮质联合区	大腦皮質聯合區
association by causation	因果联想	因果聯想
association by contrast	对比联想	對比聯想
association by similarity	相似联想,类似联想	類似聯想
association cortex	联合皮质	聯合皮質
Association for Psychological Science (APS)	心理科学协会	心理科學學會
associationism	联想主义	聯結主義
association law	联想律	聯想律
association of ideas	观念联想	意念聯結
association value	联想值	聯想值
associative learning	联想学习	聯結學習
associative memory	联想记忆	聯結記憶
associative network model	联想网络模型	聯想網路模式
associative play	联想游戏	關聯型遊戲

英 文 名	大 陆 名	台 湾 名
associative thinking	联想思维	聯結思考
associative visual agnosia	联想性视觉失认症	聯結型視覺失認症,聯結型視覺辨別失能症
assumed similarity	假设相似性	假設相似性
assumption of homogeneity of regression	回归同质假设	迴歸同質假設
A-state(=anxiety as a state)	焦虑状态	焦慮狀態
asthma	哮喘	氣喘
astrocyte	星形胶质细胞	星狀神經膠細胞
astrology	占星术	占星學
ASVAB(=Armed Services Vocational Aptitude Battery)	军队职业能力倾向成套测验	美國武裝部隊職業性向測驗組合
asylum	精神病院	精神病院;收容所;庇護所
asymmetrical distribution	非对称分布	非對稱分配,不對稱分配
asymmetrical relationship	非对称关系	非對稱關係
atmospheric perspective	大气透视	大氣透視
ATP(=adenosine triphosphate)	腺苷三磷酸	腺嘌呤核苷三磷酸
A-trait(=anxiety as a trait)	焦虑特质	焦慮特質
attachment	依恋	依戀,依附
attachment behavioral system(ABS)	依恋行为系统	依戀行為系統,依附行為系統
attachment *Q*-sort	依恋 *Q* 分类	依戀 *Q* 分類,依附 *Q* 分類
attachment style	依恋类型	依戀類型,依附類型
attachment theory	依恋理论	依戀理論,依附理論
attack(=aggression)	攻击,侵犯	攻擊
attending behavior	专注行为	專注行為
attention	注意	注意,注意力
attentional process	注意过程	注意過程,注意力歷程
attentional shifting	注意转移	注意力轉移;注意力轉換度
attention deficit disorder(ADD)	注意障碍	注意力缺失疾患
attention-deficit/hyperactivity disorder (ADHD, AHD)	注意[力]缺陷多动障碍	注意力缺失/過動疾患
attention economy	注意力经济	注意力經濟,注意力效益
attention span	注意广度	注意力廣度

英　文　名	大　陆　名	台　湾　名
attentive stage	注意阶段	注意階段
attitude	态度	態度
attitude-behavior consistency	态度-行为一致性	態度-行為一致性
attitude change	态度改变	態度改變
attitude discrepant behavior	态度分歧行为	態度分歧行為
attitude formation	态度形成	態度形成
attitude measurement	态度测量	態度測量
Attitude Scale	态度量表	態度量表
attitude survey	态度调查	態度調查
attitude theory	态度理论	態度理論
attitude-toward-behavior model	行为态度模型	行為態度模式
attitude-toward-object model	目标物态度模型	標的態度模式
attitude-toward-the-ad model	广告态度模型	廣告態度模式
attraction	吸引	吸引
attractiveness	吸引力	吸引力
attribute	属性	屬性
attribute-specific strategy	特定属性对策	特定屬性策略
attribute variable	属性变量	屬性變項
attribution	归因	歸因
attribution-affect-action theory	归因-情绪-行动理论	歸因-情緒-行動理論
attributional style	归因方式	歸因型態,歸因類型
Attributional Style Questionnaire(ASQ)	归因方式问卷	歸因型態問卷
attribution bias	归因偏向,归因偏差	歸因偏誤
attribution error	归因错误	歸因謬誤,歸因錯誤
attribution model	归因模型	歸因模式
attribution of causality(=causal attribution)	因果性归因	因果歸因
attribution of responsibility	责任归因	責任歸因
attribution process	归因过程	歸因歷程
attribution towards others	对他人归因	對他人的歸因
attribution towards things	对事情归因	對事情的歸因
attribution theory	归因理论	歸因理論
atypical antipsychotics	非典型抗精神病药	非典型抗精神病藥物
audibility curve	可听度曲线	聽力曲線
audience	观众	聽眾,觀眾,受眾
audience effect	观众效应	觀眾效應
audience psychology	观众心理学	觀眾心理學
audiogram	听力图	聽力圖

英 文 名	大 陆 名	台 湾 名
audiometer	听力计	聽力計
audiometry	听力测量	聽力測量
audition(=hearing)	听觉	聽覺,聽力
auditory adaptation	听觉适应	聽覺適應
auditory afterimage	听觉后像	聽覺後像
auditory agnosia	听觉失认症	聽覺失認症,聽覺辨別失能症
auditory area	听觉区	聽覺[皮質]區
auditory attention	听觉注意	聽覺注意
auditory canal	耳道	耳道
auditory coding	听觉编码	聽覺編碼
auditory cortex	听觉皮质	聽覺皮質
auditory cue	听觉线索	聽覺線索
auditory display	听觉显示	聽覺顯示
auditory fatigue	听觉疲劳	聽覺疲勞
auditory hallucination	幻听	幻聽,聽幻覺
auditory localization	听觉定位	聽覺定位
auditory masking	听觉掩蔽	聽覺遮蔽
auditory nerve(=acoustic nerve)	听神经	聽[覺]神經
auditory perception	听知觉	聽知覺
auditory scene analysis	听觉场景分析	聽覺場景分析,聲場分析
auditory sense(=hearing)	听觉	聽覺,聽力
auditory space	听觉空间	聽覺空間
auditory threshold	听觉阈限	聽覺閾限
augmentation principle	增强原则	擴大原則
augmentative communication	辅助沟通	輔助溝通
augmentative communication strategy	辅助沟通策略	輔助溝通策略
augmented network	扩充网络	擴張型網路
augmenting principle	扩大原则	擴大原則
Austrian school	奥地利学派	奧地利學派
authentic assessment	真实性评价	真實評量
authenticity	真实性	真實性
authoritarianism	权威主义	威權主義,專制主義;權威性格
authoritarian leader	专制型领导	獨裁的領導者,獨裁式領導
authoritarian parenting style	专制型父母教养方式,	威權專制型親職風格,

英　文　名	大　陆　名	台　湾　名
	专制型父母教养风格	威權專制的養育方式
authoritarian personality	权威人格	權威人格;權威性格
authoritative leader	权威型领导	權威型領導
authoritative parents	权威型父母	民主權威型父母
authority	权威	權威[者],職權
autism(=autistic disorder)	自闭症,孤独症	自閉症,自閉性疾患
autistic disorder	自闭症,孤独症	自閉症,自閉性疾患
autistic thinking	我向思维	自閉性思考
autobiographical memory	自传式记忆	自傳式記憶
autocratic leader(=authoritarian leader)	专制型领导	獨裁的領導者,獨裁式領導
autogenic relaxation	自生放松	自我暗示放鬆
autogenic relaxation training	自生放松训练	自我暗示放鬆訓練
autogenic training(=self-suggestion training)	自我暗示训练	自我暗示訓練
autokinetic effect	自[主运]动效应,游动效应	自動效應
autokinetic illusion	自主运动错觉	自動運動錯覺
autokinetic movement	自主运动	自動運動
autokinetic phenomenon	自动现象	自動現象
automatic coding	自动编码	自動編碼
automatic processing	自动化加工	自動化歷程
automatic thought	自动思维	自動化思考
automatization	自动化	自動化
automaton conformity	主动从众	自動化從眾
autonomic nervous system(ANS)	自主神经系统	自主神經系統,自律神經系統
autonomous morality	自律道德	自律道德
autonomous stage	自律阶段	自律階段,道德發展自律期
autonomous work team	自主工作团队	自主工作團隊
autonomy	自主	自主[性]
autonomy versus doubt and shame	自主对怀疑和羞耻	自主 vs. 懷疑和羞恥
autoreceptor	自身受体	[突觸前]自體受體
autotopagnosia	定位觉失能症	定位覺失能症
availability heuristics	可得性启发法	易得性捷思法,可得性捷思法
AVE(=abstinence violation effect)	破堤效应	違反禁戒效應

英 文 名	大 陆 名	台 湾 名
aversion	厌恶	嫌惡
aversion therapy(=aversive therapy)	厌恶疗法	嫌惡治療法
aversive conditioning	厌恶条件反射, 厌恶条件作用	嫌惡制約法
aversive learning	厌恶学习	嫌惡學習
aversive therapy	厌恶疗法	嫌惡治療法
aviation psychology	航空心理学	航空心理學
avoidance	回避,逃避	迴避,逃避
avoidance-avoidance conflict	双避冲突	雙避衝突
avoidance conditioning	回避条件反射,回避条件作用	迴避制約學習
avoidance coping	回避应对	迴避因應,逃避因應
avoidance learning	回避学习	迴避學習,逃避學習
avoidance object	回避对象	迴避對象,逃避對象
avoidance response	回避反应	迴避反應,逃避反應
avoidance training	回避性训练	迴避訓練
avoidant attachment	回避型依恋	迴避型依戀,迴避型依附
avoidant attachment style	回避依恋类型	迴避依戀類型,迴避依附類型
avoidant personality	回避型人格	迴避性人格
avoidant personality disorder	回避型人格障碍	迴避性人格疾患,迴避性人格違常
AVP(=arginine vasopressin)	[血管]升压素,加压素	血管加壓素,血管壓縮素
awareness	觉察	覺察
axon	轴突	軸突

B

英 文 名	大 陆 名	台 湾 名
babbling	咿呀语	牙牙[學]語
Babinski reflex	巴宾斯基反射	巴賓斯基反射
baby blue	产后抑郁	產後憂鬱
backward conditioning	逆向条件反射	逆向制約作用
backward masking	后向掩蔽	後向遮蔽,逆向遮蔽
balance theory	平衡理论	平衡理論
bandwagon effect	从众效应,跟风效应	浪潮效應

英 文 名	大 陆 名	台 湾 名
baroreceptor	压力感受器	感壓受器
BARS(=Behaviorally Anchored Rating Scale)	行为定锚等级评定量表	行為定錨評定量表
basal age	基准年龄	基底年齡
basal ganglia	基底神经节	基底核
baseline	基线	基準[線]
base rate	基础率	基礎率,基本率
base-rate fallacy	基率谬误	基本率謬誤
basic anxiety	基本焦虑	基本焦慮
basic hostility	基本敌意	基本敵意
Basic Interest Scale	基本兴趣量表	基本興趣量表
basic mistake	基本错误	基本錯誤
basic need	基本需求	基本需求
Basic Personality Inventory(BPI)	基本性格量表	基本性格量表
basic research	基础研究	基礎研究
basic rest-activity cycle(BRAC)	基础静息-活动周期	基礎作息週期
basilar membrane	基底膜	基[底]膜
BA therapy(=behavioral activation therapy)	行为激活疗法	行為活化治療
Bayley Infant Neurodevelopmental Screener(BINS)	贝利婴儿神经发育筛查测验	貝里嬰兒神經發展篩選測驗
Bayley Scales of Infant Development (BSID)	贝利婴儿发展量表	貝里嬰兒發展量表
BBB(=blood-brain barrier)	血脑屏障	血腦障壁
BDI(=Beck Depression Inventory; behavior description interview)	贝克忧郁量表;行为描述式面谈	貝克憂鬱量表;行為描述式面談
BDNF(=brain-derived neurotrophic factor)	脑源性神经营养因子	大腦衍生神經滋養因子
Beck Depression Inventory(BDI)	贝克忧郁量表	貝克憂鬱量表
BED(=binge-eating disorder)	暴食症	暴食症,暴食疾患
behavior	行为	行為
behavioral activation	行为激活	行為活化
behavioral activation therapy(BA therapy)	行为激活疗法	行為活化治療
behavioral assessment	行为评价	行為評量,行為衡鑑,行為評估
behavioral checklist	行为检核表	行為檢核表
behavioral component	行为成分	行為成分
behavioral control	行为控制	行為控制

英 文 名	大 陆 名	台 湾 名
behavioral couple therapy	行为取向伴侣疗法	行為取向的伴侶治療
behavioral cue	行为线索	行為線索
behavioral ecology	行为生态学	行為生態學
behavioral engineering	行为工程学	行為工程學
behavioral factor	行为因素	行為因素
behavioral genetics	行为遗传学	行為遺傳學,行為基因學
behavioral influence perspective	行为影响观点	行為影響觀點
behavioral inhibition	行为抑制	行為抑制
behavioral inhibition system(BIS)	行为抑制系统	行為抑制系統
behavioral learning	行为学习	行為學習
behavioral learning approach	行为学习法	行為學習觀點
behavioral learning hierarchy	行为学习层级	行為學習層級
behavioral learning theory	行为学习理论	行為學習理論
Behaviorally Anchored Rating Scale (BARS)	行为定锚等级评定量表	行為定錨評定量表
behavioral marital therapy	行为取向婚姻疗法	行為取向的婚姻治療
behavioral measure	行为测量	行為測量
behavioral medicine	行为医学	行為醫學
behavioral model	行为模式	行為模式
behavioral neuroscience	行为神经科学	行為神經科學
behavioral observation	行为观察	行為觀察
behavioral observation scale(BOS)	行为观察量表	行為觀察量表
behavioral potential	行为潜能	行為潛能
behavioral rehearsal	行为演练	行為預演,行為演練
behavioral science	行为科学	行為科學
behavioral shaping	行为塑造	行為塑造
behavioral skills training	行为技巧训练	行為技巧訓練
behavioral theory	行为理论	行為理論
behavioral theory of leadership	领导行为理论	領導行為論
behavioral variable	行为变量	行為變項,行為變數
behavior chart	行为图表	行為圖表
behavior checklist(=behavioral checklist)	行为检核表	行為檢核表
behavior criteria	行为效标	行為效標
behavior description interview(BDI)	行为描述式面谈	行為描述式面談
behavior disorder	行为障碍	行為異常,行為違常
behavior economics	行为经济学	行為經濟學
behavior homology	行为同源	行為同源

英　文　名	大　陆　名	台　湾　名
behaviorism	行为主义	行為主義,行為學派
behavior modification	行为矫正	行為改變[技術],行為矯正
behavior modification principle	行为矫正原理	行為改變原則,行為矯正原則
behavior modification therapy	行为矫正疗法	行為改變治療法,行為矯治治療法,行為矯正治療法
Behavior Rating Scale	行为评定量表	行為評[定]量表
behavior sampling	行为取样	行為取樣
behavior therapy	行为疗法,行为治疗	行為治療
being	存在	存在,當下
being-love (B-love)	存在的爱	存在的愛
being motivation	存在动机	存在動機
being need (B-need)	存在性需要	存在需求
being orientation	存在取向	存在取向
belief	信念	信念
belief-desire theory of mind	信念-欲望心智理论	信念-想望心智理論
belief perseverance	信念坚持	信念堅持
belonging	归属	歸屬
belongingness need	归属需要	歸屬需求,親和需求
Bem Sex Role Inventory	贝姆性别角色调查表	贝姆性别角色调查表
Bender Visual-Motor Gestalt Test	本德视觉动作格式塔测验,本德视觉动作完形测验	班達[視覺動作]完形測驗
benefit analysis	优势分析	優勢分析
benefit segmentation	利益区隔	利益區隔
Bennett Mechanical Comprehension Test	本内特机械理解测验	班奈特機械理解測驗
bereavement	伤恸	傷慟
beta activity	β 波活动	β 波活動
beta adrenergic receptor	β-肾上腺素能受体	β-腎上腺素受體
beta-blocker	β 阻断剂	β 阻斷劑
beta wave (β wave)	β 波	β 波,貝他波
between-participants design	参与者间设计	參與者間設計
between-subjects design	被试间设计	受試者間設計
bias	偏倚,偏向	偏誤,偏差
biased sampling	偏倚抽样,偏差抽样	偏差取樣
bibliotherapy	阅读治疗	閱讀治療[法]

英 文 名	大 陆 名	台 湾 名
Big Five personality taxonomy	大五人格分类	五大人格分類
bilingualism	双语	雙語
bimodal distribution	双峰分布	雙峰分配
binaural cue	双耳线索	雙耳線索
binaural hearing	双耳听觉	雙耳聽覺
binaural intensity difference	双耳强度差	雙耳強度差
binaural phase difference	双耳相位差	雙耳相位差
binaural presentation	双耳呈现	雙耳呈現
binaural time difference(= interaural time difference)	双耳时差	雙耳時差
binding problem	整合问题	整合的問題
Binet-Simon Scale of Intelligence	比奈-西蒙智力量表	比西[智力]量表
binge drinking	暴饮	暴飲
binge eating	暴食	暴食
binge-eating disorder(BED)	暴食症	暴食症,暴食疾患
binocular cue	双眼线索	雙眼線索
binocular depth cell	双眼深度[敏感]细胞	雙眼深度敏感細胞
binocular depth cue	双眼深度线索	雙眼深度線索
binocular disparity	双眼像差	雙眼像差
binocular fusion	双眼视像融合	雙眼視像融合
binocular rivalry	双眼竞争	雙眼競爭
binomial distribution	二项分布	二項分配
BINS(=Bayley Infant Neurodevelopmental Screener)	贝利婴儿神经发育筛查测验	貝里嬰兒神經發展篩選測驗
biodata(=biographical data)	传记资料	傳記式資料,生活史資料
biofeedback	生物反馈	生理回饋,生物回饋
biofeedback therapy	生物反馈疗法	生理回饋治療,生物回饋治療
biofeedback training	生物反馈训练	生理回饋訓練,生物回饋訓練
biographical data	传记资料	傳記式資料,生活史資料
biographical method	传记法	傳記法
biological clock	生物钟	生物時鐘
biological determinism	生物决定论	生物決定論
biological evolution	生物进化论	生物演化論
biological factor	生物因素	生物因素

英文名	大陆名	台湾名
biological model	生物模式	生物模式
biological motion	生物运动	生物運動
biological motivation	生物性动机	生物性動機
biological psychology	生物心理学	生物心理學
biopsychology(=biological psychology)	生物心理学	生物心理學
bio-psycho-social model	生物心理社会模式	生物心理社會模式
biopsychosocial model(=bio-psycho-social model)	生物心理社会模式	生物心理社會模式
bipolar cell	双极细胞	雙極細胞
bipolar mood disorder	双相心境障碍	雙極性情感疾患,躁鬱症
bipolar neuron	双极神经元	雙極神經元
birth order	出生顺序	出生序
BIS(=behavioral inhibition system)	行为抑制系统	行為抑制系統
biserial correlation	二列相关	二系列相關
biserial correlation coefficient	二列相关系数	二系列相關係數
bisexuality	双性恋	雙性戀
bivariate statistics	双变量统计	雙變項統計
black box	黑箱	黑箱
black box theory	黑箱理论	黑箱論
blended family	混合型家庭	混合型家庭
blindsight	盲视	盲視[現象]
blind spot	盲点	盲點
blind testing	盲测验	盲測試
block	区组	區組
block design	区组设计	區組設計
block effect	区组效应	區組效應
blocking	[思考]阻断	[思考]阻斷,[思考]阻礙
blocking effect	阻断效应	阻斷效應
blood-brain barrier(BBB)	血脑屏障	血腦障壁
B-love(=being-love)	存在的爱	存在的愛
BMI(=body mass index)	体重指数,体质量指数	身體質量指數
B-need(=being need)	存在性需要	存在需求
bodily-kinesthetic intelligence	身体-运动智力	身體-運動智力
body image	身体意象	身體意象
body language	身体语言	肢體語言,身體語言
body mass index(BMI)	体重指数,体质量指数	身體質量指數

英文名	大陆名	台湾名
body therapy	身体疗法	身體治療
boomerang effect	反弹效应	回彈效應
booster session	补充强化单元	補強單元
borderline personality disorder	边缘型人格障碍	邊緣性人格疾患,邊緣性人格違常
boredom	厌烦	厭煩[感]
BOS(=behavioral observation scale)	行为观察量表	行為觀察量表
bottom-up processing	自下而上加工	由下而上歷程
boundary	界限	界限
BPI(=Basic Personality Inventory)	基本性格量表	基本性格量表
BPRS(=Brief Psychiatric Rating Scale)	简明精神病评定量表	簡式精神評定量表
BRAC(=basic rest-activity cycle)	基础静息-活动周期	基礎作息週期
bradykinesia	运动徐缓	運動遲緩
brain	脑	腦
brain cell	脑细胞	腦細胞
brain damage	脑损伤	腦傷
brain-derived neurotrophic factor(BDNF)	脑源性神经营养因子	大腦衍生神經滋養因子
brain imaging	脑成像	腦部影像,腦部顯影
brain plasticity	脑可塑性	大腦可塑性
brainstem	脑干	腦幹
brainstorming	脑力激励	腦力激盪
brain wave	脑波	腦波
brand attitude	品牌态度	品牌態度
brand community	品牌社群	品牌社群
branded entertainment	品牌娱乐秀	品牌娛樂秀
brand extension	品牌延伸	品牌延伸
brand image	品牌形象	品牌形象
brand leveraging	品牌杠杆	品牌槓桿
brand loyalty	品牌忠诚度	品牌忠誠度
brand loyalty decision	品牌忠诚度决策	品牌忠誠型決策
brand loyalty purchase	品牌忠诚度购买	品牌忠誠度購買
brand parity	品牌等同	品牌等同
brand personality	品牌人格	品牌人格
brand personification	品牌拟人化	品牌擬人化
brand positioning	品牌定位	品牌定位
brand purchase decision	品牌购买决策	品牌購買決策
bregma	前囟点	囟門
Brief Psychiatric Rating Scale(BPRS)	简明精神病评定量表	簡式精神評定量表

英文名	大陆名	台湾名
brief psychoanalytic treatment	短期精神分析疗法,简短心理分析疗法	短期精神分析治療,短期心理分析治療
brief psychodynamic therapy	短期心理动力疗法	短期心理動力治療
brief psychotherapy(=short-term psychotherapy)	短程心理治疗,短期心理治疗	短期心理治療
brief psychotic disorder	短期精神障碍	短期精神病性疾患
Brief Symptom Inventory(BSI)	简明症状量表	簡式症狀量表
brightness	明度	亮度,明度
brightness constancy	明度恒常性	亮度恆常性,明度恆定性
brightness contrast	明度对比	亮度對比
Broca's aphasia	布罗卡失语症	布洛卡失語症
Broca's area	布罗卡[皮质]区	布洛卡皮質區
BSI(=Brief Symptom Inventory)	简明症状量表	簡式症狀量表
BSID(=Bayley Scales of Infant Development)	贝利婴儿发展量表	貝里嬰兒發展量表
buffer	缓冲	緩衝
bulimia(=binge-eating disorder)	暴食症	暴食症,暴食疾患
bulimia nervosa	心因性暴食症,神经性贪食	心因性暴食症
bullying	欺负[行为]	霸凌[行為]
bureaucratic leader	官僚式领导	官僚式領導
burnout	倦怠	倦怠,枯竭
butterfly effect	蝴蝶效应	蝴蝶效應
bystander apathy	旁观者冷漠	旁觀者冷漠
bystander effect	旁观者效应	旁觀者效應

C

英文名	大陆名	台湾名
CA(=chronological age)	实足年龄	實足年齡,生理年齡
CAI(=Career Assessment Inventory; computer-aided instruction)	职业生涯评价量表;计算机辅助教学	生涯評估量表;電腦輔助教學
CAL(=computer-assisted learning)	计算机辅助学习	電腦輔助學習
calcarine fissure	距状裂	距狀裂
calcitonin	降钙素	降鈣激素
calcium channel blocker	钙通道阻滞药	鈣離子通道阻斷劑
calcium-dependent enzyme	依钙酶	依鈣酵素

英　文　名	大　陆　名	台　湾　名
calcium ion	钙离子	鈣離子
California Achievement Test(CAT)	加州成就测验	加州成就測驗
California Diagnostic Reading and Mathematics Test	加州阅读和数学诊断测验	加州閱讀和數學診斷測驗
California F Scale	加州 F 量表	加州 F 量表
California Psychological Inventory(CPI)	加州心理测验	加州心理測驗
California Test of Mental Maturity (CTMM)	加州心理成熟测验	加州心理成熟測驗
callosal apraxia	胼胝型失能症	胼胝型運用失能症
cAMP(=cyclic adenosine monophosphate)	环腺苷一磷酸	環腺苷單磷酸
cannibalism	同类相食性	同類相殘
Cannon-Bard theory of emotion	坎农-巴德情绪理论	坎巴二氏情緒理論
canonical correlation	典范相关,典型相关	典型相關
CAPS(=cognitive-affective processing system)	认知-情感处理系统	認知-情感處理系統
cardinal trait	首要特质,核心特质	首要特質
career anchor	职业生涯定位	生涯定錨,職涯定錨
Career Assessment Inventory(CAI)	职业生涯评价量表	生涯評估量表
Career Belief Inventory(CBI)	职业生涯信念量表	生涯信念量表
career commitment	职业生涯承诺	生涯承諾,職涯承諾
career counseling	生涯咨询	生涯諮商,職涯諮商
career development	职业生涯发展	生涯發展,職涯發展
career education	职业生涯教育	生涯教育
career identity	职业生涯认同	生涯認同,生涯定向
Career Interest Inventory(CII)	职业生涯兴趣量表	生涯興趣量表
career management	职业生涯管理	生涯管理,職涯管理
career path	职业生涯途径,职业生涯路径	生涯路徑,職涯路徑
career planning	职业生涯规划	生涯規劃,職涯規劃
career satisfaction	职业生涯满意度	生涯滿意度,職涯滿意度
career self-efficacy	职业生涯自我效能	生涯自我效能
career self-management	职业生涯自我管理	生涯自我管理,職涯自我管理
case concepturalization	个案概念化	個案概念化
case history	个案历史	個案歷史法
case report	个案报告	個案報告

英 文 名	大 陆 名	台 湾 名
case study	个案研究	個案研究
castration	阉割	閹割
castration anxiety	阉割焦虑	閹割焦慮,去勢焦慮
catastrophic stress	灾难压力,激变应激	災難壓力
catatonic schizophrenia	紧张型精神分裂症	僵直型精神分裂[症],僵直型精神分裂疾患
CAT(=California Achievement Test; Children's Apperception Test)	加州成就测验;儿童统觉测验	加州成就測驗;兒童統覺測驗
catch-up growth	回复正常发育	回復正常發育
CAT(=computerized adaptive test)	计算机化适应性测验	電腦化適應性測驗
catecholamine	儿茶酚胺	兒茶酚胺
categorical classification	类别分类	類別取向分類
categorical clustering	类别聚类法	類別群聚法
categorical inference	类别推理	類別推理
categorical perception	分类知觉	類別知覺
categorical speech perception	语音类别知觉	語音範疇知覺
categorical syllogism	定言三段论,直言三段论	定言三段論,直言三段論
categorical variable	类别变量	類別變項
categorization(=classification)	分类	分類
categorization cue	类别线索	類別線索
catharsis	宣泄	宣洩
cathexis	感情投注	心神貫注,感情投注
caudate nucleus	尾状核	尾[狀]核
causal attribution	因果性归因	因果歸因
causality(=cause-and-effect relationship)	因果关系	因果關係
causality heuristics	因果启发法	因果捷思法
causal research	因果性研究	因果性研究
cause-and-effect relationship	因果关系	因果關係
CBCL(=Child Behavior Checklist)	儿童行为检核表	兒童行為檢核表
CBI(=Career Belief Inventory)	职业生涯信念量表	生涯信念量表
CBM(=cognitive behavioral modification)	认知行为矫正	認知行為矯治法,認知行為改變技術
CBT(=cognitive-behavioral therapy; computer-based training)	认知行为疗法;计算机化训练	認知行為治療;電腦化訓練法
CBTI(=computer-based test interpretation)	计算机化测验解释	電腦化測驗解釋
CD(=communication deviance)	沟通偏差	溝通偏差

英　文　名	大　陆　名	台　湾　名
CDD(=childhood disintegrative disorder)	儿童崩解症,儿童期整合障碍症	兒童期崩解症,兒童期崩解疾患
CDQ(=choice dilemma questionnaire)	两难选择问卷	選擇困境問卷
ceiling effect	天花板效应	天花板效應
cell	细胞	細胞
cell-mediated immunity	细胞介导免疫	細胞免疫反應系統,細胞促成性免疫
central chi-square distribution	中心卡方分布	中央卡方分配
central conceptual structure	核心概念结构	核心概念結構
central deafness	中枢性耳聋	中樞型失聰
central limit theorem	中心极限定理	中央極限定理
central nervous system(CNS)	中枢神经系统	中樞神經系統
central sulcus	中央沟	中央裂,中央溝
central tendency	集中趋势	趨中傾向,集中趨勢
central tendency analysis	集中趋势分析	趨中傾向分析
central trait	中心特质	中心特質,核心特質
central vision	中央视觉	中央視覺
centration	中心性	片見性
CER(=conditioned emotional response)	条件性情绪反应,制约化情绪反应	條件化情緒反應,制約化情緒反應
cerebellar cortex	小脑皮质	小腦皮質
cerebellum	小脑	小腦
cerebral cortex	大脑皮质	大腦皮質
cerebral hemisphere	大脑半球	大腦半球
cerebrospinal fluid(CSF)	脑脊液	腦脊髓液
CET(=cognitive enhancement therapy)	认知强化疗法	認知提升治療法
CFA(=confirmatory factor analysis)	验证性因素分析	驗證性因素分析
CFF(=critical flicker frequency)	闪烁临界频率,闪光融合临界频率	閃爍臨界頻率
chameleon effect	变色龙效应	變色龍效應
change agent	变革推动者	變革推動者
change blindness	变化盲	改變視盲
chaos theory	混沌理论	混沌理論
character	性格	性格,品格
charismatic authority	魅力型权威	魅力型權威
charismatic leader	魅力型领导者	魅力型領導者
charismatic leadership	魅力型领导	魅力型領導
charismatic theory of leadership	领导魅力论	領導魅力論

英 文 名	大 陆 名	台 湾 名
Charpentier illusion	沙尔庞捷错觉	夏蓬特錯覺
ChAT(=choline acetyltransferase)	胆碱乙酰转移酶	乙醯膽鹼轉化酶
checklist	检核表	檢核表
chemical sensation	化学感觉	化學感覺
chemical sensory system	化学感觉系统	化學感覺系統
chemical synapse	化学突触	化學突觸
chemical transmission	化学传递	化學傳遞
chemical transmitter	化学递质	化學傳遞物質
chemoaffinity hypothesis	化学亲和假说	化學親和假說
chemoattractant	化学引诱物	化學吸引因子
chemorepellent	化学排斥物	化學排斥因子
chemotherapy	化学疗法	化學療法
Chicago school	芝加哥学派	芝加哥學派
child abuse	儿童虐待	兒童虐待
Child Behavior Checklist(CBCL)	儿童行为检核表	兒童行為檢核表
childhood	儿童期,童年期	兒童期
childhood amnesia	童年失忆症	童年失憶症
childhood disintegrative disorder(CDD)	儿童崩解症,儿童期整合障碍症	兒童期崩解症,兒童期崩解疾患
child psychology	儿童心理学	兒童心理學
Children's Apperception Test(CAT)	儿童统觉测验	兒童統覺測驗
chi-square difference test	卡方差异检验	卡方差異考驗
chi-square distribution	卡方分布,χ^2 分布	卡方分配
chi-square test	卡方检验,χ^2 检验	卡方考驗
choice criteria	选择标准	選擇標準
choice dilemma questionnaire(CDQ)	两难选择问卷	選擇困境問卷
choice reaction time	选择反应时,B 反应时	選擇反應時間
cholesterol	胆固醇	膽固醇
choline acetyltransferase(ChAT)	胆碱乙酰转移酶	乙醯膽鹼轉化酶
cholinergic receptor	胆碱能受体	乙醯膽鹼受體
chorea	舞蹈症	舞蹈症
chromatic adaptation	颜色适应,色调适应,色彩适应	色彩適應
chromatic color	彩色	有彩顏色
chromosome	染色体	染色體
chronic fatigue syndrome	慢性疲劳综合征	慢性疲勞症候群
chronic pain	慢性疼痛	慢性疼痛
chronological age(CA)	实足年龄	實足年齡,生理年齡

英 文 名	大 陆 名	台 湾 名
chunk	组块	意元,組集
chunking(=chunk)	组块	意元,組集
CII(=Career Interest Inventory)	职业生涯兴趣量表	生涯興趣量表
cingulate gyrus	扣带回	扣帶腦迴
circadian rhythm	昼夜节律	晝夜節律,日夜週期
circadian rhythm sleep disorder(CRSD)	昼夜节律性睡眠障碍	晝夜節律性睡眠疾患
circumlocution	言语迂回症	言語迂迴症
CIT(=critical incident technique)	关键事件技术,关键事件法	關鍵事件法,關鍵事例法
CL(=comparison level)	比较水平	比較水準
clarification	澄清	澄清
classical conditioning	经典性条件反射,经典条件作用	古典制約,正統條件化學習
classical test theory(CTT)	经典测验理论	古典測驗理論
classification	分类	分類
classroom test	随堂测验	隨堂測驗
clerical aptitude test	文书能力倾向测验,文书测验	文書性向測驗
client	当事人,求咨者,咨客,来访者	當事人
client-centered therapy	当事人中心疗法,来访者中心疗法,咨客中心疗法	當事人中心治療法,案主中心治療法,個人中心治療
client right	当事人权利,咨客权利	當事人權益,案主權益
client welfare	当事人权益,咨客权益	當事人福祉,案主福祉
clinical assessment	临床评估	臨床衡鑑
clinical interview	临床访谈	臨床晤談;[認知發展]個別晤談法
clinical prediction	临床预测	臨床預測
clinical psychology	临床心理学	臨床心理學
clinical significance	临床显著性	臨床顯著性
closed system	封闭系统	封閉系統
close-ended questionnaire	封闭式问卷	封閉式問卷
close-loop control mechanism	封闭回路控制机制	封閉迴路控制機制
closeness	亲密性	親密性
cloze test	填空测验	填空測驗,克漏字測驗
cluster analysis	聚类分析	群聚分析,集群分析
CNS(=central nervous system)	中枢神经系统	中樞神經系統

英 文 名	大 陆 名	台 湾 名
cochlea	耳蜗	耳蝸
cochlear nerve	耳蜗神经	耳蝸神經
cochlear nucleus	耳蜗神经核	耳蝸神經核
cocktail party effect	鸡尾酒会效应	雞尾酒會效應
cocktail party phenomenon	鸡尾酒会现象	雞尾酒會現象
co-consumer effect	人气效应	人氣效應,人潮效應
code of ethics	伦理守则,伦理规范	倫理守則
coding	编码	編碼,入碼
coding strategy	编码策略	編碼策略
codominance	共显性	共顯性
codon	密码子	密碼子
α coefficient(=alpha coefficient)	α 系数	α 係數
φ coefficient(=phi coefficient)	φ 系数	φ 係數
τ coefficient(=tau coefficient)	τ 系数	τ 係數
coefficient of association	关联系数	關聯係數
coefficient of contigency	列联系数	列聯係數
coefficient of correlation	相关系数	相關係數
coefficient of dependability(=dependability coefficient)	可靠性系数	可靠係數
coefficient of determination	决定系数	決定係數
coefficient of generalizability(=generalizability coefficient)	概化系数	概化係數
coefficient of internal consistency	内部一致性系数	內部一致性係數
coefficient of stability	稳定系数	穩定係數
coefficient of stability and equivalence	稳定等值系数	穩定等值係數
coefficient of variation(CV)	变异系数	變異係數
coenzyme	辅酶	輔酶
coercive home environment	高压型家庭环境	高壓強制家庭環境
coercive power	强制权力	強制權力
CogAT(=cognitive ability test)	认知能力测验	認知能力測驗
cognition	认知	認知
cognition response model	认知反应模型	認知反應模式
cognitive ability	认知能力	認知能力
cognitive ability test(CogAT)	认知能力测验	認知能力測驗
cognitive-affective processing system (CAPS)	认知-情感处理系统	認知-情感處理系統
cognitive appraisal	认知评价	認知評估
cognitive approach	认知取向	認知取向

英 文 名	大 陆 名	台 湾 名
cognitive assessment	认知评估	認知衡鑑
cognitive associative learning	认知联结学习	認知聯結學習
cognitive behavioral modification(CBM)	认知行为矫正	認知行為矯治法,認知行為改變技術
cognitive-behavioral self-management training	认知行为自我管理训练	認知行為之自我管理訓練
cognitive-behavioral therapy(CBT)	认知行为疗法	認知行為治療
cognitive bias	认知偏倚,认知偏差	認知偏誤
cognitive complexity	认知复杂度	認知複雜度
cognitive consistency	认知一致性	認知一致性
cognitive consonance	认知和谐	認知協調
cognitive development	认知发展	認知發展
cognitive-developmental approach	认知发展取向	認知發展取向
cognitive-developmental theory	认知发展理论	認知發展理論
cognitive disorder	认知障碍	認知疾患
cognitive dissonance	认知失调	認知失調
cognitive dissonance theory	认知失调理论	認知失調理論
cognitive enhancement therapy(CET)	认知强化疗法	認知提升治療法
cognitive ergonomics	认知工效学	認知人因工程學
cognitive evaluation theory	认知评价理论	認知評價理論
cognitive-experiential self-theory	认知经验自我理论	認知經驗自我理論
cognitive heuristics	认知启发法	認知捷思法
cognitive information processing	认知信息加工	認知訊息處理
cognitive inhibition	认知抑制	認知抑制
cognitive learning	认知学习	認知學習
cognitive map	认知地图	認知圖,認知地圖
cognitive miser	认知吝啬者	認知吝嗇
cognitive need(=need for cognition)	认知需要	認知需求
cognitive neuroscience	认知神经科学	認知神經科學
cognitive potential	认知潜能	認知潛能
cognitive process	认知过程	認知歷程
cognitive psychology	认知心理学	認知心理學
cognitive questionnaire	认知问卷	認知問卷
cognitive relaxation	认知放松	認知放鬆
cognitive reserve hypothesis	认知存量假说	認知存量假說
cognitive resource theory	认知资源理论	認知資源理論
cognitive restructuring	认知重建,认知重构	認知重建
cognitive schema	认知图式	認知基模

英　文　名	大　陆　名	台　湾　名
cognitive school	认知学派	認知學派
cognitive science	认知科学	認知科學
cognitive self-instructional training	认知自我指导训练	認知自我教導訓練
cognitive self-regulation	认知自我调节	認知自我調節
cognitive skill	认知技能	認知技能
cognitive strategy	认知策略	認知策略
cognitive structure	认知结构	認知結構
cognitive style	认知方式,认知风格	認知類型,認知風格
cognitive theory	认知理论	認知理論
cognitive theory of emotion	情绪的认知理论	情緒的認知理論
cognitive theory of learning	学习的认知理论	認知學習論
cognitive therapy	认知疗法	認知治療
cognitive triad	认知三联症	認知三角
cognitive walkthrough	认知走查法	認知演練法,認知走查法
cognitivism	认知主义	認知主義
cohesiveness	凝聚力	凝聚力
cohort	同层人	世代,同輩,科夥
cohort effect	同辈效应	世代效應,同輩效應,科夥效應
cold point	冷点	冷點
cold sensation	冷觉	冷覺
cold spot(=cold point)	冷点	冷點
collaboration	协同	統合
collaborative decision-making(=group decision-making)	群体决策	團體決策
collaborative filtering	协同过滤	共同性過濾
collective bargaining	集体协商	集體協商
collective behavior	集体行为	集體行為
collective efficacy	集体效能	集體效能
collective monologue	集体性独白	集體獨語
collective rationalizing	集体合理化	集體合理化
collective selection	集体选择	集體選擇
collective unconsciousness	集体无意识,集体潜意识	集體潛意識
collectivism	集体主义	集體主義
collectivist culture	集体主义文化	集體主義文化
color	颜色	顏色

英 文 名	大 陆 名	台 湾 名
color agnosia	颜色失认症	顏色失認症
color blindness	色盲	色盲
color blindness test	色盲测验	色盲測驗
color circle	色[调]环	色環
color constancy	颜色恒常性	顏色恆常性,色彩恆常性
color contrast	颜色对比,色对抗	顏色對比,色彩對比
color deficiency	色觉缺陷	色覺缺陷
colored hearing	色听	色聽
Colored Progressive Matrices(CPM)	彩色图形推理测验	彩色圖形推理測驗
color matching	颜色匹配,配色	配色
color-matching experiment	色匹配实验	配色實驗
color mixture	颜色混合	混色,顏色混合
color preference	颜色爱好	顏色偏好,色彩偏好
color-rendering index	显色指数	顯色指數
color-rendering property of light source	光源显色性	光源顯色性
color saturation	颜色饱和度,色品,色饱和	顏色飽和度,色品,色飽和
color solid	颜色立体	顏色錐體
color temperature	色温	色溫
color tolerance	颜色宽容度	色彩寬容度
color vision	颜色视觉	顏色視覺
color wheel	色轮,混色轮	色輪
color zone	色区	色區,色帶
Columbia school	哥伦比亚学派	哥倫比亞學派
combat fatigue	战斗疲劳	戰鬥疲乏
combat stress reaction	作战应激反应	戰爭壓力反應
combination tone	合音	合音
common factor	共同因素	共同因素
common fate	共同命运	共同命運
common therapeutic factor	共同治疗因素	共同治療因素
common trait	共同特质	共同特質
communality	共因子方差比,共同度	共同性
communication	沟通	溝通
communication channel	沟通渠道	溝通管道
communication deviance(CD)	沟通偏差	溝通偏差
communication disorder	沟通障碍	溝通疾患,溝通障礙
communication model	沟通模式	溝通模式

英　文　名	大　陆　名	台　湾　名
communication network	沟通网络	溝通網絡
communication process	沟通过程	溝通歷程
communication psychology	传播心理学	傳播心理學,溝通心理學
communication system	沟通系统	溝通系統
communication training	沟通训练	溝通訓練
community psychology	社区心理学	社區心理學
comparative analysis	比较分析	比較性分析
comparative approach	比较研究法	相對比較法
comparative psychology	比较心理学	比較心理學
comparison level(CL)	比较水平	比較水準
comparison stimulus	比较刺激	比較刺激
comparison-wise error rate	比较误差率	比較錯誤率
compatibility	相容性	相容性
compensation	代偿,补偿	補償[作用];薪酬,報償
compensation system	薪酬制度	薪酬制度
compensatory model	互补模式	互補模式
compensatory tracking	补偿追踪	補償追蹤
competence	胜任力	職能,能力,勝任能力
competency(=competence)	胜任力	職能,能力,勝任能力
competency model	胜任[力]模型	職能模式
competing model	竞争模型	競爭模式
competition	竞争	競爭
competitive advantage	竞争优势	競爭優勢
competitive motive	竞争动机	競爭動機
competitiveness	竞争力	競爭力
competitor	竞争者	競爭者
complementarity	互补性	互補
complementarity of need	需求互补	需求互補
complementary color	互补色	補色
complex	情结	情結
complex cell	复杂细胞	複雜細胞
complex learning	复杂学习	複雜學習
compliance	依从,顺从	順從,順服
compliant personality	依从型人格,顺从型人格	順從性人格
componential intelligence	成分智力	成分智力

英 文 名	大 陆 名	台 湾 名
composite score	合成分数	組合分數,合成分數
compound tone	复合音	複合音
comprehension	理解	理解
comprehension strategy	理解策略	理解策略
comprehensive achievement test	综合成就测验	綜合成就測驗
compromism(=eclecticism)	折中主义	調和主義,折衷主義,折衷派
compulsion(=compulsive behavior)	强迫行为	強迫行為
compulsive behavior	强迫行为	強迫行為
compulsive personality disorder	强迫型人格障碍	強迫性人格疾患,強迫性人格違常
computation	计算	計算
computer-aided instruction(CAI)	计算机辅助教学	電腦輔助教學
computer-assisted learning(CAL)	计算机辅助学习	電腦輔助學習
computer-assisted testing system	计算机辅助测验系统	電腦輔助測驗系統
computer-based test interpretation(CBTI)	计算机化测验解释	電腦化測驗解釋
computer-based training(CBT)	计算机化训练	電腦化訓練法
computerized adaptive test(CAT)	计算机化适应性测验	電腦化適應性測驗
computerized testing	计算机化测验	電腦化測驗
computer simulation	计算机模拟	電腦模擬
computer vision	计算机视觉	電腦視覺
concentration	专注	專注
concentrative meditation	集中性沉思	專注冥想
concept	概念	概念
concept acquisition	概念习得,概念获得	概念習得
concept assimilation	概念同化	概念同化
concept development	概念发展	概念發展
concept formation	概念形成	概念形成
concept learning	概念学习	概念學習
concept structure	概念结构	概念结构
conceptual criterion	概念效标	概念效標
conceptual definition	概念定义	概念定義
conceptually driven process	概念驱动加工	概念驅動歷程
conceptualization	概念化	概念化
conceptual priming	概念式触发	概念式觸發
conceptual variable	概念变量	概念變項
concreteness	具体化	具體化[歷程]
concrete operation	具体运算,具体运思	具體運思

英 文 名	大 陆 名	台 湾 名
concrete-operational stage	具体运算阶段	具體運思階段
concrete thinking	具体思维	具體思維
concretization(=concreteness)	具体化	具體化[歷程]
concurrent estimation	同时估计	同時估計
concurrent validity	同时效度	同時效度
condensation	浓缩	濃縮
conditional concept	条件概念	條件概念
conditional distribution	条件分布	條件分配
conditional emotional reaction(=conditioned emotional response)	条件性情绪反应,制约化情绪反应	條件化情緒反應,制約化情緒反應
conditional index	条件指数	條件指數
conditional knowledge	条件性知识	條件式知識
conditional probability	条件概率	條件機率
conditional reasoning	条件推理	條件推理
conditioned aversion	条件性厌恶	嫌惡制約
conditioned discrimination	条件性辨别	制約區辨作用
conditioned emotional response(CER)	条件性情绪反应,制约化情绪反应	條件化情緒反應,制約化情緒反應
conditioned flavor aversion	条件性味觉厌恶反应	制約味覺嫌惡反應
conditioned place preference(CPP)	条件性位置偏爱	制約場域偏好反應
conditioned reflex(CR)	条件反射	制約反射,條件反射
conditioned reinforcement	制约增强[作用]	制約增強[作用]
conditioned reinforcer	条件性强化物	制約增強物
conditioned response(CR)	条件反应	制約反應,條件反應
conditioned stimulus(CS)	条件刺激	制約刺激,條件刺激
condition of worth	价值条件	價值條件
conduct disorder	品行障碍	品行疾患
conduction	传导	傳導
conduction aphasia	传导性失语症	傳導性失語症
conduction deafness	传导性失聪	傳導性失聰
conduction velocity	传导速度	傳導速度
cone cell	视锥细胞	錐[狀]細胞
confabulation	虚构症	虛談
confidence coefficient	置信系数	信賴係數
confidence interval	置信区间	信賴區間
confidence limit	置信限	信賴界限
confidentiality	保密	保密
confirmation bias	验证性偏倚	驗證性偏誤,驗應性偏

英 文 名	大 陆 名	台 湾 名
		誤
confirmatory factor analysis(CFA)	验证性因素分析	驗證性因素分析
conflict	冲突	衝突
conflict management	冲突管理	衝突管理
conflict model	冲突模式	衝突模式
confluence learning	汇集学习	匯合學習,匯流學習
conformity	从众	從眾行為,從眾,從眾性
confounding variable	混淆变量	混淆變項
confrontation	质对	面質
congenital attribute	先天属性	先天屬性
congenital hypothyroidism(=cretinism)	呆小病,克汀病	呆小症
congruence(=consensus)	一致性,共识性	一致性,共識性
congruent validity	相容效度	相符效度,相容效度
congruity theory	一致性理论,调和理论	調和理論
conjunctive concept	合取概念	聯結概念
connectionism	联结主义	聯結主義
connectionism psychology	联结主义心理学	聯結主義心理學
conscience	良心	善惡觀念,良心
conscientiousness	严谨性	嚴謹性,自律性
consciousness	意识	意識
consensus	一致性,共识性	一致性,共識性
conservation	守恒	守恆;保留概念
conservation-withdrawal response	保存-退缩反应	保守-退縮反應
conservative focusing	保守性聚焦	保守集中
consistency	一贯性	一致性
consolidation	巩固	[記憶的]凝固
consolidation stage	巩固阶段	鞏固階段
conspicuous consumption	炫耀性消费	炫耀性消費
constancy	恒常性	恆常性
constant	常数	常數
constitutional trait	体质特质	本體特質
constraint-induced movement therapy	强制性运动疗法	限制性動作療法
construct	建构,构念	建構,構念
constructed-response test	建构反应测验	建構反應測驗
constructional apraxia	结构性失用症	建構型[運用]失能症
constructional play	建构游戏	建構型遊戲
construction corollary	建构推论	建構推論
constructive alternativism	建构权宜选择	建構多元性

英文名	大陆名	台湾名
constructive memory	建构[性]记忆	建構性記憶
constructive perception	建构知觉	建構性知覺
constructive process	建构过程	建構歷程
constructivism	建构主义,构造主义	建構主義,建構論
construct validity	构想效度,结构效度	建構效度,構念效度
consultant	咨询者	諮詢者
consulting psychology(=counseling psychology)	咨询心理学	諮商心理學
consumed consumer	商品化消费者	商品化消費者
consumer	消费者	消費者
consumer addiction	消费者成瘾	消費者成癮
consumer behavior	消费者行为	消費者行為
consumer belief	消费者信念	消費者信念
consumer communication	消费者沟通	消費者溝通
consumer culture	消费者文化	消費者文化
consumer psychology	消费[者]心理学	消費者心理學
consumer research	消费者研究	消費者研究
consumer survey	消费者调查	消費者調查
consumer type	消费者类型	消費者類型
consumption value system	消费价值系统	消費價值系統
content analysis	内容分析	內容分析[法]
content morpheme	实词素	內容性詞素
content validity	内容效度	內容效度
context	语境	情境,脈絡
context-dependent	情境依赖	情境依賴,脈絡依賴
context effect	上下文效应,语境效应,背景效应	脈絡效應,情境效應
context specificity	情境特殊性	情境特殊性
contextual intelligence	情境智力	情境智力
contextual model	情景模式	[發展]情境模式
contiguity	接近性	接近性
contingency of reinforcement	强化相倚	增強的後效,伴隨增強發生的狀況
contingency table	列联表	列聯表
contingency theory	权变理论	權變論
contingency theory of leadership	领导权变理论	領導權變論
contingent reinforcement	后效强化	後效強化
continuity	连续性	連續律,連續性

英 文 名	大 陆 名	台 湾 名
continuity of behavior	行为连续性	行為的連續性
continuous feedback	持续反馈	持續回饋
continuous reinforcement(CRF, CR)	连续强化	持續增強,連續增強
continuous reinforcement schedule	连续强化程式表	連續增強時制
continuous variable	连续变量	連續變項
contour	轮廓	輪廓
contrast	对比	對比
contrast effect	对比效应	對比效應,對比效果
contrast threshold	对比阈限	對比閾值,對比閾限
control group	控制组	控制組
controllability	可控制性	可控制性
controlled process	控制过程	控制歷程
controlled stimulation	控制刺激	控制刺激
control theory	控制理论	控制理論
controversial child	争议型儿童	爭議型兒童
conventional level of morality	习俗道德水平	道德習俗期,道德循規期
conventional morality	习俗道德	習俗道德
convergence	集合[作用],辐辏作用	[眼睛的]輻輳作用
convergence eye movement	眼球辐辏运动	眼球輻輳運動
convergence theory	集合论,辐合论	聚合理論
convergent evolution	趋同演化	趨同演化
convergent thinking	辐合思维	聚斂性思考
convergent validity	聚合效度	聚斂效度,輻合效度
conversion hysteria	转换性癔症	轉化型歇斯底里症
converted score	转换分数	轉換分數
cooing	喔啊声	咕咕聲
Coolidge effect	库利奇效应	柯立茲效應
cooperation	合作	合作
cooperative learning	合作学习	合作學習
cooperative motive	合作动机	合作動機
cooperative orientation	合作取向	合作取向
cooperative play	合作游戏	合作型遊戲
COPE Scale(=Coping Orientations to Problems Experienced Scale)	因应量表	因應量表
coping	应对	因應
coping behavior	应对行为	因應行為
Coping Orientations to Problems Experi-	因应量表	因應量表

英文名	大陆名	台湾名
enced Scale(COPE Scale)		
coping response	应对反应,因应反应	因應反應
coping skill	应对技巧,因应技巧	因應技能,因應技巧
coping strategy	应对策略	因應策略,應對策略
coping style	应对方式,应对风格	因應方式,應對方式
coprolalia	秽语症	[妥瑞式症的]穢語症
corpus callosum	胼胝体	胼胝體
corpus luteum	黄体	黃體
corpus striatum	纹状体	紋狀體
Correction Scale	校正量表	校正量表
correct rejection	正确否定	正確拒絕,正確否定
correlation	相关	相關
correlational method	相关法	相關法
correlational research	相关研究	相關研究
correlation analysis	相关分析	相關分析
correlation ratio	相关比	相關比
correspondence problem	对应问题	對應問題
correspondent inference	对应推论	對應推論
correspondent inference theory	对应推论理论	對應推論理論
cortex	皮质	皮質
cortical cell	皮质细胞	皮質細胞
corticobulbar pathway	皮质延髓通路	皮質-延髓通路
corticospinal pathway	皮质脊髓通路	皮質-脊髓通路
corticotropin-releasing factor(CRF)	促肾上腺皮质[激]素释放因子	促腎上腺素釋放因子
corticotropin-releasing hormone(CRH)	促肾上腺皮质[激]素释放[激]素	腦下垂體釋放激素
counseling	[心理]咨询	諮商
counseling psychology	咨询心理学	諮商心理學
counterbalanced design	平衡设计	對抗平衡設計
counterconditioning	对抗性条件作用	反制約作用
counterfactual thinking	反事实思维	與事實相反的思考,違實思考,反事實思考
countertransference	反向移情	反移情[作用]
courtship behavior	求偶行为	求偶行為
covariation	协变[量]	共變[量]
covariation principle	协变原则	共變原則
covert aggression	隐蔽式攻击	隱藏式攻擊

英 文 名	大 陆 名	台 湾 名
covert desensitization	隐蔽脱敏法	隱藏式去敏感化,内隱的去敏感化
covert sensitization	隐蔽敏感化	隱藏式敏感化,内隱的敏感化
CPI(=California Psychological Inventory)	加州心理测验	加州心理測驗
CPM(=Colored Progressive Matrices)	彩色图形推理测验	彩色圖形推理測驗
CPP(=conditioned place preference)	条件性位置偏爱	制約場域偏好反應
CR(=conditioned reflex; conditioned response; continuous reinforcement)	条件反射;条件反应;连续强化	制約反射,條件反射;制約反應,條件反應;持續增強,連續增強
cranial nerve	脑神经	顱神經,腦神經
craving	渴求	渴想
creative design system	创造设计系统	創造設計系統
creative imagination	创造性想象	創造性想像
creative personality	创造性人格	創造[性]人格
creative psychology	创造心理学	創造心理學
creative self	创造性自我	創造性自我
creative thinking	创造[性]思维,产生式思维	創意思考,創意思維,創作性思考
creative thinking test	创造[性]思维测验	創意思考測驗
creativity	创造力	創造力
creativity test	创造力测验	創造力測驗
credibility	可信度	可信度
creolization	克里奥尔化	克里奧化
cretinism	呆小病,克汀病	呆小症
CRF(=continuous reinforcement; corticotropin-releasing factor)	连续强化;促肾上腺皮质[激]素释放因子	持續增強,連續增強;促腎上腺素釋放因子
CRH(=corticotropin-releasing hormone)	促肾上腺皮质[激]素释放[激]素	腦下垂體釋放激素
criminality	犯罪	犯罪
criminal motivation	犯罪动机	犯罪動機
criminal personality	犯罪性人格	犯罪性人格
criminal profiling	犯罪心理画像	犯罪[心理]剖繪
criminal psychology	犯罪心理学	犯罪心理學
criminology	犯罪学	犯罪學
crisis	危机	危機
crisis intervention	危机干预	危機介入
crisis management	危机管理	危機處理

英文名	大陆名	台湾名
criterion	效标	效標
criterion analysis	效标分析	效標分析
criterion contamination	效标污染	效標污染,效標混淆
criterion-keyed inventory	效标计分量表	效標計分量表
criterion-referenced test	目标参照测验	效標參照測驗
criterion-related evidence	效标关联证据	效標關聯證據
criterion-related validity	效标关联效度	效標關聯效度
criterion validity	效标效度	效標效度
criterion variable	效标变量,标准变量	效標變項
critical band	临界频带	關鍵頻段
critical flicker frequency(CFF)	闪烁临界频率,闪光融合临界频率	閃爍臨界頻率
critical incident	关键事件	關鍵事件,關鍵事例
critical incident appraisal	关键事件评估	關鍵事件評估,關鍵事例評估
critical incident technique(CIT)	关键事件技术,关键事件法	關鍵事件法,關鍵事例法
critical period	关键期	關鍵期
critical ratio	临界比	臨界比
critical success factor(CSF)	关键成功要素	關鍵成功要素
critical value	临界值	臨界值
Cronbach's α coefficient	克龙巴赫 α 系数	Cronbach α 係數
cross-cultural communication	跨文化沟通	跨文化溝通
cross-cultural consistency	跨文化一致性	跨文化一致性,泛文化一致性
cross-cultural consumer analysis	跨文化消费者分析	跨文化消費者分析,泛文化消費者分析
cross-cultural consumer research	跨文化消费者研究	跨文化消費者研究,泛文化消費者研究
cross-cultural management	跨文化管理	跨文化管理
cross-cultural psychology	跨文化心理学	跨文化心理學
cross-cultural research	跨文化研究	跨文化研究,泛文化研究
cross-cultural social psychology	跨文化社会心理学	跨文化社會心理學
cross-cultural study(=cross-cultural research)	跨文化研究	跨文化研究,泛文化研究
cross-cultural training	跨文化训练	跨文化訓練
cross-functional team	交叉职能团队	跨功能團隊

英 文 名	大 陆 名	台 湾 名
cross-sectional research	横断研究	横斷研究[法]
cross-validation	交叉效度分析	交叉驗證
crowd	群众	群眾,群伙
CRSD(=circadian rhythm sleep disorder)	昼夜节律性睡眠障碍	晝夜節律性睡眠疾患
crystallized intelligence	晶体智力,晶态智力	晶體智力,結晶智力
CS(=conditioned stimulus)	条件刺激	制約刺激,條件刺激
CSF(=cerebrospinal fluid; critical success factor)	脑脊液;关键成功要素	腦脊髓液;關鍵成功要素
CTMM(=California Test of Mental Maturity)	加州心理成熟测验	加州心理成熟測驗
CTT(=classical test theory)	经典测验理论	古典測驗理論
cube theory of attribution	归因三维理论	歸因的三維理論,歸因的立方理論
cue	线索	線索
cued recall	线索回忆	線索回憶
cue validity	线索效度	線索有效性
cultural competence	文化胜任力	文化能力,文化勝任性
cultural determinism	文化决定论	文化決定論
cultural difference	文化差异	文化差異
cultural factor	文化因素	文化因素
cultural heterogeneity	文化异质性	文化異質性
cultural homogeneity	文化同质性	文化同質性
cultural identity development	文化认同发展	文化認同發展
cultural norm	文化常模	文化規範,文化常模
cultural psychology	文化心理学	文化心理學
cultural value	文化价值	文化價值
culture fair test	文化公平测验	文化公平測驗
culture free test	文化自由测验	無文化影響測驗
culture shock	文化冲击	文化衝擊
cumulative relative frequency distribution	累积频率分布	累積相對次數分配
curvilinear regression	曲线回归	曲線迴歸
curvilinear relationship	曲线关系	曲線關係
customer satisfaction	顾客满意度	顧客滿意度
cutaneous sensation	肤觉	皮膚感覺,膚覺
cutoff score	临界分数	截斷分數
CV(=coefficient of variation)	变异系数	變異係數
cyber communication	网络沟通	網路溝通
cyber psychology	网络心理学	網路心理學

英　文　名	大　陆　名	台　湾　名
cyclic adenosine monophosphate(cAMP)	环腺苷一磷酸	環腺苷單磷酸

D

英　文　名	大　陆　名	台　湾　名
DA(=dopamine)	多巴胺	多巴胺
dance therapy	舞蹈疗法	舞蹈治療[法]
DAP(=draw-a-person test)	绘人测验,画人测验	畫人測驗
DAP test(=draw-a-person test)	绘人测验,画人测验	畫人測驗
dark adaptation	暗适应	暗適應
Darwin's theory of evolution	达尔文进化论	達爾文演化論
DAS(=Dysfunctional Attitude Scale)	功能失调性态度量表	失功能態度量表
DAT(=Differential Aptitude Tests)	区分能力倾向测验	區分性向測驗
data analysis	数据分析	資料分析
data collection	数据收集,数据采集	資料收集,資料蒐集
data-driven	数据驱动	資料導向,資料取向
data-driven process	数据驱动加工	資料驅動歷程
DBT(=dialectical behavior therapy)	辩证行为疗法	辯證式行為治療
DDST(=Denver Developmental Screening Test)	丹佛儿童发展筛选测验	丹佛發展篩選測驗
death instinct	死的本能,塞纳托斯	死之本能,死神
decay theory	消退理论	[記憶的]衰退理論
decentralization	去中心化	分權,去中心化
deception	欺骗	欺騙
deceptive advertising	欺骗性广告	欺騙性廣告
decision making	决策	決策
decision making style	决策风格	決策風格
decision making theory	决策理论	決策理論
decision rule	决策法则	決策法則
decision study(D study)	决策研究	決策研究
decision support system	决策支持系统	決策支援系統
decision tree	决策树	決策樹
declarative knowledge	陈述性知识,描述性知识	事實知識,陳述性知識
declarative memory	陈述[性]记忆	陳述性記憶
decoding	译码	解碼
deconditioning	去条件作用	去制約
deconstruction	解构	解構

英 文 名	大 陆 名	台 湾 名
deductive inference	演绎推理	演繹推理
deep dyslexia	深度诵读困难	深層閱讀障礙,深層失讀症
deep sleep	深度睡眠	深度睡眠
deep structure	深层结构	深層結構
defense mechanism	防御机制	防衛機制
defensive attribution	防御性归因	防衛性歸因
defensive behavior	防御行为	防衛行為
defensive identification	防御认同	防衛性認同
deferred imitation	延迟模仿	延宕模仿
deficiency motivation	匮乏性动机	匱乏性動機
deficiency motive(=deficiency motivation)	匮乏性动机	匱乏性動機
deficiency need(D-need)	匮乏性需要	匱乏需求
360-degree feedback	360 度反馈	360 度回饋
degree of freedom	自由度	自由度
360-degree performance appraisal	360 度绩效评估	360 度績效評估
deindividuation	去个体化	去個人化
delayed conditioning	延迟性条件作用	延宕制約
delayed reinforcement	延迟性强化	延宕增強
delay of gratification	延迟满足	延宕滿足,延宕享樂
delinquency	违规行为	犯罪行為,違犯行為
delirium	谵妄	譫妄
delta activity	δ 波活动	δ 波活動
delta wave(δ wave)	δ 波	δ 波,德爾塔波
delusion	妄想	妄想
delusional disorder	妄想性障碍	妄想疾患,妄想症
delusion of jealousy	嫉妒妄想	嫉妒妄想
delusion of negation	否定妄想	否定妄想
delusion of persecution	被害妄想	迫害妄想
delusion of reference	关系妄想	關聯妄想
dementia	痴呆	失智[症],智能衰退
demonology	恶魔论,魔鬼论	惡魔論,魔鬼論
dendrite	树突	樹[狀]突
dendritic spine	树突棘	樹突棘
dendro-dendritic synapse	树-树突触	樹突間突觸
denial	否认	否認[作用],否定[作用]

英　文　名	大　陆　名	台　湾　名
dentate gyrus	齿状回	齒狀迴
Denver Developmental Screening Test (DDST)	丹佛儿童发展筛选测验	丹佛發展篩選測驗
deoxyribonucleic acid(DNA)	脱氧核糖核酸	去氧核糖核酸
dependability coefficient	可靠性系数	可靠係數
dependence	依赖性	[藥物或物質]依賴性
dependent personality disorder	依赖型人格障碍	依賴性人格疾患,依賴性人格違常
dependent variable(DV)	因变量	依變項
depersonalization	人格解体	去人格化
depersonalization disorder	自我感丧失症,人格解体障碍	自我感喪失疾患
depolarization	去极化	去極化[作用]
depression	抑郁	憂鬱,沮喪
depressive cognitive triad	抑郁认知三角	憂鬱認知三角
depressive disorder	抑郁症	憂鬱疾患,憂鬱症
depressive neurosis	抑郁性神经症	憂鬱性精神官能症
depressive schema	抑郁图式	憂鬱基模
deprivation	剥夺	剝奪
deprivation study	剥夺研究	剝奪研究
depth cue	深度[知觉]线索	深度[知覺]線索
depth interview	深度访谈	深度訪談
depth perception	深度知觉	深度知覺
depth psychology	深层心理学	深層心理學
derived need(=secondary need)	派生需要,第二需要	次級需求,衍生需求
derived property	派生特质	衍生特性
derived score	导出分数	衍生分數,導出分數
desacralization	低俗化	世俗化
descriptive consumer belief	描述性消费者信念	描述性消費者信念
descriptive consumer research	描述性消费者研究	描述性消費者研究
descriptive research	描述性研究	描述性研究
descriptive statistics	描述统计	描述統計
descriptive validity	描述性效度	描述性效度
desensitization	脱敏	減敏感[法]
despair	绝望	絕望
detached personality	孤立型人格	疏離性人格
determinant attribute	决定性属性	決定[性]屬性
determinism	决定论	決定論

英 文 名	大 陆 名	台 湾 名
development	发展	發展
developmental cognitive neuroscience	发展认知神经科学	發展認知神經科學
developmental crisis	发展危机	發展危機
developmental delay	发展迟缓	發展遲緩
developmental disorder	发展障碍	發展疾患,發展障礙
developmental dyslexia	发展性阅读障碍	發展性[先天型]失讀症,發展性[先天型]閱讀障礙
developmental factor	发展因素	發展因素
developmental norm	发展常模	發展常模
developmental plasticity	发展可塑性	發展可塑性
developmental psychology	发展心理学	發展心理學
developmental psychopathology	发展心理病理学	發展心理病理學
developmental quotient(DQ)	发育商	發展商數
developmental stage	发展阶段	發展階段
developmental task	发展任务	發展任務
development sample	发展样本	發展樣本
deviation	离差	離差,偏差
deviation intelligence quotient(DIQ)	离差智商	離差智商
deviation score	离差分数	離均差分數
Diagnostic Achievement Test	成就诊断测验	成就診斷測驗,診斷性成就測驗
Diagnostic and Statistical Manual of Mental Disorders(DSM)	精神疾病诊断与统计手册	心理異常診斷與統計手冊,精神疾病診斷與統計手冊
diagnostic test	诊断测验	診斷測驗
dialectical behavior therapy(DBT)	辩证行为疗法	辯證式行為治療
dialectic method	辩证法	辯證法
dialectics(=dialectic method)	辩证法	辯證法
diathesis	素质	素質,特異質
diathesis-stress model	素质-压力模型	素質-壓力模式
dichotic listening	双听技术	雙耳分聽
dichotomous variable	二分变量	二分變項
dichotomy	二分法	二分法
dichromats	部分色盲	部分色盲
DID(=dissociative identity disorder)	分离性身份识别障碍	解離型認同疾患
diencephalon	间脑	間腦
DIF(=differential item functioning)	项目功能差异	差異試題功能,差異題

英文名	大陆名	台湾名
		目功能
Differential Aptitude Tests(DAT)	区分能力倾向测验	區分性向測驗
differential item functioning(DIF)	项目功能差异	差異試題功能,差異題目功能
differential limen(DL)	差别阈限	差異閾
differential psychology	差异心理学	差異心理學
differential threshold(=differential limen)	差别阈限	差異閾
differential validity(=discriminant validity)	区分效度	區辨效度,區分效度,差異效度
differentiation	分化	分化[性]
diffuse anxiety	扩散性焦虑	擴散性焦慮
diffusion of responsibility	责任扩散	責任分散
digit span	数字广度	記憶廣度,數字廣度
digit span task	数字广度测验	數字廣度作業
dilemma(=dilemma problem)	两难问题	兩難困境
dilemma problem	两难问题	兩難困境
dimension	维度	向度
dimensional appraisal theory	维度评估论	向度評估論
dimensional classification	维度分类	向度分類
dimensional diagnostic system	维度诊断系统	向度診斷系統
DIQ(=deviation intelligence quotient)	离差智商	離差智商
direct effect	直接效应	直接效應
direct group	直接群体	直接團體
direct inference	直接推理	直接推理
direct instruction	直接教学;直接指令	直接教學;直接指令
direction illusion	方向错觉	方向錯覺
directive counseling	指导式咨询	指導式諮商
directive leader	指导型领导者	指導型領導者
directive psychotherapy	指导式心理治疗	指導式心理治療[法]
directive thinking	导向思维	引導性思考
direct observation	直接观察	直接觀察
direct perception	直接知觉	直接知覺
direct reinforcement	直接强化	直接增強
disarranged sentence test	乱句测验	亂句測驗
disaster psychology	灾害心理学	災難心理學
disclaimant group	拒绝群体	規避團體
discontinuity	间断性,不连续性	非連續性
discontinuity hypothesis	间断性假说	非連續假說

英 文 名	大 陆 名	台 湾 名
discounting cue hypothesis	折扣线索假说	折扣線索假說
discounting principle	打折扣原则,打折扣原理	折扣原則
discourse	话语	話語;論述
discovery method of teaching	发现式教学法	發現式教學法
discrete variable	离散型变量	間斷變項
discriminability	[可]区辨性	[可]區辨性
discriminant analysis	判别分析,分辨法	區別分析,鑑別分析,判別分析
discriminant validity	区分效度	區辨效度,區分效度,差異效度
discriminating power	鉴别力	鑑別力
discrimination	分辨;歧视	區辨;歧視,差別待遇
discrimination index	鉴别指数	鑑別[度]指數
discrimination learning	辨别学习	區辨學習,辨別學習
discrimination stimulus	辨别刺激,分辨刺激	區辨刺激
discriminative reaction time	辨别反应时,C 反应时	區辨反應時間
disequilibrium	失衡	失衡
dishabituation	去习惯化	去習慣化
disorientation	定向障碍	定向力障礙
displaced aggression	替代侵犯	替代性攻擊,轉向性攻擊
disposition	本性	性格,先天特質
dispositional attribution	本性归因,素质归因	個人特質歸因
dissociative amnesia	分离性遗忘症,解离性失忆症,游离性遗忘[症]	解離型失憶症
dissociative disorder	分离性障碍,游离障碍	解離症,解離型疾患
dissociative fugue	分离性漫游症,解离性漫游症,游离性漫游[症]	解離型漫遊症
dissociative group	游离团体	疏離團體
dissociative identity disorder(DID)	分离性身份识别障碍	解離型認同疾患
dissociative trance disorder(DTD)	分离性恍惚症,解离性失神疾患	解離型失神疾患
distal stimulation	远端刺激	遠端刺激
distance constancy	距离恒常性	距離恆常性
distance cue	距离线索	距離線索

英　文　名	大　陆　名	台　湾　名
distance perception	距离知觉	距離知覺
distinctiveness	特异性	獨特性
distraction	分心	注意力分散,分心
distraction-conflict model	分心-冲突模式	分心-衝突模式
distress	苦恼	痛苦,困擾
distributed learning	分配学习	分散式學習
distributed practice	分配练习	分散練習
distributional fairness	分配公平性	分配公平性
distribution of attention	注意分配	注意分配
distributive justice	分配公平	分配正義
divergent learning style	发散[型]学习方式	發散型學習風格
divergent thinking	发散[型]思维	擴散性思考,發散性思考
diversity	多样性	多樣性
divided attention	分配性注意	分配性注意力
dizygotic twins	二卵双生[子],异卵双生[子],双卵双胎	異卵雙生[子]
DL(=differential limen)	差别阈限	差異閾
DNA(=deoxyribonucleic acid)	脱氧核糖核酸	去氧核糖核酸
D-need(=deficiency need)	匮乏性需要	匱乏需求
document study	文件研究	文件研究
dogmatism	教条主义	教條主義
Dogmatism Scale	教条主义量表	教條主義量表
domain generality	领域一般性	領域一般性,跨領域性
domain-referenced assessment	领域参照评价	領域參照評量
domain specificity	领域特定性	領域特定性
domestic violence	家庭暴力	家庭暴力
dominant cerebral hemisphere	优势大脑半球	優勢大腦半球
dominant function	优势功能	優勢功能
dominant gene	显性基因	顯性基因
dominant-recessive inheritance	显性-隐性遗传	顯性-隱性遺傳
dominant response	优势反应	優勢反應
dominant trait	显性特质	顯性特質
domino theory	多米诺理论	骨牌理論
dopamine(DA)	多巴胺	多巴胺
dopamine hypothesis	多巴胺假说	多巴胺假說
dopamine receptor	多巴胺受体	多巴胺受體
dopaminergic system	多巴胺系统	多巴胺系統

英 文 名	大 陆 名	台 湾 名
dopamine theory	多巴胺理论	多巴胺理論
dorsal pathway	背侧通路	[視覺]背側路徑
dorsal root	背根	背根
double approach-avoidance conflict	双重趋避冲突	雙重趨避衝突
double approach conflict	双趋冲突	雙趨衝突
double bind	双重束缚	雙重束縛
double bind conflict	双挫冲突	雙挫衝突
double blind	双盲	雙盲
double blind control	双盲控制	雙盲控制
double blind experiment	双盲实验	雙盲實驗
double blind technique	双盲技术	雙盲技術
double blind test	双盲测验	雙盲測試
double standard	双重标准	雙重標準
double technique	代言技术	分身技術
Down syndrome	唐氏综合征	唐氏症
DQ(=developmental quotient)	发育商	發展商數
drama therapy	戏剧疗法	戲劇治療
draw-a-person test(DAP, DAP test)	绘人测验,画人测验	畫人測驗
dream content	梦境	夢境
dream interpretation	释梦	夢的解析
drive	内驱力	驅力
drive reduction theory	内驱力降低说	驅力減降理論
drive theory	内驱力理论	驅力理論
drug abuse	药物滥用	藥物濫用
drug addiction	药物成瘾	藥物成癮
drug dependence	药物依赖	藥物依賴
drug dependency insomnia	药物依赖性失眠	藥物依賴型失眠
drug dose-response curve	药物剂量反应曲线	藥物劑量反應曲線
drug replacement treatment	药物替代治疗	藥物替代治療法
drug tolerance	耐药性	耐藥性
DSM(=Diagnostic and Statistical Manual of Mental Disorders)	精神疾病诊断与统计手册	心理異常診斷與統計手冊,精神疾病診斷與統計手冊
D study(=decision study)	决策研究	決策研究
DTD(=dissociative trance disorder)	分离性恍惚症,解离性失神疾患	解離型失神疾患
dual attitude	双重态度	雙重態度
dual coding theory of memory	记忆双重编码理论	記憶雙碼理論

英　文　名	大　陆　名	台　湾　名
dual coding hypothesis	双重编码说	雙重編碼假設
dualism	二元论	二元論
dual personality	双重人格	雙重人格
dual relationship	双重关系	雙重關係
dual representation	双重表征	雙重表徵
dummy coding	虚拟编码	虛擬編碼
dummy regression	虚回归	虛擬迴歸
dummy variable	虚拟变量	虛擬變項
durability bias	持续性偏倚	持續性偏誤
DV(=dependent variable)	因变量	依變項
dynamic stereotype	动力定型	刻板化行為反應[生理]動能
dynamic theory of personality	人格动力论	人格動力理論
dynamic trait	动态特质	動力特質
dyscalculia	计算困难	算術障礙
dysfunction	功能障碍	失功能
Dysfunctional Attitude Scale(DAS)	功能失调性态度量表	失功能態度量表
dysgraphia	书写困难	書寫障礙,失寫症
dyskinesia	运动障碍	運動失能症,自主運動障礙
dyslexia	诵读困难	閱讀障礙, 失讀症, 閱讀失能症
dyssomnia(=sleep disorder)	睡眠障碍	睡眠異常, 睡眠疾患, 睡眠障礙
dysthymia	心境恶劣,轻郁症	輕鬱症,低落性情感疾患
dysthymic disorder(=dysthymia)	心境恶劣,轻郁症	輕鬱症,低落性情感疾患

E

英　文　名	大　陆　名	台　湾　名
EAP(=employee assistance program)	员工援助计划	員工協助方案
eardrum(=tympanic membrane)	鼓膜,耳膜	鼓膜,耳膜
early childhood	童年早期	兒童前期,幼兒期
early selective model	早期选择模型	早期選擇模式
eating disorder	进食障碍,摄食障碍	飲食疾患,飲食[失調]疾患,飲食障礙

英 文 名	大 陆 名	台 湾 名
Ebbinghaus curve of retention	艾宾豪斯记忆保持曲线	艾賓豪斯記憶保留曲線
Ebbinghaus illusion	艾宾豪斯错觉	艾賓豪斯錯覺
ECG(=electrocardiography)	心电描记术	心電圖測量技術
echoic memory	声像记忆	聲像記憶,聽覺記憶
echolalia	模仿言语	鸚鵡式仿說,鸚鵡式學語
eclecticism	折中主义	調和主義,折衷主義,折衷派
eclectic psychotherapy	折中心理治疗	折衷式心理治療[法]
ecmnesia	近事遗忘	近事遺忘
ecological psychology	生态心理学	生態心理學
ecological systems theory	生态系统理论	生態系統[理]論
economic psychology	经济心理学	經濟心理學
economic resources	经济资源	經濟資源
ECT(=electroconvulsive therapy)	电休克疗法	電擊痙攣休克治療法
EDR(= electrodermal response)	皮肤电反应	膚電反應
educational age	教育年龄	教育年齡
educational psychology	教育心理学	教育心理學
educational testing	教育测验	教育測驗
Edwards Personal Preference Schedule (EPPS)	爱德华兹个人爱好量表	艾德華個人偏好量表
EEG(=electroencephalogram)	脑电图	腦波圖
effect coding	效应编码	效果編碼
effector	效应器	反應器
efferent neuron	传出神经元	傳出神經元
EFT(=embedded figures test)	镶嵌图形测验,藏图测验	藏圖測驗
EG(=experimental group)	实验组	實驗組
ego	自我	自我
ego alienation	自我疏离	自我疏離
ego analysis	自我分析	自我分析
egocentric speech	自我中心言语	自我中心語言
egocentrism	自我中心	本位主義,自我膨脹,自我中心
ego defense	自我防御	自我防衛
ego defense mechanism	自我防御机制	自我防衛機制,自我防衛機轉
ego ideal	自我理想	自我理想

英 文 名	大 陆 名	台 湾 名
ego identity(=self-identification)	自我认同	自我認定,自我認同
ego identity crisis	自我认同危机	自我認同危機
ego inflation	自我膨胀	自我膨脹,自我擴展
ego integration	自我整合	自我統整
ego integrity(=ego integration)	自我整合	自我統整
ego involvement	自我卷入	自我涉入
egoism	利己主义,自我主义	利己主義,本位主義,自我膨脹
ego orientation	自我定向	自我取向,自我定向
ego psychology	自我心理学	自我心理學
ego strength	自我强度,自我力量	自我強度
egotism(=egocentrism)	自我中心	本位主義,自我膨脹,自我中心
eidetic image	遗觉像	全現心像
eigenvalue	特征值,本征值	特徵值
elaboration	精密性	精密性
elaboration strategy	精细加工策略	精緻化策略
Electra complex	恋父情结	戀父情結
electrical potential	电位	電位
electrical stimulation(=electrical stimulus)	电刺激	電刺激
electrical stimulus	电刺激	電刺激
electrical synapse	电突触	電性突觸
electric shock experiment	电击实验	電擊實驗
electrocardiogram	心电图	心電圖
electrocardiography(ECG)	心电描记术	心電圖測量技術
electroconvulsive therapy(ECT)	电休克疗法	電擊痙攣休克治療法
electrode	电极	電極
electrodermal response(EDR, =galvanic skin response)	皮肤电反应	膚電反應
electroencephalogram(EEG)	脑电图	腦波圖
electroencephalograph	脑电图描记器	腦波記錄器
electrolytic lesion	电损毁,电解损伤	電損毀,電解損傷
electromyogram	肌电图	肌電圖
electromyography(EMG)	肌电描记术	肌電[圖]測量技術
electrooculogram(EOG, =electroretinogram)	眼电图	眼動電波圖
electrooculography(EOG)	眼电描记术	眼動電波[圖]測量

英 文 名	大 陆 名	台 湾 名
		技術
electroreception	电觉	電覺,電感應覺
electroretinogram(ERG)	眼电图	眼動電波圖
electroshock therapy(=electroconvulsive therapy)	电休克疗法	電擊痙攣休克治療法
electrotherapy	电疗法	電療法
elimination method	消除法	消除法,消去法
embedded figures test(EFT)	镶嵌图形测验,藏图测验	藏圖測驗
embryo	胚胎	胚胎
embryonic stage	胚胎期	胚胎期
embryonic stem cell	胚胎干细胞	胚胎幹細胞
EMDR(=eye movement desensitization and reprocessing)	眼动疗法,眼动脱敏与再加工疗法	眼動減敏感及再經歷治療法,眼動心身重建法
EMG(=electromyography)	肌电描记术	肌電[圖]測量技術
emic perspective	主位观点	主位觀點
emotion	情绪	情緒
emotional abuse	情绪虐待	情緒虐待
emotional attachment	情绪依恋	情緒依戀,情緒依附
emotional dimension	情绪维度	情緒向度
emotional engineering(=kansei engineering)	感性工学	感性工學
emotional expression	表情	情緒表達
emotional instability	情绪不稳定性	情緒的不穩定性
emotional intelligence	情绪智力	情緒智力,情緒智能
emotionality	情绪性	情緒性,情感性
emotional quotient(EQ)	情绪智商,情商	情緒智商
emotional stability	情绪稳定性	情緒的穩定性
emotion control	情绪控制	情緒控制
emotion-focused coping	情绪关注应对,情绪聚焦应对	情緒焦點因應,情緒聚焦因變
emotion-focused therapy	情绪聚焦疗法	情緒聚焦治療法
emotion regulation	情绪调节	情緒調節
empathic understanding	共情理解	同理的了解
empathy	共情,同感	同理心
empathy-altruism hypothesis	共情-利他假说	同理心-利他假說
empirical criterion keying	实证效标计分法	實徵效標計分法

英 文 名	大 陆 名	台 湾 名
empirical knowledge	经验知识	經驗知識,實證性知識,實徵性知識
empirical psychology	经验心理学	實證心理學,經驗心理學
empirical research	经验性研究	實證性研究,實徵性研究
empirical validity	实证效度	實徵效度,實證效度
empiricism	经验主义,经验论	經驗論,經驗主義,實徵論
empiricist	经验主义者,经验论者	經驗主義者,經驗論者,實徵論者
employee assistance program(EAP)	员工援助计划	員工協助方案
employment test	职业测验	職業測驗
empty chair technique	空椅技术	空椅法
empty nest	空巢	空巢
empty nest stage	空巢期	空巢期
empty nest syndrome	空巢综合征	空巢症候群
enactment	扮演	重演;行動
encoding(=coding)	编码	編碼,入碼
encoding specificity	编码特异性	編碼特定性
encoding strategy(=coding strategy)	编码策略	編碼策略
encounter group	会心团体	會心團體
enculturation(=acculturation)	文化适应	涵化,文化適應
endocrine gland	内分泌腺	內分泌腺
endocrine system	内分泌系统	內分泌系統
endogenous depression	内源性抑郁	內因型憂鬱症,內衍型憂鬱症
endogenous variable	内生变量	內因變項,內衍變項
endorphin	内啡肽	胺多芬
endplate potential	终板电位	終板電位
engineering psychology	工程心理学	工程心理學
engram	印迹	記憶痕跡
enkephalin	脑啡肽	胺卡芬
enriched supportive therapy(EST)	强化性支持疗法	強化性支持治療法
environmental psychology	环境心理学	環境心理學
environmental therapy	环境疗法	環境治療[法]
EOG(=electrooculogram; electrooculography)	眼电图;眼电描记术	眼動電波圖;眼動電波[圖]測量技術

英 文 名	大 陆 名	台 湾 名
epilepsy	癫痫	癲癇[症]
epinephrine(=adrenaline)	肾上腺素	腎上腺素
episodic amnesia	情景失忆症	事件性失憶症
episodic memory	情景记忆	情節記憶,事件記憶
epistemology	认识论	知識論,認識論
EPPS(=Edwards Personal Preference Schedule)	爱德华兹个人爱好量表	艾德華個人偏好量表
EPQ(=Eysenck Personality Questionnaire)	艾森克人格问卷	艾森克人格問卷
EQ(=emotional quotient)	情绪智商,情商	情緒智商
equal-interval classification	等距分类	等距分類
equal-loudness contour	等响曲线	等響曲線
equal-loudness curve(=equal-loudness contour)	等响曲线	等響曲線
equilibratory sensation	平衡觉	平衡覺
equilibrium	平衡	平衡,均衡
equipotentiality hypothesis	等势学说,脑等位论	[大腦半球]功能相等假說
equity theory	公平理论	公平理論
equivalent-form reliability	等值复本信度	複本信度
equivalent forms	等值复本	複本
equivalent test	等值测验	等值測驗
ERG(=electroretinogram)	眼电图	眼動電波圖
ergonomics	工效学,人因学	人因工程學
Eros	厄洛斯	生之本能,慾望之愛
ERP(=event-related potential)	事件相关电位	事件關聯電位
error	误差	誤差
error of central tendency	趋中误差	趨中偏誤,集中趨勢的誤差
error of estimate	估计误差	估計誤差
error score	误差分数	誤差分數
escape conditioning	逃避条件作用	逃離制約
escape learning	逃脱学习	逃離學習
essay test	短文式测验	申論測驗
EST(=enriched supportive therapy)	强化性支持疗法	強化性支持治療法
esteem need	自尊需要	自尊需求
estimate	估计;估计值	估計;估計值
estrogen	雌激素	動情激素,雌性激素

英　文　名	大　陆　名	台　湾　名
ethics	伦理	倫理
ethnocentrism	民族中心主义,种族中心主义	民族中心主義,種族中心主義
ethology	习性学	動物行為學
etic perspective	客位观点	客位觀點
etiology	病因学	病因學,病源學
event memory	事件记忆	事件記憶
event-related potential(ERP)	事件相关电位	事件關聯電位
event sampling	事件抽样[法]	事件取樣[法]
event schema	事件图式	事件基模
evolutionary developmental psychology	进化发展心理学	演化發展心理學
evolutionary psychology	进化心理学	演化心理學
evolutionism	进化论	演化論
excessive self-control	过度自我控制	過度自我控制
exchange relationship	交换关系	交換關係
exchange theory	交换理论	交換理論
excitation transfer theory	兴奋转移理论	刺激轉移理論,興奮轉移理論
executive function	执行功能	執行功能
exercise	练习	練習;作業;運動,鍛練
exercise addiction	锻炼成瘾,运动成瘾	運動成癮
exercise adherence	锻炼坚持性	運動堅持性,運動持續性
exhaustion	衰竭	耗竭
exhibitionism	露阴癖,露阴症	暴露症,露陰癖,露陰症
existential anxiety	存在性焦虑	存在性焦慮
existentialism	存在主义	存在主義
existential psychology	存在心理学	存在[主義]心理學
existential study	存在主义研究	存在主義研究
existential therapy	存在主义疗法	存在主義治療[法]
existential vacuum	存在虚无	存在的虛無
exit interview	离职面谈	離職面談
exogenous variable	外生变量,外源变量	外因變項,外衍變項
expectancy theory	期望理论	預期理論,期待理論,期望理論
expectancy value	期望价值	期望價值
expectancy value theory	期望价值理论	期望價值理論
experiential family therapy	经验家庭疗法	經驗性家庭治療

英文名	大陆名	台湾名
experiential intelligence	经验智力	經驗性智能,經驗性智力
experiential knowledge(=empirical knowledge)	经验知识	經驗知識,實證性知識,實徵性知識
experiential learning	体验性学习	體驗性學習
experiential therapy	经验疗法	體驗治療法,經驗治療法
experimental condition	实验条件	實驗情境
experimental control	实验控制	實驗控制
experimental design	实验设计	實驗設計
experimental group(EG)	实验组	實驗組
experimental method	实验法	實驗法
experimental neuropsychology	实验神经心理学	實驗神經心理學
experimental psychology	实验心理学	實驗心理學
experimental realism	实验真实性	實驗真實性
experimental research	实验研究法	實驗研究法
experimenter bias	实验者偏向,实验者偏误	實驗者偏誤
experimenter effect	实验者效应	實驗者效應
experimenter expectancy effect	实验者期望效应	實驗者期望效應
expert credibility	专家可信度	專家可信度
explicit knowledge	外显知识	外顯知識
explicit learning	外显学习	外顯學習
explicit memory	外显记忆	外顯記憶
exploratory behavior	探究行为	探索行為
exploratory factor analysis	探索性因素分析	探索性因素分析
exposure therapy	暴露疗法	暴露治療[法]
expressive aphasia	表达性失语症	表達性失語症
expressive language disorder	表达性语言障碍	語言表達疾患,語言表達障礙
expressiveness	表达能力	表達能力,表達程度
expressive trait	表现特质	表達型特質
extended family	扩大家庭	大家庭,擴展家庭
external attribution	外在归因	外在歸因
externalization	外化	外化
external validation	外部效度	外在效度
extinction	消退	削弱[作用]
extraneous variable	额外变量	外衍變項

英 文 名	大 陆 名	台 湾 名
extraversion	外向	外向[性]
extravert schema	外向图式	外向基模
extrinsic motivation	外在激励	外在動機
eyeblink conditioning(=eyeblink response)	眨眼反射	眨眼反應,眨眼制約
eyeblink response	眨眼反射	眨眼反應,眨眼制約
eye movement	眼球运动,眼动	眼球運動,眼動
eye movement desensitization and reprocessing(EMDR)	眼动疗法,眼动脱敏与再加工疗法	眼動減敏感及再經歷治療法,眼動心身重建法
eye tracking	眼动追踪	眼動追蹤[法]
eye tracking technology	眼动追踪技术	眼動追蹤技術
eye-witness testimony	目击证言,视觉证言	目擊者證詞
Eysenck Personality Questionnaire(EPQ)	艾森克人格问卷	艾森克人格問卷

F

英 文 名	大 陆 名	台 湾 名
face perception	面孔知觉	臉孔知覺
face recognition	面孔识别,人脸识别,面部识别	臉孔辨識,面部辨識
face validity	表面效度	表面效度
facial expression	面部表情	臉部表情
facial recognition(=face recognition)	面孔识别,人脸识别,面部识别	臉孔辨識,面部辨識
factor analysis	因素分析	因素分析
factorial ANOVA	多因素方差分析	多因子變異數分析
factorial validity	因素效度	因素效度
factor loading	因素负荷	因素負荷[量]
factor matrix	因素矩阵	因素矩陣
faculty psychology	官能心理学	官能心理學
fad	时尚	風潮,時尚(一時的)
false alarm	虚报	假警報
false consensus effect	虚假共识效应	錯誤的同意性效果,錯誤的共識性效果
false memory	假记忆,伪记忆	假記憶,偽記憶
false negative	错误否定	錯誤拒絕,錯誤否定
false positive	错误肯定	錯誤接受,錯誤肯定

英 文 名	大 陆 名	台 湾 名
family atmosphere	家庭气氛	家庭氣氛
family intervention	家庭干预	家庭處遇法,家庭介入法
family life cycle	家庭生命周期	家庭生命週期
family psychology	家庭心理学	家庭心理學
family resemblance	家族相似性	家族相似性
family schema	家庭图式	家庭基模
family structure	家庭结构	家庭結構
family therapy	家庭疗法	家庭治療[法],家族治療[法]
fantasy play	幻想游戏	裝扮遊戲,假想遊戲
fantasy test	幻想测验	幻想測驗
fashion anxiety	流行焦虑	流行焦慮
F-distribution	*F* 分布	*F* 分配
fear appeal	恐惧诱导	恐懼訴求
fear of failure	失败恐惧	失敗恐懼
fear of success	成功恐惧	成功恐懼
feature analysis	特征分析	特徵分析,屬性分析
feature detector	特征觉察器	特徵偵測器
feature integration theory	特征整合理论	特徵整合論
feature matching theory	特征匹配理论	特徵比對理論
feedback	反馈	回饋
feedback model	反馈模型	回饋模式
feedback system	反馈系统	回饋系統
feeling-of-knowing(FOK)	知道感	知道感,知道的感覺
feeling type	感觉型	感覺型
female psychology(=women psychology)	女性心理学,妇女心理学	女性心理學,婦女心理學
feminine psychology(=women psychology)	女性心理学,妇女心理学	女性心理學,婦女心理學
femininity	女性化	陰柔[特質],女性化[特質]
fetishism	恋物癖,恋物症	戀物症,戀物癖
fetus	胎儿	胎兒
field dependence	场依存性	場地依賴[性],場依存性
field experiment	现场实验	場域實驗,實地實驗,田野實驗,現場實驗

英 文 名	大 陆 名	台 湾 名
field independence	场独立性	場地獨立[性],場獨立性
field observation	现场观察	場地觀察[法],實地觀察[法],田野觀察[法]
field research	现场研究	場域研究,實地研究,田野研究,現場研究
field study(=field research)	现场研究	場域研究,實地研究,田野研究,現場研究
field theory	场论	場地論
fight or flight response	或战或逃反应	反擊–逃跑反應, 戰或逃反應
figure and ground(=figure-ground)	图形–背景	形象與背景,圖形與背景
figure-ground	图形–背景	形象與背景,圖形與背景
figure-ground organization	形象–背景组织	形象–背景組織
figure-ground segregation	形象–背景分离	形象–背景分離
filter model	过滤器模型	過濾[器]模式
finger spelling	手指语	[手語的]手指拼字法
first impression	第一印象	第一印象
first signal system	第一信号系统	第一信號系統,初級信號系統
Fisher's exact probability test	费希尔精确概率测验	費雪精確機率檢定,費雪精確機率考驗
Fisher scoring	费希尔得分	費雪計分,費雪評分
Fisher's *Z* transformation	费希尔 *Z* 转换	費雪 *Z* 轉換
five-factor model	五大因素模型	五大因素模式
five-factor personality model	人格五因素模型	五大人格因素模式
fixation	固着;注视	固著[作用];凝視
fixation point	注视点	凝視點
fixed role therapy	固定角色疗法	固定角色治療[法]
Flanagan Aptitude Classification Test	弗拉纳根能力倾向分类测验	佛氏性向分類測驗
flat organization	扁平式组织	扁平式組織
flavor	气味	氣味
flexibility	变通性,灵活性	變通性,靈活性
flextime	弹性工作时间	彈性工時

英 文 名	大 陆 名	台 湾 名
flight of ideas	意念飘忽	意念飛躍
flooding	冲击疗法	洪水法
floor effect	地板效应	地板效應
fluency	流畅性	流暢性
fluid intelligence	流体智力,液态智力	流動智力,流體智力
fMRI(=functional magnetic resonance imaging)	功能性磁共振成像	功能性核磁共振造影
focal conscious	焦点意识	焦點意識
focused-attention stage	集中注意力阶段	集中注意力階段
focus gambling	博弈性聚焦	集中賭博
focus group	焦点团体	焦點團體
focus interview	焦点访谈法	焦點訪談法
FOK(=feeling-of-knowing)	知道感	知道感,知道的感覺
folk healing	民俗疗法	民俗療法
folk psychology	民族心理学	庶民心理學
follow-up	追踪	追蹤
follow-up assessment	追踪评估	追蹤評估
follow-up study	追踪研究	追蹤研究
fontanelle	囟门	囟門
foot-in-the-door technique	登门槛策略,得寸进尺技术	腳在門檻內策略,得寸進尺策略
forced choice	迫选,强迫选择	強迫選擇
forced-choice format	迫选形式	強迫選擇形式
forced-choice item	迫选项目	強迫選擇式的題目
forced-choice method	迫选法	強迫選擇法
forced-choice test	迫选测验	強迫選擇測驗
forced distribution	强迫分配法	強迫分配法
forebrain(=prosencephalon)	前脑	前腦
forensic psychology	司法心理学	司法心理學
forgetting	遗忘	遺忘
forgetting curve	遗忘曲线	遺忘曲線
formal operation	形式运算	形式運思
formal operational stage	形式运算阶段	形式運思期
formatic reticularis(=reticular formation)	网状结构	網狀結構
form perception	形状知觉	形狀知覺
forward masking	前向掩蔽	前向遮蔽
forward reasoning	前向推论	前向推論
Fourier analysis	傅里叶分析	傅立葉分析

英 文 名	大 陆 名	台 湾 名
frame of reference	参照框架	參考架構
framing of problem	问题框架	問題框架
fraternal twins(=dizygotic twins)	二卵双生[子],异卵双生[子],双卵双胎	異卵雙生[子]
free association	自由联想	自由聯想
free-floating anxiety	游离性焦虑	游離性焦慮
free-floating discussion	自由式讨论	自由式討論
free recall	自由回忆	自由回憶
free recall method	自由回忆法	自由回憶法
free rider effect	搭便车效应	搭便車效應
free will	自由意志	自由意志
frequency	频率	頻率;頻次
frequency distribution	频数分布	次數分配,次數分佈
frequency spectrum	频谱	頻譜
frontal lobe	额叶	額葉
frontal operculum	额叶岛盖	額葉島蓋
frustration	挫折	挫折
frustration-aggression hypothesis	挫折–攻击假说,挫折–侵犯假说	挫折–攻擊假說
frustration tolerance	挫折容忍力,挫折忍耐力	挫折容忍力
F-test	*F* 检验	*F* 檢定,*F* 考驗
fugue	漫游症,神游[症]	迷遊症,漫遊症
fully functioning person	功能完善者	充分發揮的個人,完全運作的個人
functional activation study	功能活化研究	功能活化研究
functional amnesia	功能性遗忘症,功能性失忆症	功能性失憶症
functional analysis	功能分析	功能分析
functional autonomy	功能自主	功能自主
functional conflict	功能性冲突	功能性衝突
functional fixedness	功能固着	功能固著
functionalism	功能主义,机能主义	功能主義
functional localization	[大脑]功能定位	[大腦]功能定位
functional magnetic resonance imaging (fMRI)	功能性磁共振成像	功能性核磁共振造影
functional play	功能游戏,机能游戏	功能型遊戲
functional psychology	功能心理学,机能心理	功能心理學,機能心理

英 文 名	大 陆 名	台 湾 名
	学	學
function dissociation	功能分离	功能分離
function word	功能词	功能詞
fundamental attribution error	基本归因误差	基本歸因謬誤
fundamental lexical hypothesis	基本词汇假设	基本語彙假說

G

英 文 名	大 陆 名	台 湾 名
G(=guanine)	鸟嘌呤	鳥嘌呤
GABA(=γ-aminobutyric acid)	γ-氨基丁酸	γ-氨基丁酸
GAD(=generalized anxiety disorder)	广泛性焦虑症	廣泛性焦慮疾患
GAF(=Global Assessment of Functioning)	整体功能评估	整體功能評估
galvanic skin response(GSR)	皮肤电反应	膚電反應
gambler's fallacy	赌徒谬误	賭徒謬誤
game theory	博弈论,对策论	博奕理論,賽局理論
ganglion	神经节	神經節
Garcia effect	加西亚效应	加西亞效應
GAS(=general adaptation syndrome)	一般适应综合征,普遍性适应综合征	一般適應症候群
gastrin	促胃液素,胃泌素	胃泌素
GATB(=General Aptitude Test Battery)	一般能力倾向成套测验	通用性向測驗,普通性向測驗組合,一般性向測驗組合
gate control theory of pain	疼痛闸门控制论	疼痛閘門控制論
gate ion channel	门控离子通道	門控離子通道
Gaussian distribution	高斯分布	高斯分配
GDSS(=group decision support system)	团体决策支持系统	團體決策支持系統
gender	性别	性別
gender consistency	性别一致性	性別一致性
gender constancy	性别恒常性	性別恆常性,性別恆定性
gender development	性别发展	性別發展
gender difference	性别差异	性別差異
gender identity	性别认同	性別認定,性別認同
gender identity disorder	性别认同障碍	性別認同疾患
gender psychology	性别心理学	性別心理學

英 文 名	大 陆 名	台 湾 名
gender role	性别角色	性別角色
gender role belief	性别角色信念	性別角色信念
gender role stereotype	性别角色刻板印象	性別角色刻板印象
gender schema	性别图式	性別基模
gender schema theory	性别图式理论	性別基模論
gender stability	性别稳定性	性別穩定性
gender stereotype	性别刻板印象	性別刻板印象
gender typing	性别类型化,性别特征形成	性別類型化
gene	基因	基因
general ability	一般能力,普通能力	普通能力
general ability test	一般能力测验	一般能力測驗
general achievement test	普通成就测验	普通成就測驗
general adaptation syndrome(GAS)	一般适应综合征,普遍性适应综合征	一般適應症候群
general aptitude	一般能力倾向	普通性向
General Aptitude Test Battery(GATB)	一般能力倾向成套测验	通用性向測驗,普通性向測驗組合,一般性向測驗組合
general factor	g 因素,一般智力因素	g-因素,一般智力因素
general intelligence	一般智力	一般智力
generalizability	概化	可類推性
generalizability coefficient	概化系数	概化係數
generalizability study(G study)	概化研究	概化研究
generalizability theory(GT)	概化理论	概化理論
generalization	概括	類化,概化
generalized anxiety disorder(GAD)	广泛性焦虑症	廣泛性焦慮疾患
generalized linear model	广义线性模型	廣義線性模式,一般化線性模式
generalized reinforcer	概括性强化物	類化的增強物
generalized social phobia	广泛性社交恐怖症	廣泛性社會畏懼症
general lexical knowledge	一般词汇知识	一般語彙知識
general linear model	一般线性模型	一般線性模式
general mental ability	一般心理能力	一般心理能力
general problem solver(GPS)	通用解题者,通用问题解决者	一般性問題解決程式
general strain theory	一般紧张理论,一般压力理论	一般緊張理論

英　文　名	大　陆　名	台　湾　名
generative grammar	生成语法	生成語法
generative learning	生成性学习	生成性學習
generative semantics	生成语义学	生成語意學
generativity versus stagnation	繁殖感对自我关注	生產相對於停滯
generator potential	启动电位	啟動電位
genetic epistemology	发生认识论	發生知識論,發生認識論
Geneva school	日内瓦学派	日內瓦學派
genital stage	生殖器期	生殖[器]期
genome	基因组	基因體
genotype	基因型	基因型
genuineness	真诚	真誠
Gestalt	格式塔,完形	完形
Gestalt psychology	格式塔心理学,完形心理学	完形心理學,格式塔心理學
Gestalt psychotherapy	格式塔心理治疗,完形心理治疗	完形心理治療[法]
Gestalt therapy	格式塔疗法,完形疗法	完形治療[法]
gesture	手势	手勢
g-factor(=general factor)	g 因素,一般智力因素	g-因素,一般智力因素
ghrelin	食欲刺激[激]素	腦腸肽
gifted child(=talented child)	超常儿童,天才儿童	資賦優異兒童
glass ceiling effect	玻璃天花板效应	玻璃天花板效應
Gln(=glutamine)	谷氨酰胺	麩醯胺
global amnesia	完全性遗忘	廣泛失憶症
global aphasia	完全失语症	廣泛失語症
Global Assessment of Functioning(GAF)	整体功能评估	整體功能評估
globalization	全球化	全球化
glossopharyngeal nerve	舌咽神经	舌咽神經
Glu(=glutamic acid)	谷氨酸	麩胺酸
glucagon	胰高血糖素	昇醣素
glucocorticoid	糖皮质激素	類皮質醣,葡萄糖皮質素
glucoprivation	糖缺乏	葡萄糖剝奪
glucose	葡萄糖	葡萄糖
glucose metabolism	葡萄糖代谢	葡萄糖代謝
glucostatic theory	葡萄糖恒定假说	葡萄糖恆定理論
glutamate receptor	谷氨酸受体	麩胺酸受體

英 文 名	大 陆 名	台 湾 名
glutamic acid(Glu)	谷氨酸	麩胺酸
glutamine(Gln)	谷氨酰胺	麩醯胺
Gly(=glycine)	甘氨酸	甘胺酸
glycine(Gly)	甘氨酸	甘胺酸
glycogen	糖原	肝醣
GNAT(=Go/No-Go Association Test)	尝试/不尝试联想测验	嘗試/不嘗試聯想測驗
goal-directed approach	目标导向取向	目標導向取向
goal-directed behavior	目标导向行为	目標導向行為
goal-directed learning	目标指向学习	目標導向學習
goal-directed thinking	目标指向思维,目的指向思维	目標導向思維
goal-oriented leader	目标取向领导者	目標取向領導者
goal setting	目标设置	目標設定
goal setting theory	目标设置理论	目標設定理論
goal state	目标状态	目標狀態
Golgi tendon organ	神经腱梭,高尔基腱器	高基氏肌腱器
gonad	性腺	性腺
gonadectomy	性腺切除术	性腺切除術
gonadotrophic hormone(GTH, =gonadotropin)	促性腺[激]素	性腺刺激素,促性腺激素
gonadotropin	促性腺[激]素	性腺刺激素,促性腺激素
gonadotropin-releasing factor(GRF)	促性腺[激]素释放因子	性腺刺激素釋放因子,促性腺釋放激素
gonadotropin-releasing hormone(GRH)	促性腺[激]素释放[激]素	性腺刺激素釋放因子,促性腺釋放激素
Go/No-Go Association Test(GNAT)	尝试/不尝试联想测验	嘗試/不嘗試聯想測驗
goodness of fit	拟合优度	適配度
goodness of fit model	拟合优度模型	適配模式
goodness of fit test	适合度检验,拟合优度检验	適合度檢定,適配度檢驗
G-protein	G 蛋白	G 蛋白
GPS(=general problem solver)	通用解题者,通用问题解决者	一般性問題解決程式
graded potential	级量电位	級量電位
grade norm	年级常模	年級常模
gradient of approach	趋近梯度	趨近梯度
gradient of avoidance	逃避梯度	逃避梯度

英文名	大陆名	台湾名
gradient of reward	奖赏梯度	獎賞梯度
graduated and reciprocated initiatives in tension reduction(GRIT)	渐进互惠降低紧张策略	漸進互惠降低緊張策略
grammar	语法	語法
grammatical analysis	语法分析	語法分析
grammatical morpheme	语法词素	語法詞素
grapheme-phoneme conversion	形素音素转换	形素音素轉換
Graphic Rating Scale	图示评定量表	圖示評等量表
gray matter	灰质	灰質
great person theory	伟人论	偉人論
GRF(=gonadotropin-releasing factor)	促性腺[激]素释放因子	性腺刺激素釋放因子,促性腺釋放激素
GRH(=gonadotropin-releasing hormone)	促性腺[激]素释放[激]素	性腺刺激素釋放因子,促性腺釋放激素
grief therapy	悲伤疗法	哀傷治療[法]
GRIT(=graduated and reciprocated initiatives in tension reduction)	渐进互惠降低紧张策略	漸進互惠降低緊張策略
group	群体,团体	團體
group ability test	团体能力测验	團體能力測驗
group behavior	群体行为	團體行為
group climate	群体气氛	團體氛圍,團體氣氛
group cohesiveness	群体凝聚力	團體凝聚力
group conflict	团体冲突	團體衝突
group consciousness	群体意识	團體意識
group counseling	团体咨询,集体咨询	團體諮商
group decision(=group decision-making)	群体决策	團體決策
group decision-making	群体决策	團體決策
group decision support system(GDSS)	团体决策支持系统	團體決策支持系統
group dynamics	群体动力学,团体动力学	團體動力[學]
group effect	群体效应	團體效應
Group Embedded Figures Test	团体隐蔽图形测验	團體隱藏圖形測驗
group identification	团体认同	團體認同
group norm	群体规范	團體規範
group normalization	团体规范化	團體規範化
group performance	团体表现	團體表現
group polarization	团体极化	團體極化
group pressure	群体压力	團體壓力

英　文　名	大　陆　名	台　湾　名
group process	团体历程	團體歷程
group psychology	群体心理学	團體心理學
group psychotherapy	集体心理治疗,小组心理治疗	團體心理治療
group selection	团体选择	團體選擇
group support system(GSS)	团体支持系统	團體支持系統
group test	团体测验	團體測驗,團體施測
group testing(=group test)	团体测验	團體測驗,團體施測
group therapy	团体治疗	團體治療[法]
groupthink	群体思维,团体迷思	團體迷思
group thinking(=groupthink)	群体思维,团体迷思	團體迷思
growth center	成长中心	成長中心
growth curve model	生长曲线模型	成長曲線模式
growth force	成长驱力	成長驅力
growth hormone	生长激素,促生长素	生長激素
growth motivation	成长动机	成長動機
growth need	成长需要	成長需求
growth spurt	发育陡增,成长陡增	發育陡增,成長陡增
GSR(=galvanic skin response)	皮肤电反应	膚電反應
GSS(=group support system)	团体支持系统	團體支持系統
G study(=generalizability study)	概化研究	概化研究
GT(=generalizability theory)	概化理论	概化理論
GTH(=gonadotrophic hormone)	促性腺[激]素	性腺刺激素,促性腺激素
guanine(G)	鸟嘌呤	鳥嘌呤
guanxi	关系	關係
guided fantasy	导向幻想	引導式幻想
guided imagery	引导性想象法	引導式心像法
guilty	罪恶感	罪惡感
gustatory sensation	味觉	味覺;品味
gustatory system	味觉系统	味覺系統
gyrus	脑回	腦回,腦迴

H

英　文　名	大　陆　名	台　湾　名
habituation	习惯化	習慣化
hallucination	幻觉	幻覺

英 文 名	大 陆 名	台 湾 名
halo effect	光环效应,晕轮效应	月暈效果
handedness	利手	慣用手
haptic perception(=tactile perception)	触知觉	觸知覺
harmonic mean	调和平均数	調和平均數
harmonics	谐波	諧波
Hawthorne effect	霍桑效应	霍桑效應
Hawthorne study	霍桑研究	霍桑研究
health psychology	健康心理学	健康心理學
hearing	听觉	聽覺,聽力
Helmholtz illusion	亥姆霍兹错觉	亥姆霍茨錯覺
helping behavior	助人行为	助人行為
hemianopsia	偏盲	偏盲
heredity	遗传	遺傳
Hering illusion	黑林错觉	黑林錯覺
Hering theory of color vision	黑林[颜色]视觉说	黑林彩色視覺理論
heritability	遗传率,遗传力	遺傳性,遺傳力
heritability estimate	遗传率估计	遺傳力估計
heterogeneity	异质性	異質性
heteronomous morality	他律道德	他律道德
heteronomous stage	他律期	他律階段,道德發展他律期
heterosexism	异性恋主义	異性戀[中心]主義
heuristic method(=heuristics)	启发法	捷思[法]
heuristics	启发法	捷思[法]
hierarchical linear model(HLM)	多层线性模型	階層線性模式
hierarchical network model	层次网络模型	階層網路模式
hierarchy	层次	階層,層次
hierarchy of motivation	动机层次	動機階層,需求階層
hierarchy of needs	需要层次	需求階層
high-stakes testing	高风险测验	高風險測驗
hippocampal formation	海马结构	海馬迴結構
hippocampal gyrus	海马回	海馬迴,海馬回
hippocampus	海马	海馬[迴],海馬體
His(=histidine)	组氨酸	組胺酸
histamine	组胺	組織胺
histidine(His)	组氨酸	組胺酸
histogram	直方图	直方圖
historicism	历史主义	歷史主義

英文名	大陆名	台湾名
histrionic personality disorder	表演型人格障碍	做作型人格疾患,做作型人格違常
hit	命中,击中	命中
hit rate	命中率	命中率
HLM(=hierarchical linear model)	多层线性模型	階層線性模式
holistic approach	整体研究	完整取向,全方位取向
Holland vocational model	霍兰德职业取向模型,霍兰德职业兴趣模型	何倫職業取向模型,霍蘭德職業取向模型
holophrastic stage	单字期	單詞語句期
HOME(=Home Observation for Measurement of the Environment Inventory)	家庭环境观察量表	家庭環境觀察量表
Home Observation for Measurement of the Environment Inventory(HOME)	家庭环境观察量表	家庭環境觀察量表
homeostasis	体内平衡,内环境平衡	恆定[狀態]
homogeneity	同质性	同質性
homogeneity of variance	方差齐性	變異數同質性
homology	同源性	同源性
homosexual	同性恋者	同性戀者
homosexuality	同性恋	同性戀
homovanillic acid(HVA)	高香草酸	高香草酸
hopelessness	无望感	無望感,絕望感
hopelessness theory	无望感理论	無望感理論,絕望感理論
hormone	激素	激素,荷爾蒙
horopter	视野单像区	[視覺]凝視面
hostile attributional bias	敌意归因偏倚	敵意歸因偏誤
hostility	敌对	敵意
HPA axis(=hypothalamic-pituitary-adrenal axis)	下丘脑–垂体–肾上腺轴	下視丘–腦垂體–腎上腺軸
HR(=human resources)	人力资源	人力資源
HRM(=human resources management)	人力资源管理	人力資源管理
HRP(=human resources planning)	人力资源规划	人力資源規劃
5-HT(=5-hydroxytryptamine)	5–羟色胺	5–羥基色胺
5-HTP(=5-hydroxytryptophan)	5–羟色氨酸	5–羥基色胺酸
human error	人为失误,人误	人為錯誤,人為失誤
human error analysis	人为失误分析	人為錯誤分析,人為失誤分析
human factors(=ergonomics)	工效学,人因学	人因工程學

英 文 名	大 陆 名	台 湾 名
human factors analysis	人因分析	人因分析
humanism	人本主义	人本主義
humanistic psychology	人本主义心理学	人本[主義]心理學
humanistic psychotherapy	人本主义心理治疗	人本[主義]心理治療
humanistic therapy	人本取向治疗	人本取向治療[法],人本心理治療[法]
human resources(HR)	人力资源	人力資源
human resources management(HRM)	人力资源管理	人力資源管理
human resources planning(HRP)	人力资源规划	人力資源規劃
Huntington's disease	亨廷顿病	亨汀頓氏舞蹈症
HVA(=homovanillic acid)	高香草酸	高香草酸
6-hydroxydopamine(6-OHDA)	6-羟多巴胺	6-羥基多巴胺
5-hydroxytryptamine(5-HT)	5-羟色胺	5-羥基色胺
5-hydroxytryptophan(5-HTP)	5-羟色氨酸	5-羥基色胺酸
hyperactivity	活动过度	過動
hypercomplex cell	超复杂细胞	超複雜細胞
hyperphagia	过食症	過食症
hyperpolarization	超极化	過極化
hypersomnia	嗜睡	嗜睡
hyperthyroidism	甲状腺功能亢进	甲狀腺亢進
hypnosis	催眠	催眠
hypnotherapy	催眠疗法	催眠療法
hypnotism	催眠术	催眠術
hypochondria	疑病症	慮病症,疑病症
hypochondriasis(=hypochondria)	疑病症	慮病症,疑病症
hypofrontality	额叶功能低下	額葉功能低下
hypoglossal nerve	舌下神经	舌下神經
hypomania	轻躁狂	輕躁症
hypothalamic-pituitary-adrenal axis(HPA axis)	下丘脑-垂体-肾上腺轴	下視丘-腦垂體-腎上腺軸
hypothalamic-pituitary portal system	下丘脑垂体门脉系统	下視丘腦垂體門脈系統
hypothalamus	下丘脑	下視丘
hypothesis testing	假设检验	假設考驗,假設檢定
hypothetico-deductive reasoning	假说-演绎推理	假設-演繹推理
hypothyroidism	甲状腺功能减退	甲狀腺功能低下
hysteria	癔症	歇斯底里,癔症
hysterical personality	癔症型人格	歇斯底里人格

I

英文名	大陆名	台湾名
IAT(=implicit association test)	内隐联结测验,内隐关联测验	內隱聯結測驗,內隱關聯測驗
iconic memory	图像记忆	圖像記憶,視覺記憶
iconic representation stage	形象表征阶段	形象表徵階段
id	本我,伊底	本我,原我
idealization	理想化	理想化
idealized self	理想化自我	理想化自我
idealized self-image	理想化自我形象	理想化自我形象
ideal self	理想自我	理想我
identical twins(=monozygotic twins)	单卵双生[子],同卵双生[子],单卵双胎	同卵雙生[子],同卵雙胞胎
identity	认同	認定,認同
identity confusion	认同混淆	認定混淆,認同混淆
identity crisis	认同危机	認定危機,認同危機
identity development	认同发展	認定發展,認同發展
identity diffusion	认同迷失	認定迷失,認同迷失
identity formation	认同形成	認定形成,認同形成
identity need	认同需要	認同需求
identity versus role confusion	认同对角色混乱	認同 vs. 角色混亂
idiographic approach	个体特征研究法	個人特性研究取向,個人特質研究取向
I-E Scale(=Internal-External Locus of Control Scale)	内外控量表	內-外控[制]量表,制握信念量表
ignoring parents	漠视型父母	漠視型父母
ILD(=interaural level difference)	双耳音强差	雙耳音強差
illusion	错觉	錯覺
illusory conjunction	错觉结合	錯覺聯結,錯覺組合
illusory correlation	谬误相关,错误相关	謬誤相關,錯誤相關
imagery intervention	表象调节	心像介入
imagery thinking	形象思维	形象思維
imagery training	表象训练	意象訓練,心像訓練
imaginal exposure	想象暴露法	想像曝露法
imaginal memory	形象记忆	心像記憶,意象記憶

英 文 名	大 陆 名	台 湾 名
imagination	想象	想像
imaginative image	想象表象	想像的意象
imitation	模仿	模仿
imitation learning	模仿学习	模仿學習
immanent justice	内在公正	正義遍在觀
immature personality	不成熟人格	不成熟人格
immediate memory	瞬时记忆	立即性記憶
impact phase	冲击期	衝擊期
implicit association test(IAT)	内隐联结测验,内隐关联测验	內隱聯結測驗,內隱關聯測驗
implicit attitude	内隐态度	內隱態度
implicit behavior	内隐行为	內隱行為
implicit bystander effect	内隐旁观者效应	內隱的旁觀者效應
implicit egotism	内隐自我主义	內隱式的自我膨脹,內隱式的本位主義
implicit leadership theory	内隐领导理论	內隱領導理論
implicit learning	内隐学习	內隱學習
implicit measure	内隐测量	內隱測量
implicit memory	内隐记忆	內隱記憶
implicit personality theory	内隐人格理论	內隱的人格理論,隱含的人格理論
implicit stereotype	内隐刻板印象	內隱刻板印象
implicit theory	内隐理论	內隱理論
implicit theory of intelligence	内隐智力理论	內隱智力理論
implicit theory of personality(=implicit personality theory)	内隐人格理论	內隱的人格理論,隱含的人格理論
impossible figure	不可能图形	不可能圖形
impression formation	印象形成	印象形成
impression management	印象管理,印象整饰	印象整飾,印象管理
imprinting	印记	銘印,印痕,印記
impulse	冲动	衝動;神經衝動
impulse control	冲动控制	衝動控制
impulse control disorder	冲动控制障碍	衝動控制疾患
impulsive buying	冲动性购买	衝動性購買
impulsiveness	冲动性	衝動性
impulsivity(=impulsiveness)	冲动性	衝動性
in-basket technique	公文筐技术	公文籃技術
in-basket test	公文筐测验	公文籃測驗

英　文　名	大　陆　名	台　湾　名
incentive	诱因	誘因
incentive compensation	奖励性薪酬	獎勵性薪酬
incentive model	激励模型	誘因模式
incentive motivation	诱因性动机	誘因性動機
incentive salience	诱因显著性	誘因顯著性
incentive-sensitization theory	诱因敏感化理论	誘因敏感化理論
incentive theory	诱因论	誘因論
incidence	发生率	發生率
incoherence of thinking	思考不连贯	思考不連貫,思考無條理
incompatible response	不相容反应	不相容反應
incompatible-response technique	不相容反应技术	[暴力]不相容反應[增強]技術
incomplete picture test	缺图测验	未完成圖像測驗
incomplete sentence test	未完成语句测验	未完成語句測驗
incubation period	孵化期	孵化期
independent construal of self	独立自我建构	獨立自我建構
independent sample design	独立样本设计	獨立樣本設計
independent self	独立自我	獨立我
independent self-concept	独立自我概念	獨立自我概念
independent variable	自变量	獨變項,自變項
index of self-actualization	自我实现指标	自我實現的指標
indigenous psychology	本土心理学	本土心理學
indirect effect	间接效应	間接效應
individual difference	个体差异	個別差異
individualism	个体主义	個人主義
individualist	个体主义者	個人主義者
individualistic culture	个体主义文化	個人主義文化
individualistic orientation	个体主义取向	個人主義取向
individuality	个体性	個體性,個別性
individualization	个体化	個人化
individual-oriented self	个体取向自我	個人取向[的]自我
individual psychology	个体心理学	個體心理學,個人心理學
individual psychotherapy	个别心理治疗,个体心理治疗	個別心理治療
individual ranking method	个别排序法	個別排序法
individual response stereotypy	个体化刻板反应	個體化刻板反應

英 文 名	大 陆 名	台 湾 名
individual test	个别测验	個別施測,個別測驗
individual trait	个人特质	個人特質
induced compliance	诱导依从,诱导顺从	誘導順從,誘發順從
induced motion(=induced movement)	诱导运动	誘發運動
induced movement	诱导运动	誘發運動
inductive inference	归纳推理	歸納推理
industrial/organizational psychology(I/O psychology)	工业与组织心理学	工業與組織心理學
industrial psychology	工业心理学	工業心理學
industry versus inferiority	勤奋对自卑	勤勉 vs. 自卑
infancy	婴儿期	嬰兒期
infant	婴儿	嬰兒
infant mortality	婴儿死亡率	嬰兒死亡率
inference	推理	推論,推理
inferential statistics	推论统计	推論統計
inferiority complex	自卑情结	自卑情結
inferiority feeling	自卑感	自卑感
informal group	非正式群体	非正式團體
information	信息	訊息
information integration theory	信息整合理论	訊息整合理論,訊息統合理論
information overload	信息超负荷	訊息超載,訊息過量
information processing	信息加工	訊息處理
information processing bias	信息加工偏倚,信息加工偏误	訊息處理偏誤
information processing metaphor	信息加工隐喻	訊息處理隱喻
information processing model	信息加工模型	訊息處理模式
information processing theory	信息加工理论	訊息處理理論
informed consent	知情同意	知後同意,告知後的同意書
ingestion	摄取	攝取
ingratiation	讨好	逢迎
ingroup	内群体	內團體
ingroup differentiation	内群分化	內團體區辨
ingroup favoritism	内群体偏爱	內團體偏私
in-group(=ingroup)	内群体	內團體
inhibited children	抑制型儿童	抑制型兒童
inhibited temperament	抑制型气质	抑制型氣質

英 文 名	大 陆 名	台 湾 名
inhibition	抑制	抑制
inhibitory conditioning	抑制性条件作用	抑制性制約作用,抑制性條件化作用
inhibitory connection	抑制性联结	抑制性聯結
inhibitory control	抑制控制	抑制控制
inhibitory neurotransmitter	抑制性神经递质	抑制性神經傳導物
inhibitory postsynaptic potential(IPSP)	抑制性突触后电位	抑制性突觸後電位
in-home interview	入户访谈	到府訪談
initiating structure	主动结构	主動結構
initiative versus guilt	主动对罪恶	自發 vs. 罪惡感
inkblot technique	墨迹技术	墨漬技術,墨跡技術
inkblot test	墨迹测验	墨漬測驗,墨跡測驗
innate releasing mechanism(IRM)	先天释放机制	先天釋放機制
inner-directed behavior	内导行为	內在導向行為,內導行為,自主行為
inner-directedness	内在导向	內在導向
inner ear	内耳	內耳
inner self	内在自我	內在我
inner speech(=internal speech)	内部言语	內在語言,內隱語言
insanity	精神错乱	精神錯亂
insecure-ambivalent attachment	不完全-矛盾型依恋	不完全-矛盾型依戀
insecure attachment	不安全型依恋	不安全型依戀,不安全型依附
insecure-avoidant attachment	不完全-回避型依恋	不完全-迴避型依戀
in-service training(=on-the-job training)	在职训练	在職訓練
insight	顿悟,领悟	領悟,頓悟,洞察
insight learning	顿悟学习	頓悟學習
insight problem	顿悟问题	頓悟問題
insight therapy	顿悟疗法,领悟疗法	頓悟治療法,領悟治療法,洞察治療法
insomnia	失眠[症]	失眠[症]
inspiration	灵感	靈感;鼓舞
instinct	本能	本能
instinctive behavior	本能行为	本能行為
instinctoid need	似本能需要	類本能需求,本能式需求
instinct theory	本能说	本能論
instinctual anxiety	本能性焦虑	本能性焦慮

英 文 名	大 陆 名	台 湾 名
instrumental aggression	工具性攻击	工具性攻擊
instrumental conditioning	工具性条件作用,工具性条件反射	工具性制約,工具性條件化
instrumental dependence	工具性依赖	工具性依賴
instrumental value	工具性价值观	工具性價值觀
instrumental variable	工具[性]变量	工具[性]變數
insufficient justification	不充分理由,理由不足	不充分的辯證
insula	脑岛	腦島
insulin	胰岛素	胰島素
insulin-coma therapy(=insulin shock therapy)	胰岛素休克疗法	因素林休克治療[法],胰島素休克治療[法]
insulin shock therapy	胰岛素休克疗法	因素林休克治療[法],胰島素休克治療[法]
intake interview	接案谈话	接案初談
integration	整合	整合,統整
integrative psychotherapy	整合心理治疗	整合性心理治療[法]
integrity test	诚信测验	誠信測驗,誠實測驗
integrity versus despair	自我完善对失望	統整 vs. 絕望,尊嚴 vs. 絕望
intellectual competence(=mental ability)	心智能力	心智能力
intellectual developmental disorder	智力发育障碍	智能發展疾患
intellectual performance	心智表现	心智表現
intelligence	智力	智力,智能
intelligence quotient(IQ)	智商	智商,智力商數
intelligence test	智力测验	智力測驗
intelligence test score	智力测验分数	智力測驗分數
intelligibility	可懂度	可理解性
intension	意向	意圖,意向
intensity	强度	強度
intensity of reaction	反应强度	反應強度
intentional memorization	有意识记	有意識之記憶,有意圖之記憶
interaction	交互作用	互動,交互作用
interactional justice	互动公平	互動公平,互動正義
interaction effect	交互效应	交互作用[效果]
interactionism	互动论	互動論

英　文　名	大　陆　名	台　湾　名
interactive-activation model	交互激活模型	交互激發模式
interaural level difference(ILD)	双耳音强差	雙耳音強差
interaural time difference(ITD)	双耳时差	雙耳時差
inter-coder reliability	评分者间信度	評分者間信度
intercorrelation	交互相关	交互相關
interdependence	相互依赖性	相互依賴[性]
interdependent self	相依自我	相依[自]我
interdependent self-concept	相依自我概念	相依自我概念
interest	兴趣	興趣
interest inventory	兴趣量表	興趣量表
interest test	兴趣测验	興趣測驗
interference	干扰	干擾
interference effect	干扰效应	干擾效應
interference theory	干扰理论	干擾理論
intergeneration transmission	代际传递	代間傳遞
intergroup conflict	团体间冲突	團體間衝突
intergroup contact	团体间接触	團體間接觸
intermittent explosive disorder	间歇性暴发[精神]障碍	陣發性暴怒疾患
intermodal perception	跨通道知觉,跨感官知觉	跨感官知覺
internal attribution	内在归因	內在歸因
internal capsule	内囊	內囊
internal conflict	内在冲突	內在衝突
internal consistency	内部一致性	內部一致性
internal consistency reliability	内部一致性信度	內部一致性信度
internal control	内控	內控
internal equity	内部公平	內部公平
Internal-External Locus of Control Scale (I-E Scale)	内外控量表	內-外控[制]量表,制握信念量表
internal frame of reference	内部参考系	內在參考架構
internal imagery	内部表象	內在意象,內在心像
internalization	内化	內化
internalizing problem	内倾问题	內化性問題,內化型問題
internal representation	内部表征	內在表徵
internals	内控者	內控者
internal speech	内部言语	內在語言,內隱語言

英 文 名	大 陆 名	台 湾 名
internal validity	内在效度	內在效度
internal working model	内部工作模型	內在運作模式
internet addiction	网络成瘾	網路成癮
internet survey	网络调查	網路調查
interneuron	中间神经元	中介神經元
inter-observer reliability	观察者间信度	觀察者間信度
interpersonal attraction	人际吸引	人際吸引力
interpersonal communication	人际沟通	人際溝通
interpersonal conflict	人际冲突	人際衝突
interpersonal distance	人际距离	人際距離
interpersonal exclusion	人际排斥	人際排斥
interpersonal influence	人际影响	人際影響
interpersonal intelligence	人际智力	人際智力
interpersonal interaction	人际互动	人際互動
interpersonal learning	人际学习	人際學習
interpersonal psychotherapy(IPT)	人际心理治疗	人際心理治療[法],人際關係治療[法]
interpersonal relation	人际关系	人際關係
interpersonal trust	人际信任	人際信賴
interpretation	解释	解釋,詮釋,闡釋
interrater reliability(=inter-coder reliability)	评分者间信度	評分者間信度
interresponse time(IRT)	反应时距	反應時距
interrole conflict	角色间冲突	角色間衝突
interstimulus interval(ISI)	刺激间距	刺激間距
interval estimation	区间估计	區間估計
interval sampling	等距抽样	等距取樣
interval scale	等距量表	等距量尺,等距量表
interval schedules of reinforcement	强化间隔程式	增強作用時距的時制
interval variable	等距变量	等距變項
intervening variable	中介变量	介入變項,中介變項
intervention	干预	介入,處遇,調停
interview	访谈	晤談,面談,會談;面試
interview checklist	访谈[检核]表	晤談檢核表
interview method	访谈法	晤談法
intimacy versus isolation	亲密对孤立	親密 vs. 孤立
intonation pattern	语调模式	語調模式,語調型態
intrarole conflict	角色内冲突	角色內衝突

英　文　名	大　陆　名	台　湾　名
intrinsic motivation	内在激励	內在動機
introspection	内省	內省[法]
introversion	内向	內向[性]
intuition	直觉	直覺
intuitionalism	直觉主义	直覺主義,直觀論
intuitive learning	直觉学习	直覺學習
intuitive thinking	直觉思维	直覺思考,直覺思維
in vivo desensitization	实境脱敏,现实生活脱敏	實境去敏感化
in vivo exposure	实境暴露法	實境曝露法
involuntary attention	无意注意,不随意注意	不自主注意
involuntary eye movement	不自主眼动	不自主眼動
involuntary imagination	无意想象	不自主想像
involuntary movement	无意运动	不自主運動
I/O psychology(=industrial/organizational psychology)	工业与组织心理学	工業與組織心理學
IPSP(=inhibitory postsynaptic potential)	抑制性突触后电位	抑制性突觸後電位
IPT(=interpersonal psychotherapy)	人际心理治疗	人際心理治療[法],人際關係治療[法]
IQ(=intelligence quotient)	智商	智商,智力商數
IRM(=innate releasing mechanism)	先天释放机制	先天釋放機制
irrational belief	非理性信念	非理性信念
IRT(=interresponse time; item response theory)	反应时距;项目反应理论	反應時距;項目反應理論,試題反應理論
ISI(=interstimulus interval)	刺激间距	刺激間距
isoluminant	等亮度	等亮度
isomerization	异构化	異構化
isomorphic problem	同构问题	同構問題
itching sensation	痒觉	癢覺
ITD(= interaural time difference)	双耳时差	雙耳時差
item analysis	项目分析	項目分析,試題分析
item characteristic curve	项目特征曲线	項目特徵曲線,試題特徵曲線
item characteristic function	项目特征函数	項目特徵函數
item difficulty	项目难度	項目難度,試題難度
item discrimination	项目区分度,项目鉴别力	項目鑑別度,試題鑑別度
item parameter	项目参数	項目參數,試題參數

英 文 名	大 陆 名	台 湾 名
item response theory(IRT)	项目反应理论	項目反應理論,試題反應理論
item selection	项目选择	項目選擇

J

英 文 名	大 陆 名	台 湾 名
Jackson Vocational Interest Survey(JVIS)	杰克逊职业兴趣调查表	傑克遜職業興趣量表
James-Lange theory	詹姆斯-朗格理论	詹姆士-朗格理論,詹朗二氏論
JCM(=job characteristic model)	工作特征模型	工作特性模式
jealous delusion(=delusion of jealousy)	嫉妒妄想	嫉妒妄想
jealousy	妒忌	妒忌
JND(=just noticeable difference)	最小可觉差	恰辨差[異],最小可覺差
job analysis	岗位分析	工作分析
job characteristic model(JCM)	工作特征模型	工作特性模式
job classification method	工作分类法	工作分類法
job design	职位设计	工作設計
job enlargement	工作扩大化	工作擴大化
job enrichment	工作丰富化	工作豐富化
job evaluation	岗位评价	工作評價
job placement	工作安置	就業安置
job ranking method	工作评定法	工作評等法
job rotation	轮岗	工作輪調
job sample	工作样本	工作樣本
job satisfaction	工作满意感	工作滿意度
job specialization	工作专业化	工作專精化
job specification	工作规范	工作規範,工作規格
job strain(=work stress)	工作压力,工作应激	工作壓力,工作緊繃
Jocasta complex	恋子情结	戀子情結
judgement	判断	判斷
justice	公正	公平,正義
just noticeable difference(JND)	最小可觉差	恰辨差[異],最小可覺差
juvenile delinquency	少年犯罪	少年犯罪
juvenile period	少年期	兒少時期
juvenilism	稚气	稚氣

英 文 名	大 陆 名	台 湾 名
JVIS(=Jackson Vocational Interest Survey)	杰克逊职业兴趣调查表	傑克遜職業興趣量表

K

英 文 名	大 陆 名	台 湾 名
K-ABC(=Kaufman Assessment Battery for Children)	考夫曼儿童成套评价测验	考夫曼兒童評鑑組合
KAIT(=Kaufman Adolescent and Adult Intelligence Test)	考夫曼青少年和成人智力测验	考夫曼青少年和成人智力測驗
kansei engineering	感性工学	感性工學
KAPA(=knowledge-and-appraisal personality architecture)	知识-评价人格结构	知識和評價的人格結構,KAPA 模式
Kaufman Adolescent and Adult Intelligence Test(KAIT)	考夫曼青少年和成人智力测验	考夫曼青少年和成人智力測驗
Kaufman Assessment Battery for Children (K-ABC)	考夫曼儿童成套评价测验	考夫曼兒童評鑑組合
Kelley's attribution theory	凯利归因理论	凱利歸因理論
Kendall's concordance coefficient	肯德尔和谐系数,肯德尔 *W* 系数	肯德爾和諧系數
key performance indicator(KPI)	关键绩效指标	關鍵績效指標
key-word method	关键词法	關鍵詞[記憶]術,關鍵字法
KGIS(=Kuder General Interest Survey)	库德一般兴趣调查表	庫德一般興趣量表
kindling phenomenon	点燃现象	點燃現象
kinephantom	影动错觉	影動錯覺
kinesics	人体动作学	動作[神態]學,舉止神態[學]
kinesiotherapy	运动治疗	運動治療[法]
kinesthesia(=kinesthesis)	动觉	運動[感]覺
kinesthesiometer	动觉计	動覺計
kinesthesis	动觉	運動[感]覺
kinesthetic after-effect	动觉后效	動覺後效
kinesthetic feedback	动觉反馈	動覺回饋
kinship study	亲属研究	親屬研究
kleptomania	偷窃癖	竊盜症,偷竊癖
k-means cluster	快速聚类法	*k*-means 分群法,*k* 均值群聚算法

英 文 名	大 陆 名	台 湾 名
knee-jerk reflex	膝跳反射	膝跳反射
knowledge-and-appraisal personality architecture(KAPA)	知识-评价人格结构	知識和評價的人格結構,KAPA 模式
knowledge management	知识管理	知識管理
KOIS(=Kuder Occupational Interest Survey)	库德职业兴趣调查表	庫德職業興趣量表
Korsakoff's syndrome	科萨科夫综合征	柯沙可夫氏症候群
KPI(=key performance indicator)	关键绩效指标	關鍵績效指標
Kuder General Interest Survey(KGIS)	库德一般兴趣调查表	庫德一般興趣量表
Kuder Occupational Interest Survey (KOIS)	库德职业兴趣调查表	庫德職業興趣量表
Kuder-Richardson reliability	库德-理查森信度	庫李二氏信度
kurtosis	峰度	峰度

L

英 文 名	大 陆 名	台 湾 名
laboratory study	实验室研究	實驗室研究
LAD(=language acquisition device)	语言习得装置	語言習得機制,語言獲得機制
Landolt ring	朗多环视标,蓝道环	藍道爾環視力表,蘭氏環
language acquisition device(LAD)	语言习得装置	語言習得機制,語言獲得機制
language acquistion process	语言习得过程	語言習得歷程,語言獲得歷程
language comprehension	语言理解	語言理解
language production	语言生成	語言產出
large sample	大样本	大樣本
latency	潜伏期	潛伏期
latency period(=latency)	潜伏期	潛伏期
latent learning	潜伏学习	潛伏學習,潛在學習
latent trait theory(LTT)	潜在特质理论	潛在特質理論
latent variable	潜[在]变量	潛在變項
lateral geniculate nucleus(LGN)	外侧膝状体核	[腦]外側膝狀體,側膝核
lateral inhibition	侧抑制	側[邊]抑制
lateralization of the brain	大脑功能偏侧化	腦側化

英　文　名	大　陆　名	台　湾　名
lateral transfer	横向迁移,水平迁移	水平遷移
lateral ventricle	侧脑室	側腦室
Latin square	拉丁方	拉丁方格
Latin square design	拉丁方设计	拉丁方格設計
law of causality	因果律	因果律
law of causation(=law of causality)	因果律	因果律
law of closure	闭合律	閉合律
law of cohesion	结合律	結合律
law of color mixture	颜色混合律	顏色混合律
law of common fate	共同命运律	共同命運律
law of complementary color	补色律	色彩互補律
law of contiguity	接近律	接近律,時近律
law of continuity	连续律,连续原则	連續律,連續原則
law of contrast	对比律	對比法則,對比律
law of effect	效果律	效果律
law of exercise	练习律	練習律
law of frequency	频因律	頻率法則,頻率律
law of large number	大数定律	大數法則
law of learning	学习律	學習法則,學習律
law of parsimony	节约律	簡約法則,簡約律
law of Prägnanz	完形律	良好圖形律
law of primacy	初始律	初始法則
law of prior entry	先入律	先入法則
law of progression	渐进律	漸進律
law of readiness	准备律	準備法則,準備律
law of recency	近因律	新近法則,近因律
law of similarity	相似律	相似律
law of substitution	代替律	替代法則,替代律
law of vividness	显明律	顯明法則,顯明律
laws of perceptual organization	知觉组织律	知覺組織律
leaderless group discussion(LGD)	无领导小组讨论	無領導者團體討論
leader-member exchange theory(LMX theory)	领导-成员交换理论	領導者-成員交換理論
leader-participation model	领导[者]参与模型	領導參與模式
leadership	领导	領導
learned behavior	习得行为	習得行為
learned helplessness	习得性无助	習得無助
learning	学习	學習

英 文 名	大 陆 名	台 湾 名
learning curve	学习曲线	學習曲線
learning dilemma	学习困境	學習困境
learning disorder	学习障碍	學習障礙
learning goal	学习目标	學習目標
learning motivation(=motivation to learn)	学习动机	學習動機
learning organization	学习型组织	學習型組織
learning plateau	学习高原	學習高原
learning set	学习定势	學習心向,學習定勢
learning strategy	学习策略	學習策略
learning style	学习方式,学习风格	學習風格
learning theory	学习理论	學習理論
least squares method(=method of least squares)	最小二乘法,最小平方法	最小平方法
Lee-Boot effect	李-布特效应	李布二氏效應
left cerebral hemisphere	左侧大脑半球	左側大腦半球
left handedness	左利手	左利,左手優勢
legal consciousness	法律意识	法律意識
lens	晶状体	水晶體,晶狀體
lentiform nucleus	豆状核	豆狀核
leptin	瘦蛋白	瘦蛋白,瘦素
LES(=Life Events Scale)	生活事件量表	生活事件量表
level of achievement	成就水平	成就水準
level of aspiration(=aspiration level)	抱负水平	抱負水準
level of confidence	信心水平	信心水準
level of processing	加工水平	處理層次
level of significance(=significance level)	显著性水平	顯著水準
lexical access	词汇通达	詞彙觸接
lexical ambiguity	词汇歧义	詞彙歧義
lexical decision task	词汇判断任务	詞彙判斷作業
lexicology	词汇学	字意學,詞彙學
LGD(=leaderless group discussion)	无领导小组讨论	無領導者團體討論
LGN(=lateral geniculate nucleus)	外侧膝状体核	[腦]外側膝狀體,側膝核
LH(=luteinizing hormone)	黄体生成素	黃體素
libido	力比多	原慾,性慾力
lie detection	测谎	測謊,謊言偵測,謊言偵察
lie detector	测谎仪	測謊儀,測謊器

英　文　名	大　陆　名	台　湾　名
lie scale	测谎量表	測謊量表
life events	生活事件	生活事件
Life Events Scale(LES)	生活事件量表	生活事件量表
life instinct	生的本能	生之本能
life script	生活脚本	生活腳本
life-span development	毕生发展	生命全期發展
life-span oriented	毕生发展取向	生命全期取向,全人生發展取向
life-span perspective	毕生发展观	生命全期發展
life stress	生活应激,生活压力	生活壓力
life style	生活方式	生活型態
life style analysis	生活方式分析	生活型態分析,生命風格分析
life style disease	生活方式疾病	生活型態疾病,文明病
lifestyle(=life style)	生活方式	生活型態
Life Values Inventory	生活价值观量表	生活價值觀量表
light adaptation	明适应	亮適應
light-dark ratio	亮暗比	亮暗比
lightness(=brightness)	明度	亮度,明度
lightness constancy(=brightness constancy)	明度恒常性	亮度恆常性,明度恆定性
likelihood function	似然函数	概似函數
likelihood principle	似然原理	可能性原則
likelihood ratio	似然比,或然比	概似比
Likert Scale	利克特量表	李克特量表,李克特量尺
limbic system	边缘系统	邊緣系統
limen(=threshold)	阈限	閾限,感覺閾,閾值
limit method	极限法	極限法
linear correlation	线性相关	線性相關,直線相關
linear model	线性模型	線性模式
linear perspective	线条透视	直線透視,線性透視
linear regression	线性回归	線性迴歸
linear relationship	线性关系	線性關係
linear syllogism	线性三段论	線性三段論證
linear transformation	线性转换	線性轉換
linguistic intelligence	语言智力	語言智力
linguistic-relativity hypothesis	语言相对假说	語言相對假說

英 文 名	大 陆 名	台 湾 名
linguistics	语言学	語言學
LJT(=on-the-job training)	在职训练	在職訓練
LMX theory(=leader-member exchange theory)	领导-成员交换理论	領導者-成員交換理論
lobotomy	脑叶切除术	腦葉切除術
local independence	局部独立性	局部獨立性
localization	定位	定位,區位
local precedence effect	局部优先效应	局部優先效應
location constancy	位置恒常性	位置恆常性
locus coeruleus	蓝斑	藍斑核
locus of control	控制源	控制信念,控制觀,內外控
logarithmic transformation	对数转换	對數轉換
logical mathematical intelligence	逻辑数学智力	邏輯數學智力
logical positivism	逻辑实证论	邏輯實證論,邏輯實證主義
logical thinking	逻辑思维	邏輯思考,邏輯思維
logical validity	逻辑效度	邏輯效度
log linear modeling	对数线性建模	對數線性模式
logotherapy	意义疗法	意義治療[法]
loneliness	孤独	寂寞
Loneliness Scale	孤独量表	孤獨量表
longitudinal design	纵向设计	縱貫性設計
longitudinal research	纵向研究	縱貫性研究[法],貫時性研究[法]
long-term memory(LTM)	长时记忆	長期記憶
long-term potentiation(LTP)	长时程增强	長效增益
long-term psychotherapy	长程心理治疗	長期心理治療
looking-glass self	镜像自我	鏡中[自]我
loss	丧失	失落
loudness	响度	響度
lower difference threshold	下差别阈	下差異閾
low-road transfer	低阶迁移	低徑遷移
LTM(=long-term memory)	长时记忆	長期記憶
LTP(=long-term potentiation)	长时程增强	長效增益
LTT(=latent trait theory)	潜在特质理论	潛在特質理論
luminance	亮度	輝度
luminance contrast	亮度对比	光度對比

英 文 名	大 陆 名	台 湾 名
luminosity function	视见函数,光亮度函数	光度函數
luteinizing hormone(LH)	黄体生成素	黃體素

M

英 文 名	大 陆 名	台 湾 名
M1(=primary motor cortex)	初级运动皮质	初級運動皮質
MA(=mental age)	心理年龄,智力年龄,智龄	心理年齡,心智年齡
Mach band	马赫带	馬赫帶
Machiavellian value	马基亚韦利价值观	馬基維利價值觀
macula lutea	黄斑	黃斑
MAF(=minimum audible field)	最小可听野	最小可聽場
magnetic resonance imaging(MRI)	磁共振成像	核磁共振造影
magnetoencephalography(MEG)	脑磁图描记术	腦磁波儀
magnitude constancy(=size constancy)	大小恒常性	大小恆常性
magnitude estimation	量值估算	量值估算
main effect	主效应	主要效果
maintenance rehearsal	保持性复述	維持性複誦
major epilepsy	癫痫大发作	癲癇大發作
make-believe play	装扮游戏,假定游戏	裝扮遊戲,假想遊戲
maladaption	适应不良	適應不良
maladaptive behavior	适应不良行为	適應不良行為
maladaptive belief	不良适应信念	不良適應信念
maldevelopment	不良发展	不良的發展
malingering	诈病	詐病
management by objectives(MBO)	目标管理	目標管理
managerial grid	管理方格	管理方格
managerial grid theory	管理方格理论	管理方格理論
managerial psychology	管理心理学	管理心理學
mandatory retirement	强制退休	強制退休
mania	躁狂症,躁狂发作	躁症,躁狂;瘋狂之愛
manic-depressive psychosis	躁狂抑郁性精神病	躁鬱症,躁鬱精神病
Manifest Anxiety Scale(MAS)	显性焦虑量表	顯性焦慮量表,外顯焦慮量表
manifest need	外显需要,显性需要	外顯性需求
manifest variable	外显变量	外顯變數,外顯變項
man-machine interface	人机界面	人機介面

英文名	大陆名	台湾名
man-machine matching	人机匹配	人機匹配,人機配合
man-machine system	人机系统	人機系統
MANOVA(=multivariate analysis of variance)	多元方差分析	多變量變異數分析
MAO(=monoamine oxidase)	单氨氧化酶	單胺氧化酶
MAOI(=monoamine oxidase inhibitor)	单氨氧化酶抑制剂	單胺氧化酶抑制劑
MAP(=minimum audible pressure)	最小可听压	最小可聽壓
marginal distribution	边缘分布	邊際分配,邊緣分配
marginalization	离心趋势	邊緣化
marital therapy(=marriage therapy)	婚姻疗法,婚姻治疗	婚姻治療[法]
market positioning	市场定位	市場定位
marriage therapy	婚姻疗法,婚姻治疗	婚姻治療[法]
Marr's computational theory of vision	马尔视觉计算理论	瑪爾視覺計算理論
MAS(=Manifest Anxiety Scale)	显性焦虑量表	顯性焦慮量表,外顯焦慮量表
masculine identity	男性认同	男性認同
masculine(=masculinity)	男性化	男性特質,陽剛特質,男性化
masculine psychology	男性心理学	男性心理學
masculinism(=masculinity)	男性化	男性特質,陽剛特質,男性化
masculinity	男性化	男性特質,陽剛特質,男性化
masculinity-femininity	男性化-女性化	男性化-女性化,陽剛-陰柔
masking	掩蔽	遮蔽
Maslow's theory of hierarchy of need	马斯洛需要层次论	馬斯洛需求層次理論
masochism	受虐癖,受虐症	[性]被虐症,[性]受虐癖
massed learning	集中学习	集中式學習
massed practice	集中练习	集中練習
mass hysteria	集体歇斯底里	集體歇斯底里
mass psychology	大众心理学	大眾心理學
mastery learning	掌握学习	精熟學習
matched-group design	匹配组设计	配對組設計
matching	匹配	配對分組
matching-by-three-primaries law	三原色混合律	三原色混色律
matching hypothesis	配对假说	配對假說

英　文　名	大　陆　名	台　湾　名
matching law	匹配律	配對原則,匹配律
material culture	物质文化	物質文化
maternal deprivation	母爱剥夺	母愛缺乏,母愛剝奪
mathematical psychology	数学心理学	數學心理學
matrix reasoning	矩阵推理	矩陣推理
matrix structure	矩阵结构	矩陣式結構
maximum likelihood method	最大似然法	最大概似法
maze	迷津	迷津
maze learning	迷津学习	迷津學習
MBCT(=mindfulness-based cognitive therapy)	正念认知治疗	內觀認知治療[法],正念認知治療[法]
MBO(=management by objectives)	目标管理	目標管理
MBTI(=Myers-Briggs Type Indicator)	迈尔斯–布里格斯人格类型量表	麥布二氏人格測驗,麥布二氏人格類型指標
McCarthy Scales of Children's Abilities	麦卡锡儿童能力量表	麥卡錫兒童能力量表
MEA(=means-ends analysis)	手段–目的分析	方法–目的分析
mean	平均数	平均數
mean deviation	平均偏差	平均差
meaning	意义	意義
meaning attribution	意义归因	意義歸因
meaning encoding	意义编码	意義編碼
meaningful learning	意义学习	有意義的學習
meaningful memorization	意义识记	有意義的記憶
means-ends analysis(MEA)	手段–目的分析	方法–目的分析
mean square	均方	均方
mean-square deviation	均方差	均方差
measurement	测量	測量
measurement error	测量误差	測量誤差
measure of central tendency	集中量数	集中量數
measure of variation	变异量数	變異量數
mechanical aptitude test	机械能力倾向测验	機械性向測驗
medial forebrain bundle	内侧前脑束	前腦內側神經束
medial geniculate nucleus(MGN)	内侧膝状体核	內側膝狀體核,內膝核
medial temporal lobe amnesia	颞叶内侧失忆症	顳葉內側失憶症
medial temporal lobe damage	颞叶内侧损伤	顳葉內側損傷
median	中[位]数	中數,中位數
media psychology	媒体心理学	媒體心理學
mediation	调解	調停;中介

英 文 名	大 陆 名	台 湾 名
medical model	医学模式	醫學模式
medical psychology	医学心理学	醫學心理學
meditation	冥想	冥想,靜坐
medulla oblongata	延髓	延髓,延腦
MEG(=magnetoencephalography)	脑磁图描记术	腦磁波儀
melancholic temperament	抑郁质,忧郁质	憂鬱[氣]質,黑膽汁[氣]質
membrane potential	膜电位	膜電位
memory	记忆	記憶
memory consolidation	记忆巩固	記憶穩固,記憶凝固
memory distortion	记忆失真,记忆扭曲	記憶扭曲
memory illusion	记忆错觉	記憶錯覺
memory image	记忆表象	記憶心像
memory loss	记忆丧失	記憶喪失
memory organization	记忆组织	記憶組織
memory reconstruction	记忆重建	記憶重建
memory span	记忆广度	記憶廣度
memory suppression	记忆压抑	記憶壓抑
memory system	记忆系统	記憶系統
memory trace	记忆痕迹	記憶痕跡
memory type	记忆类型	記憶類型
meninges	脑脊膜	腦膜,脊膜
mental ability	心智能力	心智能力
mental ability test	心智能力测验	心智能力測驗
mental account	心理账户	心理帳戶,心理會計
mental accounting(=mental account)	心理账户	心理帳戶,心理會計
mental activity	心理活动	心理活動
mental age(MA)	心理年龄,智力年龄,智龄	心理年齡,心智年齡
mental development	心理发展	心智發展
mental disorder	心理障碍,精神障碍	心理疾患,心理障礙
mental fatigue	心理疲劳	心理疲勞
mental health	心理健康	心理健康
mental illness	心理疾病	心理疾病
mental image	表象	心像
mental lexicon	心理词典	心理詞彙,心理辭典
mental maturity test	心理成熟测验	心理成熟測驗
mental phenomenon	心理现象	心理現象,心智現象

英 文 名	大 陆 名	台 湾 名
mental process	心理过程	心理歷程,心智歷程
mental relaxation	心理放松	心理放鬆
mental representation	心理表征	心智表徵,心理表徵
mental retardation	智力落后,精神发育迟缓	智能障礙,智能遲緩,智能不足
mental rotation	心理旋转	心像旋轉
Mental Scale	心理量表	心理量表
mental scanning	心理扫描	心理掃描,心智掃描
mental set	心理定势	心向,心理定勢
mental state	心理状态	心理狀態
mental test	心理测验	心理測驗
mental training(=psychological training)	心理训练	心理訓練
mental workload	心理[工作]负荷	心理[工作]負荷,心智[工作]負荷
mesencephalon	中脑	中腦
mesmerism(=hypnotism)	催眠术	催眠術
mesosystem	中间系统	系統間系統
messenger RNA(mRNA)	信使 RNA	訊息核糖核酸
meta-analysis	元分析	後設分析,整合分析,統合分析
metabolic syndrome	代谢综合征	[新陳]代謝症候群
metabolism	[新陈]代谢	新陳代謝
metacognition	元认知	後設認知
metacognitive memory	元认知记忆	後設認知記憶
metamemory	元记忆	後設記憶
metaphor	隐喻	隱喻
metaphor analysis	比喻分析	隱喻分析
metaphysics	形而上学	形上學
metatheory	元理论	後設理論,統合理論
method of adjustment	调整法	調整法,調適法
method of average error	平均误差法	平均誤差法
method of constant stimulus	恒定刺激法	定值刺激法,恆定刺激法
method of least squares	最小二乘法,最小平方法	最小平方法
method of median test	中数检验法	中數檢驗法
method of minimal change	最小变化法	最小變化法
methodology	方法论	方法論,方法學

英文名	大陆名	台湾名
MGN(=medial geniculate nucleus)	内侧膝状体核	內側膝狀體核,內膝核
microelectrode	微电极	微電極
micro-expression	微表情	微表情,瞬間即逝的表情
microspectrophotometry	显微分光光度术	顯微分光光度測光法
microsystem	微观系统	微[觀]系統
midbrain(=mesencephalon)	中脑	中腦
middle age	中年	中年
middle childhood	童年中期	兒童中期
middle ear	中耳	中耳
middle term memory	中期记忆	中期記憶
midlife crisis	中年危机	中年危機
milieu therapy(=environmental therapy)	环境疗法	環境治療[法]
military psychology	军事心理学	軍事心理學
mind-body problem	心身问题	心-物問題,心身二元問題
mind-body relation	心身关系	心身關係
mindfulness-based cognitive therapy (MBCT)	正念认知治疗	內觀認知治療法,正念認知治療法
minimum audible field(MAF)	最小可听野	最小可聽場
minimum audible pressure(MAP)	最小可听压	最小可聽壓
Minnesota Multiphasic Personality Inventory(MMPI)	明尼苏达多相人格调查表	明尼蘇達多相人格測驗,明尼蘇達多相人格量表
Minnesota Spatial Relation Test	明尼苏达空间关系测验	明尼蘇達空間關係測驗
minority influence	少数人影响	少數人的影響
mirror drawing	镜画	鏡描
mirror image	镜像	鏡像
misconception	错误概念,迷思概念	誤解,錯誤概念
miss	漏报	漏失,不中
mixed design	混合设计	混合設計
MMPI(=Minnesota Multiphasic Personality Inventory)	明尼苏达多相人格调查表	明尼蘇達多相人格測驗,明尼蘇達多相人格量表
mnemonics	记忆术	記憶法,記憶術
mode	众数	眾數
modeling	示范法,模仿法	示範,仿效,模仿
modeling behavior	模仿行为	模仿行為

英文名	大陆名	台湾名
moderation effect	调节效果	調節效果
moderator	调节变量	調節變項
modernism	现代主义	現代主義
modifier gene	修饰基因	修飾基因
modularity theory	模块论	模組化理論
modulatory circuit	调控回路	調控迴路
monaural cue	单耳线索	單耳線索
monaural hearing	单耳听觉	單耳聽覺
monism	一元论	一元論
monoamine hormone	单氨类激素	單胺類荷爾蒙
monoamine oxidase(MAO)	单氨氧化酶	單胺氧化酶
monoamine oxidase inhibitor(MAOI)	单氨氧化酶抑制剂	單胺氧化酶抑制劑
monochromator	单色仪	單色儀
monocular cue	单眼线索	單眼線索
monocular depth cue	单眼深度线索	單眼深度線索
monozygotic twins	单卵双生[子],同卵双生[子],单卵双胎	同卵雙生[子],同卵雙胞胎
mood	心境	心情,情緒
mood disorder	心境障碍	情感疾患
moon illusion	月亮错觉	月亮錯覺
moral anxiety	道德焦虑	道德焦慮
moral development	道德发展	道德發展
moral dilemma	道德两难	道德兩難
moral disengagement	道德解离	道德解離
morale	士气	士氣
morality	道德	道德,倫理
moral judgement	道德判断	道德判斷
moral reasoning	道德推理	道德推理
Morita therapy	森田疗法	森田療法
Moro reflex	莫罗反射	摩羅反射
morphology	形态学	構詞學,形態學
Morris water maze	莫里斯水迷津	莫氏水迷津
mortality rate	死亡率	死亡率
motion and time study	动作与时间研究	動作與時間研究
motion illusion	运动错觉	運動錯覺
motion parallax	运动视差	運動視差
motion perception	运动知觉	運動知覺
motion sickness	晕动病	動暈症

英文名	大陆名	台湾名
motivated forgetting	动机性遗忘	動機性遺忘
motivation	动机	動機,激勵
motivational factor	动机因素	動機因素
motivational process	动机过程	動機過程
motivational research	动机研究	動機研究
motivation theory	激励理论	動機理論
motivation to learn	学习动机	學習動機
motive(=motivation)	动机	動機,激勵
motor area	运动区	運動區
motor coordination	运动协调	動作協調,運動協調
motor cortex	运动皮质	運動皮質
motor development	动作发展	動作發展
motor end plate	运动终板	運動終板
motor learning	运动[技能]学习	動作學習
motor memory	运动记忆	動作記憶
motor neuron	运动神经元	運動神經元
motor scale	动作量表	動作量表
motor unit	运动单位	運動單元
movement afterimage	运动后像	運動後像,運動殘像
movement imagery	运动表象	動作意象
movement parallax(=motion parallax)	运动视差	運動視差
MPD(=multiple personality disorder)	多重人格障碍	多重人格疾患
MRI(=magnetic resonance imaging)	磁共振成像	核磁共振造影
mRNA(=messenger RNA)	信使 RNA	訊息核糖核酸
Müller-Lyer illusion	米勒-莱尔错觉	繆莱二氏錯覺
multiculturalism	多元文化论	多元文化論,多元文化主義
multimodal theory of intelligence	智力多元论	智力多元論
multiple aptitude test	多元性向测验	多元性向測驗
multiple choice item	多项选择题	選擇題
multiple comparison	多重比较	多重比較
multiple correlation	多重相关	複相關,多元相關
multiple intelligences	多元智力	多元智力
multiple intelligences theory	多元智力理论	多元智力論
multiple personality	多重人格	多重人格
multiple personality disorder(MPD)	多重人格障碍	多重人格疾患
multiple regression	多元回归	複迴歸,多元迴歸
multiple self	多重自我	多重自我

英 文 名	大 陆 名	台 湾 名
multivariate analysis	多元分析	多變量分析
multivariate analysis of variance (MANOVA)	多元方差分析	多變量變異數分析
multivariate statistics	多变量统计	多變量統計
Munsell color solid	芒塞尔颜色立体	芒塞爾色立體
Murphy's law	墨菲定律	莫非定律,莫菲定律
muscle sensation	肌觉	肌覺
muscle spindle	肌梭	肌梭
musical therapy(=music therapy)	音乐疗法	音樂治療[法]
musical tone	乐音	樂音
music therapy	音乐疗法	音樂治療[法]
mutation	突变	突變
mutism	缄默症	緘默症
myelencephalon	末脑,延脑	延腦
myelin sheath	髓鞘	髓鞘
Myers-Briggs Type Indicator(MBTI)	迈尔斯-布里格斯人格类型量表	麥布二氏人格測驗,麥布二氏人格類型指標
myopia	近视	近視

N

英 文 名	大 陆 名	台 湾 名
NA(=noradrenaline)	去甲肾上腺素	正腎上腺素
narcissism	自恋	自戀
narcissistic behavior disorder	自恋型行为障碍	自戀[型]行為疾患
narcissistic personality	自恋型人格	自戀性格,自戀人格
narcissistic personality disorder	自恋型人格障碍	自戀[型]人格疾患
Narcissistic Personality Inventory(NPI)	自恋型人格量表	自戀[型]性格量表
narcolepsy	发作性睡病	猝睡症,嗜睡症
narrative analysis	叙事分析	敘說分析,敘事分析
narrative psychology	叙事心理学	敘說心理學,敘事心理學
narrative therapy	叙事疗法	敘說法療,敘事治療
national character	国民性	國民性[格],民族性[格]
natural experiment	自然实验	自然實驗[法]
natural immunity	天然免疫	天然免疫,先天免疫
naturalistic observation	自然观察法	自然觀察法

英文名	大陆名	台湾名
naturalistic study	自然研究	自然研究[法]
natural selection	自然选择	天擇
nature	本质	本質,天生,天性;自然
nature and nurture	先天与后天	先天與後天,天性與教養
nature-nurture controversy	先天-后天争议	先天-後天爭議,天性-教養爭議
nature-nurture interaction	先天-后天交互作用	先天-後天交互作用,天性-教養交互作用
NBAS(=Neonatal Behavioral Assessment Scale)	新生儿行为评价量表	新生兒行為衡鑑量表,布氏新生兒行為量表
NE(=norepinephrine)	去甲肾上腺素	正腎上腺素
necrophilia	恋尸癖	戀屍癖
need	需要,需求	需求,需要
need assessment	需求评估	需求評估
need for achievement	成就需要,成就需求	成就需求
need for affiliation(=belongingness need)	归属需要	歸屬需求,親和需求
need for cognition	认知需要	認知需求
need for positive regard	正向关怀需要	正向關懷需求
need for power	权力欲,权力需要	權力需求
need hierarchy theory	需要层次论,需求层次论	需求階層理論
need potential	需要潜能	需求潛能
negative affect	负面情感	負面情感,負向情感
negative afterimage	负后像	負後像
negative correlation	负相关	負相關
negative emotion	负面情绪	負面情緒,負向情緒
negative feedback	负反馈	負回饋
negative identity	反向认同	負向認同
negative reinforcement	负强化	負增強
negative reinforcer	负强化物	負增強物
negative transfer	负迁移	負向遷移
negativism	违拗症	拒絕症,違拗症
neglected child	被忽略儿童	被[同儕]忽略的孩子,被[父母]疏忽的孩子
negotiation	谈判,协商	協商,磋商
neo-behaviorism	新行为主义	新行為主義

英　文　名	大　陆　名	台　湾　名
neocortex	新皮质	新皮質
neo-Freudian theory	新弗洛伊德理论	新佛洛伊德學派
Neonatal Behavioral Assessment Scale (NBAS)	新生儿行为评价量表	新生兒行為衡鑑量表,布氏新生兒行為量表
neonatal mortality	新生儿死亡率	新生兒死亡率
neonatal period	新生儿期	新生兒期,新生兒階段
neonatal reflex	新生儿反射	新生兒反射
neonate	新生儿	新生兒
neophobia	恐新症	新事物恐懼症,恐新症
neo-Piagetian theory	新皮亚杰理论	新皮亞傑學派
NEO PI-R(=Revised NEO Personality Inventory)	五大人格量表修订版	五大人格量表修訂版
neo-psychoanalysis	新精神分析	新精神分析
nerve	神经	神經
nerve cell	神经细胞	神經細胞
nerve growth factor(NGF)	神经生长因子	神經生長因子
nerve impulse	神经冲动,神经兴奋	神經脈衝,神經衝動
nervous system(NS)	神经系统	神經系統
nested design	嵌套设计	巢套設計,嵌套設計
nested model	嵌套模型	巢套模型,嵌套模型
network	网络	網路,網絡
neural circuit	神经回路	神經迴路
neural computation	神经计算	神經計算
neural crest	神经嵴	神經嵴
neural groove	神经沟	神經溝
neural network	神经网络	神經網路
neural plasticity	神经可塑性	神經可塑性
neural regeneration	神经再生	神經再生
neurasthenia	神经衰弱[症]	神經衰弱症
neuroanatomy	神经解剖学	神經解剖學
neurocognitive disorder	神经认知障碍	神經認知疾患
neurocrine	神经分泌	神經[內]分泌
neurodevelopmental disorder	神经发育障碍	神經發展疾患
neuroendocrine system	神经内分泌系统	神經內分泌系統
neurohormone	神经激素	神經激素,神經荷爾蒙
neurolinguistics	神经语言学	神經語言學
neurologist	神经学家	神經學家
neuromuscular junction	神经肌肉接头	神經肌肉連會,神經肌

英 文 名	大 陆 名	台 湾 名
		肉接合點
neuron	神经元	神經元
neuron doctrine	神经元学说	神經元學說
neuropeptide	神经肽	神經胜肽
neuropsychological test	神经心理测验	神經心理測驗
neuropsychologist	神经心理学家	神經心理學家
neuropsychology	神经心理学	神經心理學
neuropsychopharmacology	神经心理药物学	神經心理藥物學
neurosis	神经症	精神官能症
neurotic anxiety	神经质焦虑	神經質焦慮
neuroticism	神经质	神經質
neurotic trend	神经质倾向	神經質傾向
neurotoxicology	神经毒理学	神經毒理學
neurotoxin	神经毒素	神經毒素
neurotransmitter	神经递质	神經傳導物[質]
neurotrophic factor	神经营养因子	神經滋養因子
neurotrophin(=neurotrophic factor)	神经营养因子	神經滋養因子
neutral stimulus	中性刺激	中性刺激
newborn reflex(=neonatal reflex)	新生儿反射	新生兒反射
NGF(=nerve growth factor)	神经生长因子	神經生長因子
nightmare	梦魇	夢魘
night terror	夜惊	夜驚
NMDAR(=*N*-methyl-D-aspartate receptor)	*N*-甲基-D-天冬氨酸受体	氮-甲基天門冬胺酸受體
N-methyl-D-aspartate receptor(NMDAR)	*N*-甲基-D-天冬氨酸受体	氮-甲基天門冬胺酸受體
NMR(=nuclear magnetic resonance)	核磁共振	核磁共振
noctambulism(=sleepwalking disorder)	梦游症	夢遊症
noise	噪声	噪音,雜訊
noise effect	噪声效应	雜訊效應
nomial aphasia(=anomic aphasia)	命名性失语症,遗传性失语症	命名失語症,命名失能症
nominal scale	称名量表	名義量尺,名義量表
non-associative learning	非联想性学习	非聯結學習
nonconscious(=unconsious)	无意识,潜意识	潛意識,非意識
nondeclarative knowledge	非陈述性知识	非陳述性知識
nondeclarative memory	非陈述性记忆	非陳述性記憶
nonlinear regression	非线性回归	非線性迴歸

英 文 名	大 陆 名	台 湾 名
nonlinear transformation	非线性转换	非線性轉換
nonnormal data	非正态数据	非常態資料,非常態數據
nonorthogonal comparison	非正交比较	非正交比較
non-parametric test	非参数检验	無母數檢定,非參數考驗
non-participant observation	非参与性观察[法]	非參與[式]觀察
nonsense syllable	无意义音节	無意義音節
nonverbal communication	非言语沟通	非語言溝通
nonverbal memory	非言语记忆	非語文記憶
noradrenaline(NA)	去甲肾上腺素	正腎上腺素
norepinephrine(NE, =noradrenaline)	去甲肾上腺素	正腎上腺素
norm	常模;规范	常模;規範
normal curve	正态曲线	常態曲線
normal distribution	正态分布	常態分配
normalization	正态化	常態化,正常化
norm of reciprocity	相互性规范	回應性規範,相互性規範
norm of social responsibility	社会责任规范	社會責任規範
norm-referenced test	常模参照测验	常模參照測驗
not me	非我	非我
novice	新手,生手	生手,新手
NPI(=Narcissistic Personality Inventory)	自恋型人格量表	自戀[型]性格量表
NS(=nervous system)	神经系统	神經系統
nuclear family	核心家庭	核心家庭
nuclear magnetic resonance(NMR)	核磁共振	核磁共振
nucleotide	核苷酸	核苷酸
nucleus	细胞核	細胞核
nucleus accumbens	伏隔核	依核
null hypothesis	虚无假设,零假设	虛無假設
null hypothesis distribution	虚无假设分布	虛無假設分配
nun study	修女研究	修女研究

O

英 文 名	大 陆 名	台 湾 名
obedience	服从	服從
obedience to authority	服从权威	對權威的服從

英文名	大陆名	台湾名
obesity	肥胖症	肥胖症,肥胖
object	客体	客體
object constancy	物体恒常性	物體恆常性
objective anxiety	客观[性]焦虑	客觀[性]焦慮
objective test	客观测验	客觀測驗
objectivism	客观主义	客觀主義
objectivity	客观性	客觀性
object permanence	客体永久性,客体恒常性	物體恆存
object relations theory	客体关系理论	客體關係理論
object relations therapy	客体关系疗法	客體關係治療[法]
observational learning	观察学习	觀察學習
observational method	观察法	觀察法
observational study	观察研究	觀察研究
observation data (O-data)	观察数据,观察资料	觀察資料
observer-actor bias	观察者-行为者偏差	觀察者-行為者[歸因]偏誤
observer-actor effect	观察者-行为者效应	觀察者-行為者[歸因]效應
observer bias	观察者偏差,观察者偏误	觀察者偏誤
observer reliability	观察者信度	觀察者信度
obsession	强迫观念	強迫性思考;著迷
obsessive-compulsive disorder (OCD)	强迫症	強迫症,強迫疾患
obsessive-compulsive personality disorder (OCPD, =compulsive personality disorder)	强迫型人格障碍	強迫性人格疾患,強迫性人格違常
OCB(=organizational citizenship behavior)	组织公民行为	組織公民行為
occipital lobe	枕叶	枕葉
occupational health psychology	职业健康心理学	職場健康心理學
occupational psychology	职业心理学	職場心理學,職業心理學
OCD(=obsessive-compulsive disorder)	强迫症	強迫症,強迫疾患
OCPD(=obsessive-compulsive personality disorder)	强迫型人格障碍	強迫性人格疾患,強迫性人格違常
ocular dominance column	眼优势柱	視覺優勢柱
ocular dominance slab	眼优势板	視覺優勢板

英 文 名	大 陆 名	台 湾 名
oculomotor nerve	动眼神经	動眼神經
O-data(=observation data)	观察数据,观察资料	觀察資料
ODD(=oppositional defiant disorder)	对立违抗性障碍	對立性反抗疾患,對立性反抗症
odds ratio(OR)	相对危险度,比值比	勝算比,勝率比
Oedipus complex	恋母情结,俄狄浦斯情结	戀母[弑父]情結,伊底帕斯情結
Oedipus conflict	恋母冲突,俄狄浦斯冲突	戀母[弑父]衝突,伊底帕斯衝突
6-OHDA(=6-hydroxydopamine)	6-羟多巴胺	6-羥基多巴胺
olfactometer	嗅觉计	嗅覺計
olfactory bulb	嗅球	嗅球
olfactory cortex	嗅觉皮质	嗅覺皮質
olfactory nerve	嗅神经	嗅神經
olfactory sensation	嗅觉	嗅覺
olfactory system	嗅觉系统	嗅覺系統
olfactory threshold	嗅觉阈限	嗅覺閾值,嗅覺閾限
oligodendrocyte	少突胶质细胞	寡樹突膠細胞
OLS(=ordinary least square method)	普通最小二乘法	普通最小平方法,一般最小平方法
one-sample test	单样本检验	單樣本檢定
one-tailed probability	单尾概率	單尾機率
one-tailed test	单尾检验	單尾考驗,單側考驗
on-the-job training(OJT)	在职训练	在職訓練
ontogenesis	个体发生	個體發生
open field test	旷场试验	開放空間試驗,開放空間測試
open group	开放式治疗小组	開放式團體
open-loop control	开环控制	開環控制
openness	开放性	開放性
operant behavior	操作性行为	操作行為
operant conditioning	操作性条件反射	操作制約,操作條件化學習
operant response	操作反应	操作反應
operation	操作;运算	運作;運思
operational definition	操作性定义	操作型定義
operational stage	运算期,运思期	運思期
opponent-color theory	拮抗色觉说,补色理论	顏色對向論,補色理論

英 文 名	大 陆 名	台 湾 名
opponent-process hypothesis	对抗过程假说	相對歷程假說
oppositional defiant disorder(ODD)	对立违抗性障碍	對立性反抗疾患,對立性反抗症
opsin	视蛋白	視蛋白
optical illusion	视错觉	視錯覺
optical imaging	光学成像,光学造影	光學造影
optic chiasm	视交叉	視交叉
optic disc	视[神经]盘	視盤
optic nerve	视神经	視神經
optimal arousal level	最佳唤醒水平	最佳喚起水準
optimal stimulation level	最适刺激水平,最佳刺激水平	最適刺激水準,最佳刺激水準
optimism	乐观	樂觀[性]
optokinetic reflex	视动反射	視動反射
OR(=odds ratio)	相对危险度,比值比	勝算比,勝率比
oral stage	口唇期	口腔期
order effect	顺序效应,系列位置效应	順序效應
ordinal scale	顺序量表	次序量尺,次序量表
ordinal variable	顺序变量	次序變項,順序變項
ordinary least square method(OLS)	普通最小二乘法	普通最小平方法,一般最小平方法
organic mental disorder	器质性精神障碍	器質性精神障礙症
organizational behavior	组织行为	組織行為
organizational change	组织变革	組織變革
organizational citizenship behavior(OCB)	组织公民行为	組織公民行為
organizational climate	组织气氛	組織氣候
organizational commitment	组织承诺	組織承諾
organizational culture	组织文化	組織文化
organizational design	组织设计	組織設計
organizational learning	组织学习	組織學習
organizational morale	组织士气	組織士氣
organizational psychology	组织心理学	組織心理學
organizational strategy	组织策略	組織策略
organizational structure	组织结构	組織結構
organization development	组织发展	組織發展
organ of Corti	科尔蒂器	柯蒂氏器
orientation	定向	導向,定向;取向

英　文　名	大　陆　名	台　湾　名
orientation perception	方位知觉	定向知覺
orientation phase	定向时期	定向時期
orienting response	定向反应	定向反應
originality	独创性	獨創性
orthogonal comparison	正交比较	正交比較,直交比較
orthogonal rotation	正交旋转	正交轉軸,直交轉軸
osmosis	渗透作用	滲透作用
osmotic pressure	渗透压	滲透壓
other-attribution	他人归因	他人歸因
other-directedness	他人导向	他人導向
ought self	应该自我	應該[的]我
outcome measure	结果测量	結果測量,成效測量
outcome research	结果研究	結果研究,成效研究
outer ear	外耳	外耳
outgroup	外群体	外團體
overall test	总体检验	整體考驗
overcompensation	过度补偿	過度補償
overconfidence	过度自信	過度自信
overgeneralization	过度概化	過度類化
overjustification effect	过度理由效应	過度辯證效應,過度辯護效應
overlearning	过度学习	過度學習
overprotection	过度保护	過度保護
overprotectiveness(=overprotection)	过度保护	過度保護
overtone	倍音	倍頻音,倍音
ovulation	排卵	排卵,產卵

P

英　文　名	大　陆　名	台　湾　名
PA(=psychological assessment)	心理评估	心理衡鑑
PAG(=periaqueductal gray matter)	导水管周围灰质	導水管周邊灰質
pain disorder	疼痛障碍	疼痛疾患
pain management	疼痛管理	疼痛管理
paired comparison method	对偶比较法	配對比較法
paired comparison method	配对比较法	配對比較法
panel discussion	小组讨论	小組討論
panic attack	惊恐发作	恐慌發作

英 文 名	大 陆 名	台 湾 名
panic control therapy(PCT)	恐慌控制疗法	恐慌控制治療[法]
panic disorder	惊恐障碍	恐慌疾患,恐慌症
paper-and-pencil maze	纸笔迷津	紙筆迷津
paper-and-pencil test	纸笔测验	紙筆測驗
Papez's circuit	帕佩兹环路	巴貝茲迴路
PAQ(=position analysis questionnaire)	职位分析问卷	職位分析問卷
paradigm	范式	派典,典範
paradoxical sleep	异相睡眠	矛盾睡眠
parahippocampal gyrus	海马旁回	海馬旁迴
parallax	视差	視差
parallel distributed processing model(PDP model)	并行分布加工模型,PDP 模型	平行分散處理模式
parallel processing	并行加工	平行處理
parallel search	并行搜索	並行搜尋
parallel test	平行测验	平行測驗
parameter	参数	參數,母數
parameter estimation	参数估计	參數估計
parametric test	参数检验	母數檢定,參數考驗
paranoia	偏执狂	妄想症,偏執狂
paranoid personality disorder	偏执型人格障碍	妄想性人格疾患,妄想性人格違常
paranoid schizophrenia	偏执型精神分裂症	妄想型精神分裂症
paraphasia	错语症	亂語症
paraphrasing	释意	簡述語意
parapsychology	心灵学,超心理学	超心理學
parasympathetic nervous system(PNS)	副交感神经系统	副交感神經系統
parathymia	情感倒错	情感倒錯,心情顛倒
parental management training(PMT)	父母管理训练	父母管教訓練
parent-child relationship	亲子关系	親子關係
parenting	父母教养	父母教養,親職教養
parenting style	父母教养方式,父母教养风格	父母教養模式,親子風格
parietal lobe	顶叶	頂葉
Parkinson disease	帕金森病	帕金森氏症
parsimony	简约	簡約,簡效性
partial correlation	偏相关	淨相關,偏相關,部分相關
partial regression	偏回归	淨迴歸,偏迴歸

英 文 名	大 陆 名	台 湾 名
partial reinforcement effect(PRE)	部分强化效应	部分增強效應,部分強化效應
partial-report procedure	部分报告法	部分報告程序
participant observation	参与性观察[法]	參與[式]觀察
participative management	参与管理	參與式管理
part method of learning	部分学习法	部分學習法
part-whole method of learning	部分-整体学习法	部分-整體學習法
part-whole relationship	部分-整体关系	部分-整體關係
passionate love	激情之爱	狂熱式愛情
passive-aggressive personality disorder	被动攻击性人格障碍	被動攻擊性人格疾患,被動攻擊性人格違常
passive learning	被动学习	被動學習
paternalistic leadership	家长式领导	家長式領導
path analysis	路径分析	路徑分析,徑路分析
path-goal theory	通路目标理论	路徑-目標理論
pathological gambling	病态性赌博	病態性賭博
pattern recognition	模式识别	圖形辨識
Pavlovian conditioning	巴甫洛夫条件反射	巴夫洛夫制約,巴卜洛夫式條件化學習
PCA(=principle component analysis)	主成分分析	主成份分析
PCT(=panic control therapy)	恐慌控制疗法	恐慌控制治療[法]
PDD(=pervasive developmental disorder)	广泛发展障碍	廣泛性發展疾患,廣泛性發展障礙
PD game(=prisoner's dilemma game)	囚徒困境对策	囚犯困境遊戲
PDI(=psychomotor development index)	心理动作发展指数	心理動作發展指數
PDP model(=parallel distributed processing model)	并行分布加工模型,PDP 模型	平行分散處理模式
peace psychology	和平心理学	和平心理學
peak experience	顶峰体验,巅峰体验	高峰經驗
Pearson correlation	皮尔逊相关	皮爾森相關
Pearson correlation coefficient	皮尔逊相关系数	皮爾森積差相關
pediatric psychology	儿科心理学	兒科心理學
pedophilia	恋童症	戀童癖,戀童症
pedophobia	恐童症,惧童症	懼童症
peer acceptance	同伴接纳	同儕接納
peer assessment	同伴评价	同儕衡鑑
peer group	同伴群体	同儕團體
peer influence	同伴影响	同儕影響

英 文 名	大 陆 名	台 湾 名
peer learning	同伴学习	同儕學習
peer nomination	同伴提名	同儕提名
peer rating	同伴评定	同儕評量
peer rejection	同伴拒绝	同儕拒絕
penis envy	阴茎嫉妒	陽具羨慕,陽具欽羨
perceived risk	知觉风险	知覺風險
perceived self-efficacy	自我效能知觉	自我效能的覺知
percentile rank(PR)	百分等级	百分等級
perception	知觉	知覺
perception analyzer	知觉分析者	知覺分析者
perceptual constancy	知觉恒常性	知覺恆常性
perceptual defense	知觉防御	知覺防衛
perceptual disequilibrium	知觉不平衡	知覺不平衡
perceptual distortion	知觉歪曲	知覺扭曲
perceptual equilibrium	知觉平衡	知覺平衡
perceptual map	知觉图	知覺圖
perceptual organization	知觉组织	知覺組織
perceptual sensitivity	知觉敏感度	知覺敏感度
perceptual span	知觉广度	知覺廣度
perceptual vigilance	知觉警觉	知覺警覺性,知覺警醒性
perfect correlation	完全相关	完全相關
perfectionism	完美主义	完美主義
perfect negative correlation	完全负相关	完全負相關
perfect positive correlation	完全正相关	完全正相關
performance appraisal	绩效评估	表現評價,績效評估
performance feedback	绩效反馈	績效回饋
performance management	绩效管理	績效管理
performance test	操作测验	實作測驗
periaqueductal gray matter(PAG)	导水管周围灰质	導水管周邊灰質
perimetry test(=visual field test)	视野测试	視野測試
peripheral characteristic	边缘特征	邊緣特徵
peripheral nervous system(PNS)	周围神经系统	周邊神經系統,周圍神經系統
peripheral trait	边缘特质	邊緣特質
peripheral vision	周边视觉	邊緣視覺
permissive parenting style	宽容型父母教养方式	放任式的教養模式,嬌寵溺愛型親職風格

英 文 名	大 陆 名	台 湾 名
persecutory delusion(=delusion of persecution)	被害妄想	迫害妄想
persona	人格面具	面具人格
personal attribution	个人归因	個人[因素]歸因
personal construct	个人建构	個人建構,個人構念
personal construct theory	个人建构理论	個人建構理論
personal disposition(=individual trait)	个人特质	個人特質
personal distance	个人距离	個人距離
Personal Efficacy Scale	个人效能量表	個人效能量表
personal equation	人差方程	人差方程式
Personal Growth Scale	个人成长量表	個人成長量表
personality	人格	人格,性格
personality architecture(=personality structure)	人格结构,人格架构	人格結構,人格架構
personality assessment	人格测评	人格測量,人格衡鑑
personality change	人格改变	人格改變
personality characteristic	人格特征	人格特徵
personality development	人格发展	人格發展
personality dimension	人格维度	人格向度
personality disorder	人格障碍	人格疾患,人格違常
personality psychology	人格心理学	人格心理學
Personality Questionnaire	人格问卷	人格問卷
Personality Rating Scale	人格评定量表	人格評定量表
personality research	人格研究	人格研究
Personality Research Form(PRF)	人格研究量表	人格研究表
Personality Scale	人格量表	人格量表
Personality Self-report Scale	人格自陈量表	人格自陳量表
personality structure	人格结构,人格架构	人格結構,人格架構
personality survey	人格调查	人格調查
personality test	人格测验	人格測驗
personality theory	人格理论	人格理論
personality trait	人格特质	人格特質
personality type	人格类型	人格類型
personalization	个人化	個人化
personalized interface	个性化界面	個人化介面
Personal Orientation Inventory(POI)	个人取向量表	個人取向量表
personal space	个人空间	個人空間
personal unconscious	个体无意识	個人潛意識

英 文 名	大 陆 名	台 湾 名
person analysis	人员分析	人員分析
person-centered approach	个人中心取向	個人中心取向
person-centered psycho therapy(=client-centered therapy)	当事人中心疗法,咨客中心疗法,来访者中心疗法	當事人中心治療法,案主中心治療法,個人中心治療
personification	人格化	化身
person-job fit(P-J fit)	人-岗位匹配	個人工作適配
personnel management	人事管理	人事管理
personnel psychology	人事心理学	人事心理學
personnel selection	人员选拔	人員甄選,人事甄選
personnel testing	人事测验	人事測驗
personology	人格学	人格學,性格學
person-organization fit(P-O fit)	人-组织匹配	個人組織適配
perspective illusion	透视错觉	透視錯覺
perspective taking	观点采择	觀點取替
persuasion	说服	說服
pervasive developmental disorder (PDD)	广泛发展障碍	廣泛性發展疾患,廣泛性發展障礙
pessimism	悲观	悲觀
PET(=positron emission tomography)	正电子成像术	正子放射造影
16PF(=Sixteen Personality Factor Questionnaire)	十六种人格因素问卷	十六種人格因素問卷
phallic stage(=genital stage)	生殖器期	生殖[器]期
phantom limb	幻肢	幻肢
phenomenal field	现象场	現象場[域]
phenomenological psychology	现象心理学	現象心理學
phenomenological theory	现象学理论	現象學理論
phenomenology	现象学	現象學
φ phenomenon(=phi phenomenon)	φ现象	φ現象,似動現象
pheromone	外激素,信息素	費洛蒙
phi coefficient(φ coefficient)	φ系数	φ係數
philosophical psychology	哲学心理学	哲學心理學
phi phenomenon(φ phenomenon)	φ现象	φ現象,似動現象
phobia	恐怖症,恐惧症	恐懼症,畏懼症
phoneme	音素	音素
phonological disorder	语音障碍	音韻疾患,音韻障礙
phonological loop	语音回路	語音迴路
photopic system	明视觉系统	明視覺系統

英 文 名	大 陆 名	台 湾 名
photopic vision	明视觉	明視覺
photoreceptor	光感受器	感光接受器
photoreceptor cell	感光细胞	感光受體細胞
phrase-structure grammar	短语结构语法	片語結構文法
phrenology	颅相学	顱相學
physical abuse	躯体虐待	身體虐待
physical dependence	生理依赖性	生理依賴
physical self	身体自我	身體自我,生理自我
physiological psychology	生理心理学	生理心理學
physiological zero	生理零度	生理零度
physique	体格	體態,體格
Piagetian school	皮亚杰学派	皮亞傑學派
Piagetian theory	皮亚杰理论	皮亞傑理論
pictorial depth cue	图像深度线索	圖畫深度線索
Pictorial Test of Intelligence	图画智力测验	圖畫智力測驗
pie chart	饼形图	圓餅圖,圓形圖
pineal body	松果体,松果腺	松果腺,松果體
pineal gland(=pineal body)	松果体,松果腺	松果腺,松果體
pitch	音高	音調,音高
pituitary gland	脑垂体	腦下腺,腦下垂體
P-J fit(=person-job fit)	人-岗位匹配	個人工作適配
placator	讨好者	討好者
placebo	安慰剂	安慰劑
placebo effect	安慰剂效应	安慰劑效應,偽藥效應
planned behavior theory	计划行为理论	計畫行為理論
plasticity	可塑性	可塑性,適應性
plateau period	高原期	高原期
plateau phenomenon	高原现象	高原現象
play construction	游戏建构	遊戲建構
play therapy	游戏疗法,游戏治疗	遊戲治療
pleasure center	愉快中枢	快樂中樞,愉快中樞
pleasure principle	快乐原则	享樂原則
2PLM(=two-parameter logistic model)	双参数逻辑斯谛模型	二參數對數模式
3PLM(=three-parameter logistic model)	三参数逻辑斯谛模型	三參數對數模式
pluralism	多元论	多元論
pluralistic ignorance	多数无知现象	多數人的無知
PMT(=parental management training)	父母管理训练	父母管教訓練
PNI(=psychoneuroimmunology)	心理神经免疫学	心理神經免疫學

英 文 名	大 陆 名	台 湾 名
PNS(=parasympathetic nervous system; peripheral nervous system)	副交感神经系统;周围神经系统	副交感神經系統;周邊神經系統,周圍神經系統
P-O fit(=person-organization fit)	人-组织匹配	個人組織適配
POI(=Personal Orientation Inventory)	个人取向量表	個人取向量表
point-biserial correlation	点二列相关	點二系列相關
point estimate	点估计	點估計
point of subjective equality(PSE)	主观相等点	主觀相等點
police psychology	警察心理学	警察心理學
political psychology	政治心理学	政治心理學
polygraph	多导[生理]记录仪	多頻道生理記錄儀,測謊儀
polygraph test	测谎测验	測謊測驗
polysomnography(PSG)	多导睡眠记录	多頻道睡眠記錄
polytomous items	多重项目,多级记分项目	多元計分試題,多元計分項目,多分題
pons	脑桥	橋腦
Ponzo illusion	蓬佐错觉	龐氏錯覺
popular children	受欢迎儿童	受歡迎型兒童
popular culture	流行文化	流行文化
population	总体	母體,母群
portfolio assessment	档案评价,卷宗评价	檔案評量,卷宗評量
position analysis questionnaire(PAQ)	职位分析问卷	職位分析問卷
positive affect	正向情感	正向情感
positive afterimage	正后像	正後像
positive correlation	正相关	正相關
positive emotion	正向情绪	正向情緒
positive emotionality	正向情绪性	正向情緒性
positive illusion	正向错觉	正向錯覺
positive incentive	正诱因	正誘因
positively skewed	正偏态	正偏[態]
positive psychology	积极心理学	正向心理學
positive regard	积极关注	正向關懷,積極關懷
positive reinforcement	正强化	正[向]增強
positive reinforcer	正强化物	正[向]增強物
positive self-regard	积极自我评价	正向自我關懷,積極自我關懷
positive transfer	正迁移	正[向]遷移

英　文　名	大　陆　名	台　湾　名
positivism	实证主义	實證論,實證主義
positron emission tomography(PET)	正电子成像术	正子放射造影
possible self	可能自我	可能自我
postcentral gyrus	中央[沟]后回	中央溝後廻
postconventional morality	后习俗道德	後習俗道德
post empiricism	后经验主义	後經驗主義,後實徵主義
posteriori comparison(=post hoc comparison)	事后比较	事後比較
post hoc comparison	事后比较	事後比較
postmodernism	后现代主义	後現代主義
postsynaptic neuron	突触后神经元	突觸後神經元
postsynaptic potential	突触后电位	突觸後電位
postsynaptic receptor	突触后感受器	突觸後受器
post-traumatic stress disorder(PTSD)	创伤后应激障碍	創傷後壓力疾患
post-traumatic stress reaction(PTSR)	创伤后应激反应	創傷後壓力反應
post-traumatic stress syndrome	创伤后应激综合征	創傷後壓力症候群
posture	姿势	姿勢
power analysis	检验力分析,检定力分析	檢定力分析
power of a statistical test(=statistical power)	统计检验力	統計考驗力,統計檢定力
power test	难度测验	難度測驗
PR(=percentile rank)	百分等级	百分等級
practical intelligence	实践智力	實用智力
practical significance	实际显著性	實務顯著性
practice curve	练习曲线	練習曲線
practice effect	练习效果	練習效果
pragmatics	语用学	語用論,語用學
pragmatism	实用主义	實用主義,實際主義
PRE(=partial reinforcement effect)	部分强化效应	部分增強效應,部分強化效應
preadolescence	青春前期	前青少年期
pre-attentive processing	前注意加工	前注意處理
precocial	早熟	早熟
preconscious	前意识	前意識
preconventional morality	前习俗道德	前習俗道德
predictive validity	预测效度	預測效度

英 文 名	大 陆 名	台 湾 名
prefrontal cortex	前额皮质	前額葉皮質
prefrontal lobe	前额叶	前額葉
prefrontal lobotomy	前额叶切除术	前額葉切除術
prejudice	偏见	偏見
premotor area	运动前区	前運動區
premotor cortex	运动前区皮质	前運動皮質
preoperational stage	前运算阶段	前運思階段,運思前階段
presenilin	衰老蛋白,早老素	早老素
presynaptic neuron	突触前神经元	突觸前神經元
prevalence	患病率	盛行率
prevention	预防	預防,防治
PRF(=Personality Research Form)	人格研究量表	人格研究表
primacy effect	首因效应	初始效應
primary effect(=primacy effect)	首因效应	初始效應
primary memory	初级记忆	初級記憶
primary motor cortex(M1)	初级运动皮质	初級運動皮質
primary need	原生需要,第一需要,生物性需要	基本需求,主要需求
primary prevention	一级预防	初級預防
primary reinforcer	初级强化物	初級增強物
primary sensory cortex	初级感觉皮质	初級感覺皮質
primary somatosensory cortex(S1)	初级体觉皮质	初級體覺皮質
primary visual cortex(V1)	初级视觉皮质	初級視覺皮質
priming	启动	促發,誘發
priming effect	启动效应	促發效應,誘發效應
primordial image(=archetype)	原始意象	原始形象,原型
80/20 principle	二八法则,二八定律	80/20 法則,80/20 定律
principle component analysis(PCA)	主成分分析	主成份分析
principle of equipotentiality	等势原理	等勢原理,等位原理
principle of proximity	接近原则	接近原則
principle of similarity	相似原则	相似原則
priori comparison	事前比较	事前比較
prisoner's dilemma game(PD game)	囚徒困境对策	囚犯困境遊戲
proactive aggression	主动型攻击	主動型攻擊
proactive inhibition	前摄抑制	順向抑制
proactive interference	前摄干扰	前向干擾,順向干擾
problem-based learning	基于问题的学习	問題導向學習,問題本

英文名	大陆名	台湾名
		位學習
problem-focused coping	问题关注应对,问题聚焦应对	問題焦點因應,問題聚焦因應
problem representation	问题表征	問題表徵
problem solving	问题解决	問題解決
problem solving set	问题解决定势	問題解決心像
problem-solving therapy(PST)	问题解决疗法	問題解決治療[法]
problem space	问题空间	問題空間
procedural justice	程序公平	程序正義,程序公平
procedural knowledge	程序性知识	程序性知識
procedural memory	程序性记忆	程序性記憶
process consultation	过程咨询	過程諮詢
process-focus	过程定向	歷程聚焦
production system	产生式系统	產出系統
productive thinking(=creative thinking)	创造[性]思维,产生式思维	創意思考,創意思維,創作性思考
product-moment correlation	积差相关	積差相關
profile analysis	剖面图分析	側面圖分析,剖面圖分析
programmed instruction	程序教学	編序教學[法]
progressive amnesia	进行性遗忘	漸近失憶
progressive muscle relaxation	渐进式肌肉放松	漸進式肌肉放鬆
project-based learning	基于项目的学习	專題導向學習,專案導向學習,專題本位學習
projection	投射	投射
projective hypothesis	投射假说	投射假說
projective identification	投射性认同	投射性認同
projective personality test	投射人格测验	投射人格測驗
projective technique	投射技术,投射法	投射技術
projective test	投射测验	投射測驗
prolactin	催乳素	泌乳[激]素
promotion strategy	推广策略	推廣策略
propositional representation	命题表征	命題表徵
proprioception	本体感受	體感覺
proprioceptive system	本体感受系统	本體感覺系統
proprium	统我	統我
prosencephalon	前脑	前腦

英 文 名	大 陆 名	台 湾 名
prosocial behavior	亲社会行为	利社會行為
prosopagnosia	面孔失认症	臉孔失認症
prospective memory	前瞻性记忆	預期性記憶,前瞻性記憶
prospect theory	展望理论,预期理论	前景理論,預期理論
protocol	口语记录	口語記錄;歷程準則,步驟準則;協定
prototype	原型	原型
prototype theory	原型说	原型論
proximal stimulus	近端刺激	近側刺激
proximate cause	近因	近因
PSE(=point of subjective equality)	主观相等点	主觀相等點
pseudodementia	假性痴呆	假性癡呆
PSG(=polysomnography)	多导睡眠记录	多頻道睡眠記錄
PST(=problem-solving therapy)	问题解决疗法	問題解決治療[法]
psyche	心灵	心靈,精神;靈媒
psychedelic drug	致幻剂	引發幻覺的藥物,致幻劑
psychedelics(=psychedelic drug)	致幻剂	引發幻覺的藥物,致幻劑
psychic determinism	心灵决定论	心靈決定論
psychic trauma	心理创伤,精神创伤	心理創傷
psychoacoustics	心理声学	心理聲學
psychoactive medication	精神药物	精神藥物
psychoanalysis	精神分析	心理分析,精神分析
psychoanalyst	精神分析师	心理分析師,精神分析師
psychoanalytic paradigm	精神分析范式	心理分析派典,精神分析派典
psychoanalytic theory	精神分析理论	心理分析理論,精神分析理論
psychoanalytic therapy	精神分析疗法,心理分析治疗	心理分析治療[法],精神分析治療[法]
psychoanalytic treatment(=psychoanalytic therapy)	精神分析疗法,心理分析治疗	心理分析治療[法],精神分析治療[法]
psychobiography	心理传记	心理傳記
psychodrama	心理剧	心理劇
psychodrawing	心理描述法	心理描述法

英 文 名	大 陆 名	台 湾 名
psychodynamics	心理动力学	心理動力學,精神動力學
psychodynamic theory	心理动力学理论	心理動力學理論
psychodynamic therapy	心理动力疗法	心理動力治療[法]
psychoeducational approach	心理教育取向	心理教育取向
psychogenic disorder	心因性障碍	心因性障礙症
psychogenic need	心因性需要,心因性需求	心因性需求
psychographics	消费心态学	心理統計,心理變數
psychohistorical analysis	心理历史分析	心理歷史分析
psycholinguist	心理语言学家	心理語言學家
psycholinguistics	心理语言学	心理語言學
psychological assessment(PA)	心理评估	心理衡鑑
psychological burnout	心理倦怠	心理倦怠,心理枯竭
psychological compatibility	心理相容性	心理相容性
psychological construct	心理建构	心理建構,心理構念
psychological contract	心理契约	心理契約
psychological control	心理控制	心理控制
psychological dependence	心理性依赖	心理性依賴
psychological disorder(=mental disorder)	心理障碍,精神障碍	心理疾患,心理障礙
psychological ecology	心理生态学	心理生態學
psychological field	心理场	心理場域
psychological first aid	心理急救	心理急救
psychological growth	心理成长	心理成長
psychological measurement	心理测量	心理測量
psychological mechanism	心理机制	心理機制
psychological pricing	心理定价	心理訂價
psychological reactance	心理逆反	心理抗拒
psychological refractory period	心理不应期	心理反應回復期
psychological risk	心理风险	心理風險
psychological segmentation	心理区隔	心理區隔
psychological statistics	心理统计学	心理統計學
psychological stress	心理应激,心理压力	心理壓力
psychological test(=mental test)	心理测验	心理測驗
psychological testing(=mental test)	心理测验	心理測驗
psychological time	心理时间	心理時間
psychological training	心理训练	心理訓練
psychological treatment(=psychotherapy)	心理治疗	心理治療[法],精神治

英　文　名	大　陆　名	台　湾　名
		療[法]
psychological type	心理类型	心理類型
psychological warfare	心理战	心理戰
psychology	心理学	心理學
psychology of aging	老年心理学	老人心理學,老年心理學
psychology of creative(=creative psychology)	创造心理学	創造心理學
psychology of law	法律心理学	法律心理學
psychology of learning	学习心理学	學習心理學
psychometrics	心理测量学	心理計量學
psychomotor ability	心理运动能力	心理運動能力
psychomotor agitation	心理运动性躁动	心理動作性激躁
psychomotor development index(PDI)	心理动作发展指数	心理動作發展指數
psychomotor retardation	心理动作性发育迟缓	心理動作性遲緩
psychomotor test	心理动作测验	心理動作測驗
psychoneuroimmunology(PNI)	心理神经免疫学	心理神經免疫學
psychoneuropharamacology	心理药物学	心理藥物學
psychopathic personality	病态人格	病態人格
psychopathologist	心理病理学家,精神病理学家	心理病理學家,精神病理學家
psychopathology	心理病理学	心理病理學,精神病理學
psychopathy	心理病态	心理病態,精神病態
psychopharmacology	心理药理学	心理藥物學,精神藥物學
psychophysical method	心理物理学方法	心理物理方法
Psychophysical Scale	心理物理量表	心理物理量表
psychophysics	心理物理学	心理物理學
psychophysiology	心理生理学	心理生理學
psychosexual development	性心理发展	性心理發展
psychosexual stages of development	心理性欲发展阶段	[佛洛伊德]性心理發展階段
psychosis	精神病	精神病
psychosocial deprivation	心理社会剥夺	心理社會剝奪
psychosocial development	心理社会发展	心理社會發展,社會心理發展
psychosocial developmental stage	心理社会发展阶段	心理社會發展階段

英 文 名	大 陆 名	台 湾 名
psychosocial dwarfism	心理社会性侏儒症	心理社會性侏儒症
psychosocial stress	心理社会应激	心理社會壓力
psychosomatic disease	心身疾病	心身疾病
psychosomatic disorder	心身障碍	心身症
psychosomatic medicine	心身医学	心身醫學
psychosurgery	精神外科学	精神病外科學,精神病外科治療
psychotherapy	心理治疗	心理治療[法],精神治療[法]
psychotherapy effectiveness	心理治疗效果	心理治療的效果,心理治療的效用(實驗研究的結果)
psychotherapy efficacy	心理治疗效力	心理治療的效力,心理治療的效能(社區研究的結果)
psychotherapy integration	心理治疗整合	心理治療法整合
psychotic disorder	精神疾病	精神病疾患
psychotic feature	精神病特征	精神病特徵
psychoticism	精神质	心理病態傾向
PTSD(=post-traumatic stress disorder)	创伤后应激障碍	創傷後壓力疾患
PTSR(=post-traumatic stress reaction)	创伤后应激反应	創傷後壓力反應
puberty	青春期	青春期
public distance	公共距离	公眾距離
public opinion poll	民意调查	公眾意見調查
public opinions	民意,舆论	輿論,民意
public self-consciousness	公我意识	公眾自我意識,公開自我意識
public-speaking anxiety	公众演讲焦虑	公開演說焦慮
punishment	惩罚	懲罰,處罰
pupil	瞳孔	瞳孔
pure tone	纯音	純音
Purkinje cell	浦肯野细胞	普金斯細胞
purposive behaviorism	目的行为主义	目標行為論,目的行為主義
pursuitmeter	追踪器	追蹤器
putamen	壳[核]	殼核
puzzle box	迷箱	迷箱
pyramidal system	锥体系统	錐體系統

英 文 名	大 陆 名	台 湾 名
pyromania	纵火狂	縱火癖,縱火症

Q

英 文 名	大 陆 名	台 湾 名
Q-data(=questionnaire data)	问卷数据	問卷資料
Q sort	*Q* 分类	*Q* 分類[法]
qualitative research	定性研究	質性研究
qualitative variable	定性变量	質性變項
quality of life	生活质量	生活品質
quality of worklife(QWL)	工作生活质量	工作生活品質
quantitative research	定量研究	量化研究
quantitative variable	数量变量	量化變項
quartile deviation	四分[位]差	四分差
quasi-experiment	准实验	準實驗法,類實驗法,擬實驗法
quasi-experimental design	准实验设计,类似实验设计	準實驗[法]設計,類實驗[法]設計,擬實驗[法]設計
questionnaire	问卷,调查表;问卷法	問卷;問卷法
questionnaire data(Q-data)	问卷数据	問卷資料
QWL(=quality of worklife)	工作生活质量	工作生活品質

R

英 文 名	大 陆 名	台 湾 名
racism	种族歧视	種族歧視
random assignment	随机分配,随机分派	隨機分派
random dot stereogram	随机点实体图	隨機點立體圖
random effect model	随机效应模型	隨機效果模式
random error	随机误差	隨機誤差
randomization	随机化	隨機化
randomized block design	随机区组设计	隨機區組設計
randomized-group design	随机组设计	隨機組設計
random sampling	随机抽样	隨機取樣,隨機抽樣
range	全距	全距
ranking method	等级[排列]法	評等法,排序法,等級法
rapid eye movement sleep(REM sleep)	快速眼动睡眠	快速動眼睡眠,快速眼

英 文 名	大 陆 名	台 湾 名
		動睡眠
rapport	和睦关系	[建立]投契關係
RAS(=reticular activating system)	网状激活系统	網狀醒覺系統,網狀活化系統
rater's error	评定者误差	評量者誤差,評定者誤差
rater training	评定者训练	評量者訓練,評定者訓練
rating method	评定法	評定法
rating scale	评定量表	評定量表
rating scale method	评定量表法	評定量表法
ratio intelligence quotient	比率智商	比率智商
rational-emotive behavior therapy(REBT)	理情行为疗法	理情行為治療[法]
rational-emotive therapy(RET)	合理情绪疗法,理情疗法	理情治療[法]
rationalism	理性主义	理性主義
rationalist	理性主义者	理性主義者
rationalization	合理化,文饰[作用]	理智化[作用],合理化[作用]
rational knowledge	理性知识	理性知識
rational psychology	理性心理学	理性心理學
rational thinking	理性思考	理性思考
ratio scale	比率量表	比率量尺,比率量表
Raven's Standard Progressive Matrices (SPM)	雷文标准推理测验	瑞文氏標準圖形推理測驗
raw score	原始分数	原始分數
RBC theory(=recognition-by-components theory)	成分识别理论	成分辨識理論
RBD(=REM behavior disorder)	快速眼动期行为障碍	快速眼動睡眠行為疾患,快速眼動睡眠行為症
rCBF(=regional cerebral blood flow)	区域性脑血流	區域性腦血流
rCMR(=regional cerebral metabolism rate)	区域性脑代谢率	區域性腦代謝率
reach envelope	可达包络面	伸手可及界面
reactance theory	阻抗理论	抗拒理論,反向理論
reaction formation	反向形成	反向作用
reaction time(RT)	反应时	反應時間

英 文 名	大 陆 名	台 湾 名
reaction type	反应类型	反應類型
reactive aggression	反应性攻击	回應性攻擊,反應性攻擊
reactive need	反应需要	反應需求
reactive psychosis	反应性精神病	反應性精神病
reactivity	反应性	反應性
reactology	反应学	反應學
readability	易读性	易讀性,可讀性
reading comprehension	阅读理解	閱讀理解
reading disorder	阅读障碍	閱讀疾患,閱讀障礙
reading readiness	阅读准备	閱讀準備度
reading test	阅读测验	閱讀測驗
realism	实在论	現實論,幻實論
realistic job preview(RJP)	现实工作演习	實際工作預覽,工作預知
reality	现实	現實
reality principle	现实原则	現實原則
reality therapy	现实疗法	現實治療[法]
real movement	真动	真實運動,真動
real movement perception	真动知觉	真實運動知覺,真動知覺
real self	真实[自]我,现实[自]我,实际[自]我	實際我,真實我,現實我
reasoning(=inference)	推理	推論,推理
REBT(=rational-emotive behavior therapy)	理情行为疗法	理情行為治療[法]
recall	回忆	回憶
recall method	回忆法,再现法	回憶法
recapitulation	复演[说]	重演,復現
receiver-operating-characteristic curve (ROC curve)	接受者操作特征曲线,ROC 曲线	信號接受特質曲線,接受者操作特徵曲線
recency effect	近因效应	新近效應
receptive field	感受野	接受域,受納區
receptor	受体	受器,受體
recessive trait	隐性特质	隱性特質,隱性性狀
reciprocal altruism	相互利他主义	互惠利他主義,相互利他主義
reciprocal determinism	交互决定论	交互決定論,相互決定

英 文 名	大 陆 名	台 湾 名
		論
reciprocal inhibition	交互抑制	相互抑制
reciprocal innervation	交互神经支配	交互支配
reciprocal teaching	交互式教学	相互式教學
reciprocity	互反性	回應性,相互性
recognition	再认	再認
recognition-by-components theory(RBC theory)	成分识别理论	成分辨識理論
recognition span	再认广度	再認廣度
recognition threshold	再认阈限	再認閾限
reconstruction method	重建法	重建法
reconstructive memory	重建记忆	重建的記憶
recurrent collateral inhibition	返回侧向抑制	回歸側向抑制
recursive model	递归模型	遞迴模型
red-green color deficiency	红绿色缺	紅綠色缺
reductionism	还原论	化約論
reeducative psychotherapy	再教育心理治疗	再教育心理治療
reference group	参照群体	參照團體
referral	转介	轉介
reflection	反映;反射	[情感]反映;反射
reflection coefficient	反射系数	反射係數
reflection of feeling	情感反映	情感反映
reflection of meaning(=paraphrasing)	释意	簡述語意
reflex(=reflection)	反射	反射
reflex arc	反射弧	反射弧
reflexology	反射学	反射學
refraction	折射	折射
reframing	重构	重新框架
regional cerebral blood flow(rCBF)	区域性脑血流	區域性腦血流
regional cerebral metabolism rate(rCMR)	区域性脑代谢率	區域性腦代謝率
regression	回归;退行	迴歸;退化[作用]
regression coefficient	回归系数	迴歸係數
rehabilitation	康复	復健
rehabilitation psychology	康复心理学	復健心理學
rehearsal	复述	複誦;排練
rehearsal strategy	复述策略	複誦策略
reinforcement	强化	增強[作用],強化[作用]

英 文 名	大 陆 名	台 湾 名
reinforcement theory	强化理论	增強理論,強化理論
reinforcement value	强化价值	增強價值
reinforcer	强化物	增強物
reinforcing stimulus	增强刺激	增強刺激
rejection region	拒绝域	拒絕域
Rejection Sensitivity Questionnaire(RSQ)	拒绝敏感性问卷	被拒敏感性量表
relapse	复发	再發
relation	关系	關係
relative deprivation	相对剥夺	相對剝奪
relative frequency distribution	相对频次分布	相對次數分配
relativism	相对主义	相對主義
relaxation response	放松反应	放鬆反應
relaxation skill	放松技巧	放鬆技巧
relaxation technique	放松技术	放鬆技術
relaxation therapy	放松疗法	放鬆治療[法]
relaxation training	放松训练	放鬆訓練
relearning method	再学法	再學法
reliability	信度	信度
reliability coefficient	信度系数	信度係數
religion psychology	宗教心理学	宗教心理學
REM behavior disorder(RBD)	快速眼动期行为障碍	快速眼動睡眠行為疾患,快速眼動睡眠行為症
reminiscence	记忆恢复,复记	回憶
remote association	远隔联想,间接联想	遠距聯想
REM sleep(=rapid eye movement sleep)	快速眼动睡眠	快速動眼睡眠,快速眼動睡眠
repeated measure design	重复测量设计	重複量數設計
representation	表征	表徵
representational thought	表征思维	表徵性思想
representativeness	代表性	[樣本]代表性
representativeness heuristics	代表性启发法	代表性捷思[法]
representative sample	代表性样本	代表性樣本
repression	压抑	壓抑[作用],潛抑[作用]
Repression-Sensitization Scale	压抑敏感化量表	壓抑–增敏量表
repressive coping style	压抑应对方式	壓抑[性]因應型態,壓抑[性]因應類型

英 文 名	大 陆 名	台 湾 名
reproduction	再现	再現;複製;繁殖
reproductive behavior	生殖行为,繁殖行为	生殖行為
reproductive imagination	再造想象	再造想像
reproductive thinking	再造思维	複製性思考,再製思考
Rep Test(=Role Construct Repertory Test)	角色构成测验	角色建構測驗
residual	残差	殘差
residual analysis	残差分析	殘差分析
resilience	弹性;韧性;复原力	彈性;韌性;復原力
resistance	阻抗	抗拒,阻抗;電阻
resistant attachment	反抗型依恋	抗拒型依戀,抗拒型依附
resonance	共鸣	共鳴[法則];共振
response	反应	反應
response bias	反应偏倚,反应偏向	反應偏誤,反應偏向
response set	反应定势	反應心向
response style	反应方式	反應風格,反應類型
response variable	反应变量	反應變項
resting potential	静息电位	靜止電位
RET(=rational-emotive therapy)	合理情绪疗法,理情疗法	理情治療[法]
retaliatory aggression	报复攻击	報復攻擊
retention	保持	保持,保留
retention curve	保持曲线	[記憶]保留曲線,[記憶]保持曲線
reticular activating system(RAS)	网状激活系统	網狀醒覺系統,網狀活化系統
reticular formation	网状结构	網狀結構
retina	视网膜	視網膜
retinal disparity	视网膜像差	視網膜像差
retinal size	网像大小	視網膜影像大小
retrieval	提取	提取
retrieval failure	提取失败	提取失敗
retrieval stage	提取阶段	提取階段
retroactive inhibition	倒摄抑制	逆向抑制
retroactive interference	倒摄干扰	逆向干擾
retrospective design	回溯性设计	回溯性設計
retrospective memory	回溯性记忆	回溯性記憶

英 文 名	大 陆 名	台 湾 名
reversal theory	逆转理论	逆轉理論,反轉理論
reverse psychology	反向心理学	反向心理學
reversibility	可逆性	可逆性
reversible figure	可逆图形,两可图形,双关图形	可逆圖形,模稜兩可圖形
Revised NEO Personality Inventory(NEO PI-R)	五大人格量表修订版	五大人格量表修訂版
rhodopsin	视紫红质	視紫[紅]質
rhombencephalon	菱脑	後腦
ribonucleic acid(RNA)	核糖核酸	核糖核酸
right handedness	右利手	右利者
right hemisphere	[大脑]右半球	[大腦]右半球
risky shift	冒险转移	冒險遷移
RJP(=realistic job preview)	现实工作演习	實際工作預覽,工作預知
RNA(=ribonucleic acid)	核糖核酸	核糖核酸
ROC curve(=receiver-operating-characteristic curve)	接受者操作特征曲线,ROC 曲线	信號接受特質曲線,接受者操作特徵曲線
rod cell	视杆细胞	桿狀細胞
Rogers' self theory	罗杰斯自我论	羅傑斯自我理論
role	角色	角色
role appropriateness	角色适合性	角色適合性
role behavior	角色行为	角色行為
role conflict	角色冲突	角色衝突
Role Construct Repertory Test(Rep Test)	角色构成测验	角色建構測驗
role coordination	角色协调	角色協調
role deviation	角色偏差	角色偏差
role expectation	角色期待	角色期待
role identity	角色认同	角色認定,角色認同
role play	角色扮演	角色扮演
role scheme	角色图式	角色基模
role strain	角色紧张	角色壓力,角色緊張
role taking	角色承担,角色采摘	角色採納,角色取替
role theory	角色理论	角色理論
rooting reflex	觅食反射	覓食反射
Rorschach Inkblot Test	罗夏墨迹测验	羅夏克墨漬測驗
rotation heuristics	旋转启发法	旋轉捷思法
rote learning	机械学习	機械式學習

英　文　名	大　陆　名	台　湾　名
RSQ(=Rejection Sensitivity Questionnaire)	拒绝敏感性问卷	被拒敏感性量表
RT(=reaction time)	反应时	反應時間
80/20 rule(=80/20 principle)	二八法则,二八定律	80/20 法則,80/20 定律
rule learning	规则学习	規則學習

S

英　文　名	大　陆　名	台　湾　名
S1(=primary somatosensory cortex)	初级体觉皮质	初級體覺皮質
SAD(=seasonal affective disorder)	季节性情感障碍	季節性情感疾患,季節性憂鬱症
sadism	施虐癖	[性]虐待症,[性]施虐癖
safety analysis	安全分析	安全分析
safety criterion	安全标准	安全標準
safety engineering	安全工程	安全工程
safety evaluation	安全评价	安全評估
safety training	安全训练	安全訓練
sales psychology	销售心理学	銷售心理學
salience	凸显性	突顯性
salient cue	凸显线索	突顯線索
saltatory conduction	跳跃式传导	跳躍式傳導
samadhi	禅定	禪定
sample	样本	樣本
sampling	抽样	抽樣,取樣
sampling bias	抽样偏倚,抽样偏误	抽樣偏誤,取樣偏誤
sampling distribution	抽样分布	抽樣分配
sampling validity	抽样效度	抽樣效度,取樣效度
sandplay therapy	沙游疗法	沙遊治療[法]
sanguine temperament	多血质	多血質
SAT(=Scholastic Assessment Test)	学业评价测验	學業性向測驗
satiety center	饱[食]中枢	飽食中樞
saturation	饱和度	飽和度
savant syndrome	学者综合征	學者症候群
saving method	节省法	節省法
scale	量表	量尺,量表
scale score	量表分数	量尺分數,量表分數

英 文 名	大 陆 名	台 湾 名
scale value	量表值	量表值
scapegoating	替罪羊	代罪羔羊
scatter analysis	散点图分析	散佈圖分析
scatter plot	散点图	散佈圖
schedules of reinforcement	强化程式	增強時制
Scheffé test	沙菲检验	雪菲檢定,雪菲考驗
schema	图式	基模
schema theory	图式理论	基模理論
schizoid personality disorder	分裂样人格障碍	類分裂性人格疾患,類分裂性人格違常
schizophrenia	精神分裂症	精神分裂症
schizotypal personality disorder	分裂型人格障碍	分裂病性人格疾患,分裂病性人格違常
Scholastic Assessment Test(SAT)	学业评价测验	學業性向測驗
school phobia	学校恐惧症	懼學症,學校畏懼症
school psychology	学校心理学	學校心理學
school violence	校园暴力	校園暴力
scientism	科学主义	科學主義,科學萬能主義
SCII(=Strong-Campbell Interest Inventory)	斯特朗-坎贝尔兴趣调查表	史-坎興趣量表
SCL-90(=Symptom Checklist 90R)	90 项症状检核表	90 題症狀檢核表
SCN(=suprachiasmatic nucleus)	视交叉上核	視交叉上核
scorer reliability	评分者信度	評分者信度
scotopic spectral sensitivity curve	暗视觉光敏感度曲线	暗視覺的光敏感度曲線
scotopic system	暗视觉系统	暗視覺系統
scotopic vision	暗视觉	暗視覺
SCR(=skin conductance response)	皮肤电反应	膚電反應
screening test	筛选测验	篩選測驗
script	脚本	腳本
script analysis	脚本分析	腳本分析
SD(=sleep deprivation)	睡眠剥夺	睡眠剝奪
seasonal affective disorder(SAD)	季节性情感障碍	季節性情感疾患,季節性憂鬱症
seasonal depression	季节性抑郁症	季節性憂鬱症
secondary control	次级控制	次級控制
secondary delusion	继发性妄想	次發性妄想
secondary disposition(=secondary trait)	次要特质	次要特質

英 文 名	大 陆 名	台 湾 名
secondary memory	次级记忆	次級記憶
secondary need	派生需要,第二需要	次級需求,衍生需求
secondary prevention	二级预防	次級預防
secondary reinforcement	二级强化,次级强化	次級增強
secondary reinforcer	二级强化物	次級增強物
secondary sensory cortex	次级感觉皮质	次級感覺皮質
secondary sex characteristics	第二性征	第二性徵
secondary trait	次要特质	次要特質
second language	第二语言	第二語言
second messenger	第二信使	次級傳訊者
second-order conditioning	次级条件作用	次級制約
second-order factor analysis	二阶因素分析	二階因子分析,二階因素分析
second signal system	第二信号系统	第二信號系統,次級信號系統
secure attachment	安全型依恋	安全型依戀,安全型依附
selected-response test	选择反应测验	選擇反應測驗
selective adaptation	选择性适应	選擇性適應
selective attention	选择性注意	選擇性注意[力]
selective information processing	选择性信息加工	選擇性訊息處理
selective listening	选择性倾听	選擇性傾聽
selective mutism	选择性缄默症	選擇性緘默症
selective perception	选择性知觉	選擇性知覺
selective permeability	选择渗透性	選擇滲透性,選擇通透性
selective reinforcement	选择性强化	選擇性增強
selective retention	选择性记忆	選擇性記憶
self(=ego)	自我	自我
self-acceptance	自我接纳	自我接納
self-actualization	自我实现	自我實現
self-actualization need	自我实现需要	自我實現需求
self-affirmation theory	自我肯定理论	自我肯定理論
self-analysis(=ego analysis)	自我分析	自我分析
self-archetype	自我的原始意象,自我原型	自我原型
self as knower	知者自我	自我做為知者
self-assessment	自我评价	自我評價,自我評鑑

英 文 名	大 陆 名	台 湾 名
self-attribution	自我归因	自我歸因
self-attribution theory	自我归因理论	自我歸因理論
self-awareness	自我觉知	自我覺察
self-awareness theory	自我觉知理论	自我覺知理論,自我覺察理論
self-characterization sketch	自我特征描述	自我特性描述
self-competition	自我竞争	自我競爭
self-complexity	自我复杂性	自我複雜性,自我複雜度
self-concept	自我概念	自我概念
self-confidence	自信	自信
self-confidence training(=assertiveness training)	自信训练	自我肯定訓練,自信心訓練
self-congruence(=self-consistency)	自我一致性	自我一致性
self-conscious emotion	自我意识情绪	自我意識情緒
self-consciousness	自我意识	自我意識
self-consistency	自我一致性	自我一致性
self-control	自我控制	自我控制
self-criticism	自我批评	自我批評
self-deception	自欺	自我欺騙
self-defeating	自我挫败	自我挫敗
self-defeating belief	自我挫败信念	自我挫敗信念
self-defeating strategy	自我挫败策略	自我挫敗策略
self-determination theory	自我决定理论	自我决定理論
self-disclosure	自我表露	自我揭露,自我坦露
self-discrepancy	自我差异	自我分歧
self-efficacy	自我效能感	自我效能
self-efficacy expectation	自我效能期望	自我效能預期
self-efficacy theory	自我效能理论	自我效能理論
self-efficacy training	自我效能训练	自我效能訓練
self-enhancement	自我提升	自我提升,自我彰顯
self-enhancement mechanism	自我提升机制	自我提升機制,自我彰顯機制
self-esteem	自尊	自尊
self-evaluation(=self-assessment)	自我评价	自我評價,自我評鑑
self-evaluation maintenance model(SEM)	自我评价维持模型	自我評價維持模式
self-expansion(=ego inflation)	自我膨胀	自我膨脹,自我擴展
self-focus	自我聚焦,自我专注	自我聚焦

英　文　名	大　陆　名	台　湾　名
self-fulfilling prophecy	自我实现预言	自我實現預言,自我應驗預言
self-guide	自我指导	自我引導
self-handicapping	自我设障	自我設限,自我跛足
self-handicapping behavior	自我设障行为	自我設限行為,自我跛足行為
self-handicapping strategy	自我设障策略	自我設限策略,自我跛足策略
self-help group	自助小组,自助团体	自助團體
self-hypnosis	自我催眠	自我催眠
self-identification	自我认同	自我認定,自我認同
self-identity(=self-identification)	自我认同	自我認定,自我認同
self-image	自我意象	自我意象,自我形象
self-instructional training	自我指导训练	自我指導訓練
selfish gene	自私基因	自私基因
self-knowledge	自我知识	自我知識
self-managed team(SMT)	自我管理团队	自我管理團隊
self-monitoring	自我监控	自我監控
self-objectification	自我客观化	自我客觀化
self-observation	自我观察	自我觀察
self-observation technique	自我观察技术	自我觀察技術
self-perception	自我知觉	自我知覺
self-perception theory(SPT)	自我知觉理论	自我知覺理論
self-persuasion	自我说服	自我說服
self-pity	自怜	自憐
self-presentation	自我呈现	自我呈現
self-psychology(=ego psychology)	自我心理学	自我心理學
self-rating checklist	自评量表	自我評量檢核表
self-recognition	自我认识	自我認知,自我辨識
self-reference	自我参照	自我參照
self-reference effect	自我参照效应	自我參照效果
self-reflection	自我反映	自我反映
self-regulated learning	自我调节学习	自我調節學習
self-regulation	自我调节	自我調節,自我調控
self-regulatory system	自我调节系统	自我調節系統,自我調控系統
self-reinforcement	自我强化	自我增強
self-report	自陈报告	自陳報告,自我報告

英 文 名	大 陆 名	台 湾 名
self-report inventory	自陈量表	自陳[式]量表
self-report measure	自陈测量	自陳[式]測量
self-report questionnaire	自陈问卷	自陳[式]量表,自陳[式]問卷
self-reward	自我奖励	自我酬賞,自我獎勵
self-schema	自我图式	自我基模
self-sentiment	自我情操	自我情操
self-serving attribution bias	自利归因偏向	自利歸因偏差,自利歸因偏誤
self-serving bias	自利偏误,自利偏差	自利偏誤,自利偏差
self-serving cognition	自利认知	自利認知
self-standard	自我标准	自我標準
self-stimulation	自我刺激	自我刺激
self-study guidance	自学辅导	自學輔導
self-suggestion	自我暗示	自我暗示
self-suggestion training	自我暗示训练	自我暗示訓練
self-system	自我系统	自我系統
self-verification	自我确证	自我驗明,自我確認
self-worth	自我价值	自我價值[感]
self-worth orientation	自我价值定向	自我價值定向
self-worth orientation theory	自我价值定向理论	自我價值定向理論
SEM(=self-evaluation maintenance model)	自我评价维持模型	自我評價維持模式
semantic analysis	语义分析	語意分析
semantic code	语义码	[語]意碼
semantic coding(=semantic encoding)	语义编码	語意編碼
semantic differential method	语义区分法,语义差别法	語意分析法
Semantic Differential Scale	语义区分量表,语义差别量表	語意分析量表,語意區別量表
semantic differential technique	语义区分技术	語意區別法
semantic encoding	语义编码	語意編碼
semantic knowledge	语义知识	語意知識
semantic memory	语义记忆	語意記憶
semantic network	语义网络	語意網路
semantic priming	语义启动	語意促發,語意觸發
semantics	语义学	語意學
semicircular canal	半规管	半規管

英 文 名	大 陆 名	台 湾 名
senile dementia	老年痴呆,老年失智	老年失智症
senile psychosis	老年性精神病	老年性精神病
sensation	感觉	感覺
sensation adaptation	感觉适应	感覺適應
sensationalism	感觉主义	感官主義,感覺論
sensation seeking	感觉寻求	感官刺激尋求
sense of competence	胜任感	勝任感,能力感
sense of power	权力感	權力感
sense of powerlessness	无力感	無力感
sense of self-identity	自我认同感	自我認同感
sense of significance	重要感	重要感
sensitive period	敏感期	敏感期
sensitivity	敏感度	敏感度
sensitivity analysis	敏感度分析	敏感度分析
sensitivity training	敏感性训练	敏感度訓練
sensitivity training group	敏感性训练小组	敏感度訓練團體
sensitization	敏感化	敏感化,致敏化
sensorimotor stage	感觉运动阶段	感覺動作階段,感覺動作期
sensorineural deafness	感觉神经性耳聋	[感覺]神經性聽障
sensory adaptation(=sensation adaptation)	感觉适应	感覺適應
sensory coding	感觉编码	感覺編碼
sensory conflict theory	感觉冲突理论	感覺衝突理論
sensory construct system	感觉建构系统	感覺建構系統
sensory deprivation	感觉剥夺	感覺剝奪
sensory evoked potential	感觉诱发电位	感覺誘發電位
sensory feedback	感觉反馈	感覺回饋
sensory memory	感觉记忆	感覺記憶
sensory nerve	感觉神经	感覺神經
sensory neuron	感觉神经元	感覺神經元
sensory pathway	感觉通路	感覺路徑
sensory register	感觉登记	感官收錄
sensory threshold	感觉阈限	感覺閾限
sentence completion test	句子完成测验	句子完成測驗,語句完成測驗
sentence constituent	句子成分	語句成分
separation anxiety	分离焦虑	分離焦慮

英文名	大陆名	台湾名
separation anxiety disorder	分离焦虑障碍	分離焦慮疾患,分離焦慮障礙
septal area	隔区	中隔區域
sequential design	连续系列设计,序贯设计	序列設計
sequential method	序列法,序贯法	序列法
sequential research	序列研究	序列研究[法]
serial learning	序列学习,系列学习	序列學習
serial position curve	序列位置曲线,系列位置曲线	序列位置曲線,序位曲線
serial position effect	序列位置效应,系列位置效应	序列位置效應,序位效應
serial processing	序列加工,系列加工	序列處理
serial recall	序列回忆,系列回忆	序列回憶
serial recall task	序列回忆任务	序列回憶作業
serial scan	序列扫描	序列掃描
serial search	序列搜索,系列搜索	序列搜尋
serotonin	血清素	血清素
set-theoretical model	定势理论模型	集合理論模式
seven-factor personality model	人格七因素模型	[人格]七因素模式
sex chromosome	性染色体	性染色體
sex difference(=gender difference)	性别差异	性別差異
sex discrimination	性别歧视	性別歧視
sex drive	性驱力	性驅力
sex identity(=gender identity)	性别认同	性別認定,性別認同
sexism	性别主义	性別主義;性別歧視
sex role(=gender role)	性别角色	性別角色
sex role socialization	性别角色社会化	性別角色社會化
sex role stereotype(=gender role stereotype)	性别角色刻板印象	性別角色刻板印象
sexual abuse	性虐待	性虐待
sexual aversion disorder	性厌恶障碍	性厭惡疾患,性厭惡障礙
sexual desire disorder	性欲望障碍	性慾望疾患,性慾望障礙
sexual deviation	性偏离	性偏差
sexual orientation	性取向	性取向
sexual psychology	性心理学	性心理學

英　文　名	大　陆　名	台　湾　名
sexual selection	性选择	性擇
Sexual Self-Schema Scale	性自我图式量表	性自我基模量表
sexual violence	性暴力	性暴力
s-factor(=special factor)	s 因素,特殊智力因素	s-因素,特殊智力因素
shame	羞耻	羞恥[感]
sham rage	假怒	佯怒
shape constancy	形状恒常性	形狀恆常性
shape perception(=form perception)	形状知觉	形狀知覺
shaping	塑造法	[行為]塑造,形塑
shared mental model	共享心智模型	共享心智模式
shell shock	炮弹休克,弹震症	砲彈恐懼
shift work	轮班工作	輪班工作
short-term memory(STM)	短时记忆	短期記憶
short-term memory span	短时记忆广度	短期記憶廣度
short-term psychotherapy	短程心理治疗,短期心理治疗	短期心理治療
short-term storage	短期存储	短期儲存
shuttle box	穿梭箱	穿梭箱
shyness	害羞	羞怯
sibling rivalry	手足竞争	手足競爭
signal detection	信号检测	訊號偵測
signal detection theory	信号检测理论	訊號偵測理論
signal-to-noise ratio	信噪比	訊雜比,訊噪比
signal-to-noise ratio distribution	信噪比分布	訊雜比分佈,訊噪比分佈
significance	显著性	顯著性
significance level	显著性水平	顯著水準
significant difference	显著性差异	顯著差異
significant other	重要他人	重要他人
signifier	能指	能指,意符
sign language	手语	手語
sign learning	符号学习	符號學習
sign learning theory(=symbol learning theory)	符号学习理论	符號學習理論
sign test	符号检验	符號檢定
SII(=Strong Interest Inventory)	斯特朗兴趣调查表	史氏興趣量表
silence	沉默	沉默
similarity	相似性	相似性

英 文 名	大 陆 名	台 湾 名
simple cell	简单细胞	簡單細胞
simple reaction time	简单反应时,A 反应时	簡單反應時間
simulation	模拟	模擬
simulation heuristics	模拟启发法	模擬捷思法
simulation method	模拟法	模擬法
simulation research	模拟研究	模擬研究法
simulation training	模拟训练	模擬訓練
simultanagnosia	同时失认症	同步失認症
simultaneous bilingualism	同时型双语	同時發生的雙語
simultaneous contrast	同时对比	同時對比
simultaneous discrimination	同时性辨别	同時區辯
simultaneous processing	同时加工	同時處理
simultaneous scanning	同时性扫描	同時掃描
single blind experiment	单盲实验	單盲實驗
single-case experimental design	个案实验设计	單一個案實驗設計
single-cell recording	单细胞记录	單一細胞電生理記錄
single-parent family	单亲家庭	單親家庭
single-subject experimental design	单被试实验设计	單一受試者實驗設計
single-word sentence	单词句	單詞句
SIT(=stress inoculation training)	应激预防训练	壓力免疫訓練
situated learning	情境学习	情境[式]學習
situational attribution	情境归因	情境歸因
situational characteristic	情境特质	情境特質
situational cue	情境线索	情境線索
situational interview	情境面试	情境[式]面談
situational judgment test	情境判断测验	情境判斷測驗
situational leadership theory	领导情境理论	情境領導理論
situational motivation	情境动机	情境動機
situational self	情境自我	情境我
situational test	情境测验	情境測驗
situationism(=situation theory)	情境论	情境論
situation theory	情境论	情境論
Sixteen Personality Factor Questionnaire (16PF)	十六种人格因素问卷	十六種人格因素問卷
size constancy	大小恒常性	大小恆常性
size illusion	大小错觉	大小錯覺
size perception	大小知觉	大小知覺
size-weight illusion	形重错觉	形重錯覺,大小-重量

英 文 名	大 陆 名	台 湾 名
		錯覺
skewed distribution	偏态分布	偏態分配
skewness	偏态	偏態
skill	技能	技能,技巧
skill learning	技能学习	技能學習
skin conductance	皮肤电传导	膚電傳導
skin conductance response(SCR, =galvanic skin response)	皮肤电反应	膚電反應
Skinner box	斯金纳箱	史金納箱
Skinnerian theory	斯金纳理论	史金納理論
sleep	睡眠	睡眠
sleep apnea syndrome	睡眠呼吸暂停综合征	睡眠呼吸中止症候群
sleep center	睡眠中枢	睡眠中樞
sleep cycle	睡眠周期	睡眠週期
sleep deprivation(SD)	睡眠剥夺	睡眠剝奪
sleep disorder	睡眠障碍	睡眠異常,睡眠疾患,睡眠障礙
sleeper effect	睡眠者效应	睡眠效應,睡眠[者]效果
sleep terror disorder	梦魇症	睡眠驚恐疾患,睡眠驚恐障礙
sleepwalking	梦游	夢遊
sleepwalking disorder	梦游症	夢遊症
slip of the tongue	说溜嘴	說溜嘴
slow pain	慢痛,钝痛	慢痛
slow-wave sleep(SWS)	慢波睡眠	慢波睡眠
2SLS(=two-stage least squares)	二阶最小二乘[法],二阶最小平方[法]	二階[段]最小平方[法]
small probability event	小概率事件	小概率事件,小機率事件
smooth muscle	平滑肌	平滑肌
SMT(=self-managed team)	自我管理团队	自我管理團隊
sociability	社交能力	社交能力,社交性
social adjustment	社会适应	社會適應[功能]
social age	社会年龄	社會年齡
social aging theory	社会老龄化理论	社會老齡化理論
social anxiety	社交焦虑	社交焦慮
social anxiety disorder	社交焦虑障碍,社交焦	社交焦慮疾患,社交焦

英 文 名	大 陆 名	台 湾 名
	虑症	慮症
social approval	社会认可,社会赞许	社會認可,社會讚許
social attitude	社会态度	社會態度
social behavior	社会行为	社會行為
social change	社会变迁	社會變革,社會變遷
social climate	社会气氛	社會氣氛,社會氛圍
social cognition	社会认知	社會認知
social cognitive neuroscience	社会认知神经科学	社會認知神經科學
social cognitive theory	社会认知理论	社會認知理論
social cohesion	社会凝聚力	社會凝聚力,人際凝聚力
social communication	社会交往	社會溝通,社交溝通
social comparison theory	社会比较理论	社會比較理論
social conformity	社会从众	社會從眾
social consciousness	社会意识	社會意識
social constructivism	社会建构主义	社會建構主義
social contact	社会接触	社會接觸
social contagion	社会感染	社會傳染,社會感染
social conventions	社会习俗	社會習俗,社會成規
social cultural historical school	社会文化历史学派	社會文化歷史學派
social desirability	社会称许性	社會期許,社會讚許
social dilemma	社会两难,社会困境	社會困境,社會兩難
social distance	社交距离,社会距离	社交距離
social exchange theory	社会交换理论	社會交換理論
social exclusion	社会排斥	社會排斥
social expectation	社会期望	社會期望
social facilitation	社会助长,社会促进	社會助長,社會促進
social identity	社会认同	社會認定,社會認同
social identity theory	社会认同理论	社會認定理論,社會認同理論
social impact theory	社会影响理论	社會衝擊理論
social influence	社会影响	社會影響
social information processing	社会信息加工	社會訊息處理
social inhibition	社会性抑制	社會抑制
social intelligence	社会智力	社會智力
social interest	社会兴趣	社會興趣
social isolation	社会隔离	社會隔離
socialization	社会化	社會化

英　文　名	大　陆　名	台　湾　名
social learning	社会学习	社會學習
social learning theory	社会学习理论	社會學習理論
social loafing	社会惰怠效应	社會閒散,社會撈混,社會偷懶
social mobility	社会流动[性]	社會流動[性]
social motivation	社会动机	社會動機
social network	社会网络	社會網絡,社會網路
social neuroscience	社会神经科学	社會神經科學
social norm	社会规范	社會規範,社會常模
social penetration theory	社会渗透理论	社會滲透理論
social perception	社会知觉	社會知覺
social phobia	社交恐怖症	社會畏懼症
social pressure	社会压力	社會壓力
social psychology	社会心理学	社會心理學
social readjustment	社会再适应	社會再適應
Social Readjustment Rating Scale(SSRS)	社会再适应评定量表	社會再適應量表
social reinforcement	社会强化	社會增強,社會強化
social relation	社会关系	社會關係
social representation	社会表征	社會表徵
social responsibility	社会责任	社會責任
social risk	社会风险	社會風險
social role	社会角色	社會角色
social role theory	社会角色理论	社會角色理論
social self	社会自我	社會[自]我
social skill training	社交技能训练	社交技巧訓練
social smile	社会性微笑	社會性笑容
social stereotype	社会定型	社會刻板印象
social support	社会支持	社會支持
social taboo	社会禁忌	社會禁忌
social value	社会价值	社會價值
sociobiology	社会生物学	社會生物學
sociocultural approach	社会文化取向	社會文化取向
sociocultural theory	社会文化理论	社會文化理論
socioemotional development	社会情绪发展	社會情緒發展
sociogram	社会关系图	社會關係圖,社交測量圖
sociolinguistics	社会语言学	社會語言學
sociometric technique	社会测量技术	社交測量法,社會計量

英文名	大陆名	台湾名
		法
sociometry(=sociometric technique)	社会测量技术	社交測量法,社會計量法
socio-technical system	社会技术系统	社會技術系統
solar navigation	太阳导航	太陽導航
solitary play	独自型游戏	獨自型遊戲
solution-focused therapy	焦点解决疗法	焦點解決治療
somatic anxiety	躯体焦虑	身體性焦慮
somatic nervous system	躯体神经系统	[軀]體神經系統
somatization	躯体化	身體化,軀體化
somatosensory cortex area	躯体感觉皮质区	體[感]覺皮質區
somatosensory system	躯体感觉系统	體[感]覺系統
somatotropic hormone(=growth hormone)	生长激素,促生长素	生長激素
somatotropin(=growth hormone)	生长激素,促生长素	生長激素
somnambulism(=sleepwalking disorder)	梦游症	夢遊症
sound cage	音笼	音笼,听觉定向测定仪
sound intensity	声强	聲音強度
sound level meter	声级计	噪音計
source trait	根源特质	潛源特質,根源特質
SP(=substance P)	P 物质	P 物質
space concept	空间概念	空間概念
spaced learning	分散学习	分散學習
space error	空间误差	空間誤差
space perception(=spatial perception)	空间知觉	空間知覺
space psychology	航天心理学	太空心理學
spatial aptitude test	空间能力倾向测验	空間性向測驗
spatial cognition	空间认知	空間認知
spatial frequency	空间频率	空間頻率
spatial intelligence	空间智力	空間智力
spatial perception	空间知觉	空間知覺
spatial summation	空间总和作用	空間加成性
Spearman-Brown formula	斯皮尔曼-布朗公式	史皮爾曼-布朗公式,斯皮爾曼-布朗公式
Spearman's rank correlation	斯皮尔曼等级相关	史皮爾曼等級相關,斯皮爾曼等級相關
special aptitude	特殊能力倾向	特殊性向
special factor(s-factor)	s 因素,特殊智力因素	s-因素,特殊智力因素
species-specific behavior	物种特异行为	物種特定行為

英 文 名	大 陆 名	台 湾 名
specific function theory of pain	痛觉特殊功能说	痛覺特殊功能論
specific intelligence	特殊智力	特殊智力
specific nerve energy	特殊神经能量	神經特定能量[學說]
specific phobia	特定恐怖症	特定對象畏懼症
specific transfer	特殊迁移,具体迁移	特定遷移
spectator role	旁观者角色	旁觀者角色
spectral color	光谱色	光譜色
spectrally opponent cell	光谱拮抗细胞,光谱对立细胞	光譜對立細胞
speech	言语	語言,言語,說話;演講
speech act	言语活动	語言行動
speech articulation	言语清晰度	言語構音
speech comprehension	言语理解	言語理解
speech intelligibility	言语可懂度	言語可懂度,言語可理解度
speech interference level	言语干扰级	談話干擾位準,談話干擾程度
speech perception	言语知觉	語言知覺
speech production	言语生成	言語產生
Speech-Sounds Perception Test	语音知觉测验	語音知覺測驗
speed-accuracy trade-off	速度-准确性权衡	速度準確性之權衡
speed of action	动作速度	動作速度
speed test	速度测验	速度測驗
sphericity test	球形检验	球形檢定
spinal cord	脊髓	脊髓
spinal nerve	脊神经	脊[髓]神經
spiral after-effect	螺旋后效	螺旋後效
spiritualism	唯灵论	唯心論,唯靈論,屬靈主義
spirituality	灵性	靈性,心靈
split brain	割裂脑,[分]裂脑	分腦,裂腦
split-brain research	割裂脑研究,[分]裂脑研究	分腦研究,裂腦研究
split-half method	分半法,折半法	折半法
split-half reliability	分半信度	折半信度
split personality	分裂人格	人格裂解
SPM(=Raven's Standard Progressive Matrices)	雷文标准推理测验	瑞文氏標準圖形推理測驗

英 文 名	大 陆 名	台 湾 名
spoken language	口头语言	口語
spontaneous activity	自发活动	自發活動
spontaneous potential	自发电位	自發電位
spontaneous recovery	自发性恢复	自然回復,自發性恢復
spontaneous remission	自发缓解	自然緩解
sport anxiety	运动焦虑	運動焦慮
sport anxiety symptom	运动焦虑症	運動焦慮症狀
sport cognition	运动认知	運動認知
sport consciousness	运动意识	運動意識
sport emotion	运动情绪	運動情緒
sport psychology	运动心理学	運動心理學
spotlight effect	聚光灯效应	聚光燈效應
spreading activation	激活扩散	擴散激發
spreading activation model	激活扩散模型	擴散激發模式
SPT(=self-perception theory)	自我知觉理论	自我知覺理論
spurious correlation	伪相关,虚假相关	假性相關
S-R theory(=stimulus-response theory)	刺激-反应理论,S-R 理论	刺激-反應理論,S-R 理論
SSRS(=Social Readjustment Rating Scale)	社会再适应评定量表	社會再適應量表
stability of attention	注意[力]稳定性	注意力穩定性
stability of personality	人格稳定性	人格的穩定性
stabilized retinal image	静止网膜像	靜止網膜影像
stage fright	怯场	舞台恐懼,登台恐懼
stage theory	阶段说,阶段理论	階段論,階段理論
stage theory of development	发展阶段理论	發展階段理論
STAI(=State-Trait Anxiety Inventory)	状态-特质焦虑量表	狀態-特質焦慮量表
STAIC(=State-Trait Anxiety Inventory for Children)	儿童状态-特质焦虑量表	兒童狀態-特質焦慮量表
staircase method	阶梯法	階梯法
standard deviation	标准差	標準差
standard error	标准误[差]	標準誤
standard error of estimate	估计标准误[差]	估計標準誤
standard error of measurement	测量标准误[差]	測量標準誤
standard error of sampling	抽样标准误[差]	抽樣標準誤
standardization	标准化	標準化
standardization sample	标准化样本	標準化樣本
standardized achievement test	标准化成就测验	標準化成就測驗

英 文 名	大 陆 名	台 湾 名
standardized test	标准化测验	標準化測驗
standard normal distribution	标准正态分布	標準常態分配
standard score	标准分数	標準分數
Standards for Educational and Psychological Testing	教育与心理测验标准	教育與心理測驗標準
standard stimulus	标准刺激	標準刺激
Stanford Achievement Test	斯坦福成就测验	史丹福成就測驗
Stanford-Binet Intelligence Scale	斯坦福-比奈智力量表	史丹福-比奈智力量表,史比二氏智力量表
Stanford Test of Academic Skills	斯坦福学业技能测验	史丹福學業技能測驗
stanine	标准九分	標準九
state anxiety	状态焦虑	狀態焦慮,情境焦慮
state-dependent memory	状态依赖记忆	情境依賴記憶,情境關連記憶
state of arousal	唤起状态	激發狀態,喚起狀態
state of flow	流畅状态	心流狀態,流暢狀態
State-Trait Anxiety Inventory(STAI)	状态-特质焦虑量表	狀態-特質焦慮量表
State-Trait Anxiety Inventory for Children (STAIC)	儿童状态-特质焦虑量表	兒童狀態-特質焦慮量表
static display	静态显示	靜態顯示
statistic	统计量	統計量
statistical analysis	统计分析	統計分析
statistical decision	统计决策	統計決策
statistical distribution	统计分布	統計分配
statistical inference	统计推断	統計推論
statistical method	统计方法	統計方法
statistical methodology	统计方法学	統計方法論,統計方法學
statistical power	统计检验力	統計考驗力,統計檢定力
statistical probability	统计概率	統計機率
statistical significance	统计显著性	統計顯著性
statistics	统计学	統計學
status	地位	地位
steady potential	稳定电位	穩定電位
stem cell	干细胞	幹細胞
stepwise regression analysis	逐步回归分析	逐步迴歸分析

英文名	大陆名	台湾名
stereopsis	立体视觉	立體視覺
stereoscope	立体镜	實體鏡,立體鏡
stereoscopic perception	立体知觉	立體知覺
stereotaxic instrument	立体定位仪	立體定位儀
stereotaxic technique	立体定位技术	立體定位技術
stereotype	刻板印象	刻板印象
stereotype lift	刻板印象提升	刻板印象提升
stereotype reaction	刻板反应	刻板反應
Stevens' law	史蒂文斯定律	史蒂文斯定律
stigma	污名	污名,烙印
stigma group	污名[化]团体	污名[化]團體
stigmatization	污名化	污名化
stigmatizing stereotype	污名化刻板印象	污名化的刻板印象
stimulation	刺激作用	刺激,興奮作用
stimulus	刺激	刺激
stimulus control	刺激控制	刺激控制
stimulus dimension	刺激维度	刺激向度,刺激維度
stimulus generalization	刺激泛化	刺激類化
stimulus intensity	刺激强度	刺激強度
stimulus-response compatibility	刺激-反应兼容性	刺激反應相容性
stimulus-response theory(S-R theory)	刺激-反应理论,S-R 理论	刺激-反應理論,S-R 理論
stimulus threshold	刺激阈限	刺激閾限
stimulus variable	刺激变量	刺激變項
STM(=short-term memory)	短时记忆	短期記憶
storage	存储	儲存
story grammar	故事语法	故事結構
strain theory	紧张理论	緊張理論
stranger anxiety	陌生人焦虑	陌生人焦慮
strange situation assessment	陌生情境评估	陌生情境評量,陌生情境評估
strange situation test	陌生情境测验	陌生情境測驗
strategic family therapy	策略家庭疗法	策略家庭治療,策略家族治療
stratified random sampling	分层随机抽样	分層隨機抽樣
stratified sampling	分层抽样	分層抽樣
stress	应激	壓力
stress coping	应激应对	壓力因應

英文名	大陆名	台湾名
stress coping strategy	应激应对策略	壓力因應策略
stressful events	应激事件	壓力事件
stressful life events	应激性生活事件	壓力生活事件
stressful situation	应激情境	壓力情境
stress inoculation training(SIT)	应激预防训练	壓力免疫訓練
stress management	应激管理	壓力管理
stress management training	应激管理训练	壓力管理訓練
stressor	应激源	壓力源
stress reaction	应激反应	壓力反應
stress state	应激状态	壓力狀態
stress test	压力测验	壓力檢測
stress theory	应激理论	壓力理論
stretch reflex	牵张反射	肌伸張反射
striate cortex	纹状皮质	紋狀皮質
striated muscle	横纹肌	橫紋肌
striving for superiority	追求卓越	追求卓越
stroboscope	动景器	閃頻儀
Strong-Campbell Interest Inventory(SCII)	斯特朗-坎贝尔兴趣调查表	史-坎興趣量表
Strong Interest Inventory(SII)	斯特朗兴趣调查表	史氏興趣量表
Strong Vocational Interest Blank(SVIB)	斯特朗职业兴趣调查表	史氏職業興趣量表
Stroop effect	斯特鲁普效应	史楚普效應
structural analysis	结构分析	結構分析
structural family therapy	结构家庭疗法	結構家庭治療,結構家族治療
structural psychology	构造心理学	結構心理學
structured interview	结构性访谈,结构式面谈	結構式晤談,結構式面談
structured test	结构化测验	結構化測驗
student-centered instruction	以学生为中心的教学	學生中心教學
stupor	木僵	麻痺,麻木
stuttering	口吃	口吃
style theory of leadership	领导风格理论	領導的風格理論
stylus maze	触棒迷津	觸棒迷津
subconscious	下意识	下意識
subject	被试	受試者;主體
subjective contour	主观轮廓	主觀輪廓
subjective probability	主观概率	主觀機率

英　文　名	大　陆　名	台　湾　名
subjective test	主观测验	主觀測驗
subjective well-being	主观幸福感	主觀幸福感
subjectivity	主体性	主觀性
subject variable	被试变量	受試者變項
sublimation	升华	昇華[作用]
subliminal perception	阈下知觉	閾下知覺,下意識知覺
submission(=compliance)	依从,顺从	顺从,順服
subordinate construct	从属建构	從屬建構
substance abuse	物质滥用	物質濫用
substance dependence	物质依赖	物質依賴
substance P(SP)	P 物质	P 物質
substitution	替代	替代
subthreshold	阈下	閾下,低於閾限
subthreshold symptom	阈下症状	閾下症狀
subtractive color mixture	减色混合	減法混色
successive approximation	逐次逼近	連續漸進
successive scanning	继时性扫描	序列掃描
sucking reflex	吮吸反射	吸吮反射
suggestibility	受暗示性	可受暗示性,可受建議性
suggestion	暗示	建議,暗示
suicidal attempt	自杀未遂	自殺企圖
suicidal behavior	自杀行为	自殺行為
suicidal idea	自杀意念	自殺意念
suicidal ideation(=suicidal idea)	自杀意念	自殺意念
suicide	自杀	自殺
suicide prevention	自杀预防	自殺防治
sum of squared deviation	离差平方和	離均差平方和
sum of squares	平方和	平方和
superego	超我	超我
supervision	督导	督導
supportive psychotherapy	支持性心理治疗	支持性心理治療
suppression	压制	壓抑[作用]
suprachiasmatic nucleus(SCN)	视交叉上核	視交叉上核
supraoptic nucleus	视上核	視上核
suprathreshold	阈上	閾上,超過閾限
surface color	表面色	表面色
surface structure	表层结构	表層結構

英　文　名	大　陆　名	台　湾　名
surface trait	表面特质	表面特質
survey method	调查法	調查法
SVIB(=Strong Vocational Interest Blank)	斯特朗职业兴趣调查表	史氏職業興趣量表
SWS(=slow-wave sleep)	慢波睡眠	慢波睡眠
syllogism	三段论	三段論[證]
symbol	符号;象征	符號;象徵
symbolic interactionism	符号互动理论	符號互動理論
symbolic play	象征性游戏	象徵型遊戲
symbolic representation	符号表征	符號表徵
symbolic representation stage	符号表征阶段	符號表徵階段
symbolization	符号化	符號化
symbol learning theory	符号学习理论	符號學習理論
symmetrical distribution	对称分布	對稱分配
symmetry heuristics	对称性启发法	對稱性捷思法
sympathetic chain	交感神经链	交感神經鏈
sympathetic nervous system	交感神经系统	交感神經系統
sympathy	同情	同情,同情心
symptom	症状	症狀
Symptom Checklist 90R(SCL-90)	90 项症状检核表	90 題症狀檢核表
synapse	突触	突觸
synaptic gap	突触间隙	突觸間隙
synaptic plasticity	突触可塑性	突觸可塑性
synaptic transmission	突触传递	突觸傳導
synaptic transmitter	突触递质	突觸傳導物
synaptic vesicle	突触囊泡	突觸囊泡
synchrony	同步性	同步性
syndrome	综合征	症候群
synesthesia	联觉	聯覺,共感覺
syntactic analysis	句法分析	語法分析,句法分析
syntax	句法	語法,句法
systematic desensitization	系统脱敏	系統減敏感[法]
systematic error	系统误差	系統誤差
systematic sample	系统抽样	系統抽樣
system feedback	系统反馈	系統回饋
systems theory	系统论	系統理論

T

英文名	大陆名	台湾名
TA(=transactional analysis)	交互作用分析	溝通分析,交流分析
tabula rasa	白板	空白的心靈狀態,空白石蠟板
tachistoscope	速示器	速示器,視覺記憶測試鏡
tacit knowledge	隐性知识,意会知识	默會之知,默會知識
tactile acuity	触敏度	觸覺敏銳度
tactile adaptation	触觉适应	觸覺適應
tactile perception	触知觉	觸知覺
tactual display	触觉显示	觸覺顯示
tactual localization	触觉定位	觸覺定位
Tactual Performance Test(TPT)	触觉认知测验	觸覺表現測試
TAI(=Test Anxiety Inventory)	考试焦虑量表	測驗焦慮量表
talent	才能	天賦,才能
talented child	超常儿童,天才儿童	資賦優異兒童
tardive dyskinesia(TD)	迟发性运动障碍	遲發性運動障礙
target behavior	目标行为	目標行為
target cell	靶细胞	標靶細胞,目標細胞
target market	目标市场	目標市場
target response	目标反应	目標反應
task analysis	任务分析	作業分析,任務分析,工作分析
task involvement	任务参与	作業投入,工作投入
task orientation	任务定向	任務取向,工作取向
task performance	任务绩效	任務表現,任務績效
taste(=gustatory sensation)	味觉	味覺;品味
taste acuity	味觉敏度	味覺敏銳度
taste adaptation	味觉适应	味覺適應
taste area	味觉区	味覺區
taste aversion	味觉厌恶	味覺嫌惡
taste-aversion learning	味觉厌恶学习	味覺嫌惡學習
taste bud	味蕾	味蕾
taste cortex area	味觉皮质区	味覺皮質區

英 文 名	大 陆 名	台 湾 名
taste tetrahedron	味觉四面体	味覺四面體
TAT(=Thematic Apperception Test)	主题统觉测验	主題統覺測驗
tau coefficient(τ coefficient)	τ 系数	τ 係數
taxis	趋避性	趨性,趨向性
TD(=tardive dyskinesia)	迟发性运动障碍	遲發性運動障礙
t-distribution	t 分布	t 分配
teacher effectiveness	教师效能	教師效能
team spirit	团队精神	團隊精神
teamwork	团队协作	團隊工作
telegraphic speech	电报式言语	電報式語言
telencephalon	端脑	端腦
teleology	目的论	目的論
temperament	气质	氣質
temperament trait	气质特质	氣質特質
temperament type	气质类型	氣質類型
temperature sensation	温度觉	溫度覺
temporal lobe	颞叶	顳葉
temporal summation	时间总和作用	時間加成性
Tennessee Self-Concept Scale	田纳西自我概念量表	田納西自我概念量表
TENS(=transcutaneous electrical nerve stimulation)	经皮电刺激神经疗法,经皮神经电刺激[疗法]	透皮神經電刺激
termination	结案	結案;終結
territorial behavior	领地行为	領域行為
tertiary prevention	三级预防	三級預防
test anxiety	考试焦虑,测验焦虑	考試焦慮,測驗焦慮
Test Anxiety Inventory(TAI)	考试焦虑量表	測驗焦慮量表
test bias	测验偏倚,测验偏差	測驗偏差
test characteristic function	测验特征函数	測驗特徵函數
testimony	证词	證詞
test item	测验项目	測驗題目,測驗項目
test manual	测验手册	測驗手冊
test of homogeneity	同质性检验	同質性檢定,均其性檢定
test of independence	独立性检验	獨立性檢定
test of nonverbal intelligence	非言语智力测验	非語文智力測驗
test of normality	正态性检验	常態性檢定
test of significance	显著性检验	顯著性檢定

英 文 名	大 陆 名	台 湾 名
test of statistical hypothesis	统计假设检验	統計假設檢定
test of the significance of difference	差异显著性检验	差異顯著性檢定
testosterone	睾酮	睪固酮
test-retest method	再测法,重测法	再測法,重測法
test-retest reliability	再测信度,重测信度	再測信度,重測信度
test score	测验分数	測驗分數
test standardization	测验标准化	測驗標準化
texture gradient	纹理梯度	紋理梯度
thalamus	丘脑	視丘,丘腦
Thanatos(=death instinct)	死的本能,塞纳托斯	死之本能,死神
Thematic Apperception Test(TAT)	主题统觉测验	主題統覺測驗
theoretical psychology	理论心理学	理論心理學
theoretical thinking	理论思维	理論思考,理論思維
theory of functional system	功能系统理论,机能系统理论	機能系統理論
theory of interpersonal attraction	人际吸引理论	人際吸引理論
theory of learning(=learning theory)	学习理论	學習理論
theory of mind	心理理论	心智理論,心論
theory of personality(=personality theory)	人格理论	人格理論
theory of reasoned action(TRA)	理性行为理论	理性行為理論
theory X	X 理论	X 理論
theory Y	Y 理论	Y 理論
theory Z	Z 理论	Z 理論
therapist	治疗师	治療師;治療者
thermalgesia	热痛觉	熱痛覺
theta activity	θ 波活动	θ 波活動
theta wave(θ wave)	θ 波	θ 波,西塔波
thinking	思维,思考	思考,思維;思想
thinking aloud	出声思维	出聲思考法
thinking type	思维型	思考型
third force	第三势力	第三勢力
thought(=thinking)	思维,思考	思考,思維;思想
thought control training	思维控制训练	思維控制訓練
three-dimensional temperament model	三维气质模型	三維氣質模型
three essays on the theory of sexuality	性学三论	性學三論
three-factor trait theory	三因素特质论	[Eysenck 的]三因素特質論
three-mountain experiment	三山实验	三山實驗

英文名	大陆名	台湾名
three-parameter logistic model (3PLM)	三参数逻辑斯谛模型	三參數對數模式
three primary colors	三原色	三原色
three-stratum theory of intelligence	智力三层级理论	智力三階理論
threshold	阈限	閾限,感覺閾,閾值
Thurstone Scale	瑟斯顿量表	瑟斯頓量表,瑟斯頓量尺
Thurstone Temperament Schedule	瑟斯顿气质量表	瑟斯頓氣質量表,瑟斯頓性格量表
thyroid gland	甲状腺	甲狀腺
thyroid-stimulating hormone (TSH)	促甲状腺[激]素	促甲狀腺激素
thyroxine	甲状腺素	甲狀腺素
tic	抽动	抽動
timbre	音色	音色
time and action study	时间动作研究	時間動作研究
time concept	时间概念	時間概念
time error	时间误差	時間誤差,時誤
time illusion	时间错觉	時間錯覺
time-lag design	时间滞后设计	時滯設計,時間落後設計,時間滯後設計
time limit	时限	時限
time management	时间管理	時間管理
time out	暂停法	暫停法;隔離[處罰]
time perception	时间知觉	時間知覺
time sampling	时间取样法	時間取樣法
time series analysis	时间序列分析	時間序列分析
tip-of-the-tongue phenomenon (TOT phenomenon)	话到嘴边现象,舌尖现象	舌尖現象
T maze	T 形迷津	T 型迷津
TMS (=transcranial magnetic stimulation)	经颅磁刺激	跨顱磁刺激,穿顱磁刺激
toilet training	排便训练,如厕训练	如廁訓練
token economy	代币法	代幣酬賞制,代幣制度
token test	色块测验	色塊測驗
tolerance	容忍度	容忍度;耐藥性,耐受性;容忍
tonic receptor	强直感受器	張力感受器
top-down	由上而下	由上而下
top-down processing	自上而下加工	由上而下的[處理]歷

英文名	大陆名	台湾名
		程
topological psychology	拓扑心理学	拓樸心理學
TOT phenomenon(=tip-of-the-tongue phenomenon)	话到嘴边现象,舌尖现象	舌尖現象
touch sensation	触觉	觸覺
touch spot	触点	觸點,接觸點
tourism psychology	旅游心理学	旅遊心理學,觀光心理學
toxic psychosis	中毒性精神病	中毒性精神病
TPT(=Tactual Performance Test)	触觉认知测验	觸覺表現測試
TRA(=theory of reasoned action)	理性行为理论	理性行爲理論
trace conditioning	痕迹性条件作用	痕跡制約
trace theory	痕迹理论	痕跡理論
tracking(=follow-up)	追踪	追蹤
traffic psychology	交通心理学	交通心理學
training group	训练小组,训练团体	訓練團體
training transfer	训练迁移	訓練遷移
trait	特质	特質
trait activation theory	特质激活理论	特質活化理論
trait and factor theory	特质因素论	特質因素論
trait anxiety	特质焦虑	特質焦慮
trait approach	人格特质取向	人格特質取向
trait profile	特质图	特質剖面圖
trait theory	特质理论	特質理論
trait theory of leadership	领导特质理论	領導特質理論
tranquillizer	镇静剂	鎮定劑,鎮靜劑
transactional analysis(TA)	交互作用分析	溝通分析,交流分析
transactional leadership	交易型领导	交易型領導
transactive memory system	交互记忆系统	交換記憶系統
transcendence	超越	超越
transcendence need	超越需求	超越需求
transcranial magnetic stimulation(TMS)	经颅磁刺激	跨顱磁刺激,穿顱磁刺激
transcutaneous electrical nerve stimulation (TENS)	经皮电刺激神经疗法,经皮神经电刺激[疗法]	透皮神經電刺激
transfer	迁移	遷移
transference	移情	移情[作用],情感轉移

英　文　名	大　陆　名	台　湾　名
transfer of learning	学习迁移	學習遷移
transformational grammar	转换语法	變形語法
transformational leadership	变革型领导	轉換型領導,轉化型領導
transsexualism	易性癖	變性症
transvestism	异装癖	異裝癖
trauma	创伤	創傷
trauma and stressor related disorder	创伤及应激相关障碍	創傷及壓力相關疾患
trauma psychology	创伤心理学	創傷心理學
traveling wave theory	行波说	行波論
treatment goal	治疗目标	治療目標
treatment manual	治疗手册	治療手冊
tree diagram	树状图,树形图	樹狀圖
trend analysis	趋势分析	趨勢分析
trend test	趋势检验	趨勢檢定
trial	试次	[實驗]嘗試,[實驗]次數
trial and error	尝试错误,试误	嘗試錯誤
triangular theory of love	爱情三角理论	愛情三角理論
triarchic theory of intelligence	智力三元论	[智力]三角理論
trichromatic hypothesis	三原色假说	三原色假說
trichromatic theory	三原色理论	三原色理論
trigeminal nerve	三叉神经	三叉神經
tritanopia	蓝黄色盲,第三色盲	短波錐細胞缺損致黃藍色缺
true experimental research	真实验研究	真實實驗研究
true-false item	是非题	是非題
true score	真分数	真分數
true score theory	真分数理论	真分數理論
trust	信任	信任
trustworthiness	可信任度	可信任度
T score	*T* 分数	*T* 分數
TSH(=thyroid-stimulating hormone)	促甲状腺[激]素	促甲狀腺激素
t-test	*t* 检验	*t* 檢定,*t* 考驗
tuning fork	音叉	音叉
tunnel vision	管状视觉	管狀視覺
Turing machine	图灵机	杜林機
Turing test	图灵测验	杜林測試

英 文 名	大 陆 名	台 湾 名
Turner's syndrome	特纳综合征	透納氏症
twin study	双生子研究	雙生子研究,雙胞胎研究
two-factor theory	双因素理论	二因論,二因子理論
two-parameter logistic model(2PLM)	双参数逻辑斯谛模型	二參數對數模式
two-point limen	两点阈	[觸覺]兩點覺閾
two-point threshold(=two-point limen)	两点阈	[觸覺]兩點覺閾
two-stage least squares(2SLS)	二阶最小二乘[法],二阶最小平方[法]	二階[段]最小平方[法]
two-stage sampling	两阶段抽样法	二階段抽樣法
two-tailed test	双尾检验	雙尾檢定
two-word sentence	双词句	雙向細目表
tympanic membrane	鼓膜,耳膜	鼓膜,耳膜
type A behavior pattern	A 型行为类型	A 型行為模式
type A personality	A 型人格	A 型人格,A 型性格
type B behavior pattern	B 型行为类型	B 型行為模式
type B personality	B 型人格	B 型人格,B 型性格
type C behavior pattern	C 型行为类型	C 型行為模式
type C personality	C 型人格	C 型人格,C 型性格
type D behavior pattern	D 型行为类型	D 型行為模式
type D personality	D 型人格	D 型人格,D 型性格
type Ⅰ error	Ⅰ型错误	第一類型錯誤,型一錯誤[率]
type Ⅱ error	Ⅱ型错误	第二類型錯誤,型二錯誤[率]
typicality effect	典型性效应	典型性效果
typology	类型学	類型學

U

英 文 名	大 陆 名	台 湾 名
UCR(=unconditioned response)	无条件反应	非制約反應,無條件反應
UCS(=unconditioned stimulus)	无条件刺激	非制約刺激,條件刺激
unbiased estimate	无偏估计	不偏估計
unbiased estimator	无偏估计量	不偏估計值
unconditional positive regard	无条件积极关注	無條件正向關懷,無條件積極關懷

英 文 名	大 陆 名	台 湾 名
unconditioned reflex	非条件反射	非制約反射,無條件反射
unconditioned response(UR, UCR)	无条件反应	非制約反應,無條件反應
unconditioned stimulus(US, UCS)	无条件刺激	非制約刺激,條件刺激
unconditioning(=deconditioning)	去条件作用	去制約
unconscious	无意识,潜意识	潛意識,非意識
unconscious conflict	无意识冲突	潛意識衝突
unconscious inference	无意识推理	無意識推論
unconscious motivation	无意识动机	潛意識動機
understanding(=comprehension)	理解	理解
unfinished business	未完成事务	未竟事務,未完成事務
uniform distribution	均匀分布	均勻分配,齊一分配
unilateral neglect	单侧忽略	單側忽略
unimodal distribution	单峰分布	單峰分配
uninvolved parenting style	放任型教养方式	漠視型親職風格
unipolar mood disorder	单相心境障碍	單極性情感疾患
unipolar neuron	单极神经元	單極神經元
unit of analysis	分析单元	分析單位
universal grammar	普遍语法	普遍語法
universalism	普适主义	普世主義
universality	普遍性	普世感
universal validity	普遍效度	普遍效度
unstructured interview	非结构式访谈	非結構式晤談,非結構式面談
upper difference threshold	上差别阈	上差異閾
UR(=unconditioned response)	无条件反应	非制約反應,無條件反應
US(=unconditioned stimulus)	无条件刺激	非制約刺激,條件刺激
usability test	可用性测试	可用性測試,易用性測試
user experience	用户体验	使用者經驗
user research	用户研究	使用者研究
utilitarianism	功利主义	功利主義
utility theory	效用理论	效用[值]理論
utricle	椭圆囊	橢圓囊

V

英 文 名	大 陆 名	台 湾 名
V1(=primary visual cortex)	初级视觉皮质	初級視覺皮質
VABS(=Vineland Adaptive Behavior Scale)	文兰适应行为量表	文蘭德適應行為量表
vagus nerve	迷走神经	迷走神經
valid exclusion	正确排除	正確排除
valid inclusion	正确录取	正確錄取
validity	效度	效度
validity coefficient	效度系数	效度係數
validity criterion(=criterion)	效标	效標
validity generalization	效度概化	效度概化
valid negative(=correct rejection)	正确否定	正確拒絕,正確否定
valid positive	正确肯定	正確肯定
value	价值观	價值[觀]
value orientation	价值取向	價值取向
values clarification	价值澄清	價值澄清
value system	价值体系	價值體系
variability	变异性	變異性
variability coefficient(=coefficient of variation)	变异系数	變異係數
variable	变量	變項,變數;可變的,變動的
variance	方差,变异数	變異數
vascular dementia	血管性痴呆	血管型失智症
vasopressin(=arginine vasopressin)	[血管]升压素,加压素	血管加壓素,血管壓縮素
vector psychology	向量心理学	向量心理學
velocity constancy	速度恒常性	速度恆常性
ventral pathway	[视觉]腹侧通路	[視覺]腹側路徑
ventral stream	腹侧通道,枕顶通道	[視覺]腹側途徑
ventral tegmental area(VTA)	腹侧盖[膜]区	腹側蓋[膜]區
ventricle	脑室	腦室
VEP(=visual evoked potential)	视觉诱发电位	視覺誘發電位
verbal aggression	言语攻击	言語攻擊

英　文　名	大　陆　名	台　湾　名
verbal communication	言语沟通,言语交际	語言溝通,口語溝通
verbal fluency	言语流畅性	語文流暢性
verbal intelligence	言语智力	語文智能
verbal IQ	言语智商	語文智商
verbal memory	言语记忆	語文記憶
verbal report	口头报告,言语报告	口頭報告
verbal test	言语测验	語文測驗
verbatim memory	逐字记忆	逐字記憶
vergence eye movement(=convergence eye movement)	眼球辐辏运动	眼球輻輳運動
verification	验证	驗證;[創造力發展]驗證期
vertical transfer	纵向迁移, 垂直迁移	垂直遷移
vestibular ganglion	前庭神经节	前庭神經節
vestibule	前庭	前庭
vestibulocochlear nerve	前庭蜗神经	前庭耳蝸神經
vestibulo-ocular reflex	前庭动眼反射	前庭-動眼反射
vibration	振动	振動
vibration sensation	振动觉	振動覺
vicarious conditioning	替代性条件作用	替代性制約
vicarious learning	替代学习	替代學習
vicarious reinforcement	替代强化	替代增強
vicarious traumatization	替代性创伤	替代性創傷
victim	受害人	受害者
victim-blaming	责备受害人	責備受害者,譴責受害者
Vienna school(=Viennese school)	维也纳学派	維也納學派
Viennese school	维也纳学派	維也納學派
vigilance	警觉	警戒,警覺
Vineland Adaptive Behavior Scale (VABS)	文兰适应行为量表	文蘭德適應行為量表
violation-of-expectation method	反预期法	違反預期法
violence	暴力	暴力
virtual reality(VR)	虚拟现实	虛擬實境
virtual reality technology	虚拟现实技术	虛擬實境技術
virtual team	虚拟团队	虛擬團隊
visceral sensation	内脏感觉	內臟感覺
visibility	能见度	能見度,可見度

英 文 名	大 陆 名	台 湾 名
visibility curve	能见度曲线	能見度曲線
visible light	可见光	可見光
vision	视觉	視覺;願景
visual accommodation	视觉调节	視覺調適,視覺調節
visual acuity	视敏度	視覺敏銳度
visual adaptation	视觉适应	視覺適應
visual after-image	视觉后像	視覺後像
visual agnosia	视觉失认症	視覺失認症
visual angle	视角	視角
visual area	视觉区	視覺[皮質]區
visual art	视觉艺术	視覺藝術
visual cliff	视崖	視覺懸崖
visual coding	视觉编码	視覺編碼
visual cortex	视皮质	視覺皮質
visual display	视觉显示	視覺顯示
visual dominance behavior	视觉优势行为	視覺優勢行為,視覺強勢行為
visual evoked potential(VEP)	视觉诱发电位	視覺誘發電位
visual fatigue	视觉疲劳	視覺疲勞
visual field	视野	視野,視域
visual field test	视野测试	視野測試
visual hallucination	视幻觉	視幻覺
visual imagery	视觉表象	視覺心像
visual memory	视觉记忆	視覺記憶
visual neglect	视觉忽略	視覺忽略
visual noise	视觉噪声	視覺噪形
visual organization	视觉组织	視覺組織
visual pathway	视觉通路	視覺路徑
visual perception	视知觉	視[覺]知覺
visual pigment	视色素	視色素
visual search	视觉搜索	視覺搜尋
visual system	视觉系统	視覺系統
visual threshold	视觉阈限	視覺閾限
vocabulary	词汇	詞彙
vocational aptitude	职业倾向	職業性向
vocational aptitude test	职业[能力]倾向测验	職業性向測驗
vocational guidance	职业辅导	職業輔導
vocational interest	职业兴趣	職業興趣

英　文　名	大　陆　名	台　湾　名
vocational interest blank	职业兴趣问卷	職業興趣量表
vocational interest test	职业兴趣测验	職業興趣測驗
vocational psychology (=occupational psychology)	职业心理学	職場心理學,職業心理學
volley theory	排放说	[聽覺]齊射理論
voluntarism	唯意志论,唯意志主义	唯意志論;自願主義;樂捐制度;募兵制
voluntary attention	有意注意,随意注意	自主注意
voluntary movement	随意运动	自主運動,隨意運動
voluntary muscle	随意肌	隨意肌
voyeurism	窥阴癖	窺視症
VR(=virtual reality)	虚拟现实	虛擬實境
VTA(=ventral tegmental area)	腹侧盖[膜]区	腹側蓋[膜]區
vulnerability	易感性	易感性,脆弱性,易染性

W

英　文　名	大　陆　名	台　湾　名
WAIS(=Wechsler Adult Intelligence Scale)	韦克斯勒成人智力量表	魏氏成人智力量表
waking state	清醒状态	清醒狀態
warm sensation	温觉	溫覺
warm spot	温点	溫點
warm-up effect	预热效应	暖身效應,預熱效應
war neurosis	战争神经症	戰爭精神官能症
warning signal	警告信号,告警信号	警告訊號
waterfall illusion	瀑布错觉	瀑布錯覺
α wave(=alpha wave)	α 波	α 波,阿法波
β wave(=beta wave)	β 波	β 波,貝他波
δ wave(=delta wave)	δ 波	δ 波,德爾塔波
θ wave(=theta wave)	θ 波	θ 波,西塔波
WCST(=Wisconsin Card Sorting Test)	威斯康星卡片分类测验	威斯康辛卡片分類測驗
weapons effect	武器效应	武器效果
Weber-Fechner law	韦伯-费希纳定律	韋伯-費希納定律
Weber fraction	韦伯分数	韋伯分數
Weber law	韦伯定律	韋伯定律
Wechsler Adult Intelligence Scale(WAIS)	韦克斯勒成人智力量表	魏氏成人智力量表
Wechsler-Bellevue Intelligence Scale	韦-贝智力量表	魏貝二氏智力量表

英 文 名	大 陆 名	台 湾 名
Wechsler Intelligence Scale for Children (WISC)	韦克斯勒儿童智力量表,韦氏儿童智力量表	魏氏兒童智力量表
Wechsler Preschool and Primary Scale of Intelligence(WPPSI)	韦克斯勒幼儿智力量表	魏氏幼兒智力量表
weight constancy	重量恒常性	重量恆常性
weighted mean	加权平均数	加權平均數
weighting	加权;权重	加權;權重
well-being	幸福感	幸福感,安適感,福祉
Wernicke's aphasia	韦尼克失语症	威尼克氏失語症
Wernicke's area	韦尼克区	威尼克氏區
white matter	白质	白質
white noise	白噪声	背景[雜]音,白噪音
whole method of learning	整体学习法	整體學習法
whole-report procedure	全部报告法	全部報告程序
Whorfian hypothesis	沃夫假设	沃爾夫假說
Wilcoxon Sign Rank Test	威尔科克森符号秩检验	威爾卡森符號等級檢定
will	意志	意志
WISC(=Wechsler Intelligence Scale for Children)	韦克斯勒儿童智力量表,韦氏儿童智力量表	魏氏兒童智力量表
Wisconsin Card Sorting Test(WCST)	威斯康星卡片分类测验	威斯康辛卡片分類測驗
wish fulfillment	愿望满足	願望滿足,願望實現
wishful thinking	愿望思维	期待成真的想法,一廂情願的想法
withdrawal	退缩;[药物]戒断	退縮;[藥物]戒斷
withdrawal reflex	退缩反射	退縮反射
withdrawal symptom	戒断症状	戒斷症狀
within-group variance	组内变异	組內變異量
within-subjects design	被试内设计	受試者內設計
women psychology	女性心理学,妇女心理学	女性心理學,婦女心理學
word association	字词联想	字詞聯想
word association test	字词联想测验	字詞聯想測驗
word blindness	词盲	詞盲
word-form dyslexia	字型失读症	字型失讀症
word inferiority effect	词劣效应	詞劣效果,字劣效果
word superiority effect	词优势效应	詞優效果,詞優效應

英　文　名	大　陆　名	台　湾　名
work curve	工作曲线	工作曲線
working alliance	工作同盟	工作同盟
working memory	工作记忆	工作記憶
working through	修通	修通,輔成
workload	工作负荷	工作負荷
work overload	工作过度负荷	工作過度負荷
workplace design	工作场所设计	工作場所設計
work sample test	工作样本测验	工作樣本測驗
work space	工作空间	工作空間
work stress	工作压力,工作应激	工作壓力,工作緊繃
WPPSI(=Wechsler Preschool and Primary Scale of Intelligence)	韦克斯勒幼儿智力量表	魏氏幼兒智力量表
written expression disorder	书写表达障碍	書寫表達疾患,書寫表達障礙
written language	书面语言	書寫語言
Wundt illusion	冯特错觉	馮特錯覺

X

英　文　名	大　陆　名	台　湾　名
X chromosome	X 染色体	X 染色體
xenophobia	惧外恐惧症	外語恐懼症,懼外語症
X-linked inheritance	X 染色体遗传	X 染色體遺傳

Y

英　文　名	大　陆　名	台　湾　名
Y chromosome	Y 染色体	Y 染色體
Yerkes-Dodson law	耶克斯-多德森定律	葉杜二氏法則,耶克斯-道森法則
Y maze	Y 形迷津	Y 型迷津
yoga	瑜伽	瑜珈
yoked control	共轭控制	共軛控制
Young-Helmholtz theory of color vision	杨-亥姆霍兹颜色视觉说	楊-亥姆霍茨彩色視覺理論

Z

英文名	大陆名	台湾名
Zeigarnik effect	蔡加尼克效应	蔡氏現象
Zeitgeist	时代精神	時代精神,時代思潮
Zen therapy	禅疗法	禪治療
zero correlation	零相关	零相關
zero-sum game	零和博弈,零和对策	零和遊戲
Zöllner illusion	策尔纳错觉	左氏錯覺
zone of proximal development(ZPD)	最近发展区	近端發展區
ZPD(=zone of proximal development)	最近发展区	近端發展區
Z score(=standard score)	标准分数,*Z* 分数	標準分數,*Z* 分數
Z-test	*Z* 检验	*Z* 考驗,*Z* 檢定
Zürich school	苏黎世学派	蘇黎世學派

(B-0376.01)
ISBN 978-7-03-048862-6
9 787030 488626 >
定价:180.00元